高 等 学 校 教 材

危险废物控制原理

WEIXIAN FEIWU
KONGZHI YUANLI

楼紫阳 唐红侠 王罗春 等 编著

U0261727

化学工业出版社
·北京·

内 容 简 介

《危险废物控制原理》围绕危险废物"无害化、资源化和减量化"的需求，以对危险废物的属性认识到危险废物安全处置为主线，介绍了危险废物的发展历史、国内外危险废物管理体系的构建、近十年来以司法解释为契机的我国危险废物管控重点变更历史、现阶段企业危险废物产-收-运的管理规章制度以及危险废物典型处理处置与资源化处理方法。

《危险废物控制原理》主要特色是将危险废物的管理与处理并重，将我国最新的危险废物管控制度和要求融入课程体系中，特别将近年来我国危险废物从末端处置为主向全流程管控理念的更新和一线管理过程中碰到的层出不穷的问题，以案例的形式融入课程体系中。本书编写过程中充分考虑了危险废物的特殊性，组织了高校科研人员和一线管理人员共同编著，着力做到管理体系与处理技术相平衡、现今问题与历史问题相融合以及理论知识与实践操作相匹配。

《危险废物控制原理》是普通高等院校环境科学、环境工程、环境管理、化学化工等专业和方向的教材，让学生能够从更高的层面来看待固体废物以及危险废物问题。而危险废物又涉及各行各业，懂一点危险废物管理，有利于大家"懂程序、避开坑和找机会"，因此，本书也可供相关领域的科技人员和管理人员参考使用。

图书在版编目（CIP）数据

危险废物控制原理/楼紫阳等编著 . —北京：化学工业出版社，2022.9

ISBN 978-7-122-41805-0

Ⅰ. ①危…　Ⅱ. ①楼…　Ⅲ. ①危险物品管理-废物管理
Ⅳ. ①X7

中国版本图书馆 CIP 数据核字（2022）第 115187 号

责任编辑：陶艳玲　　　　　　　　装帧设计：史利平
责任校对：刘曦阳

出版发行：化学工业出版社（北京市东城区青年湖南街 13 号　邮政编码 100011）
印　　装：大厂聚鑫印刷有限责任公司
787mm×1092mm　1/16　印张 15　字数 361 千字　2022 年 10 月北京第 1 版第 1 次印刷

购书咨询：010-64518888　　　　　　售后服务：010-64518899
网　　址：http://www.cip.com.cn
凡购买本书，如有缺损质量问题，本社销售中心负责调换。

定　　价：69.00 元

前 言

　　人类社会的进步，就是通过各种发现和发明，依靠各种工具，将各种原料加工成为我们所需要的物品。我们在创造需求时，物品也随之复杂而多样；但万物都有寿命，物品也有其使用期限，因此，随之产生大量的固体废物。固体废物的问题主要在于量大与有毒。为有效管理这些固体废物，1995年10月，《中华人民共和国固体废物污染环境防治法》应运而生，明确将危险废物作为单独的一类固体废物纳入环境保护管理，而且是优先管理。

　　危险废物是指列入国家危险废物名录或者是根据国家规定的危险废物鉴别标准和鉴别方法认定的具有危险特性的固体废物，其本身是一个定性的概念。1998年，国家环保总局、国家经济贸易委员会、国家对外贸易经济合作部、公安部四部委联合发布了《国家危险废物名录》，使得危险废物本身有了正式名册。2004年颁布的《危险废物经营许可证管理办法》对进入危险废物处理行业的企业有了一定约束。在随后的经济大发展阶段，危险废物管理处于一种较为平稳的状态。2013年是一个关键的时间点，最高法院和最高人民检察院对危险废物做了相应的司法解释，危险废物问题屡屡进入大众视线，甚至成为工业废物管理过程中出现频率较高的词语，危险废物管理条例和规范的更新与修订越加频繁。《国家危险废物名录》从以前的十年一修，到现在的开放式、随时修补，说明其变化的快速。危险废物本身除了一般的固体废物特性外，更需要依靠有效管理来推进对其的有序管控。因此，有必要在新形势的要求下，对危险废物整体过程进行一个系统的梳理、总结和提升。

　　我国统计的危险废物产量逐年增大，涉及范围宽泛，既包括了可燃有机物质，如各类废乳化油，也包括了很多无机物，如重金属类电镀污泥、废酸等，对象非常复杂，产生源亦较为分散。2017年全国人民代表大会委员会固废大调研推进，固体废物问题越加成为各企业的"达摩克利斯之剑"，虽然政府做了很多培训工作，但受制于危险废物本身的独特性，仍不少企业受困于此。危险废物一般要求通过源头分离、过程可控、安全贮存、末端安全处置等方法，实现危险废物全过程管理目标。2018年最高法院推进环境损害鉴别的进程，这个过程本身也逐渐进入了科学化范畴。危险废物"五性"如何有效鉴别，需从取样的代表性、监测的科学性、结论的可靠性等进行系统的论证和严谨把控。说到底，危险废物既是技术问题，更是管理问题，因此本书将尝试平衡好这两者的关系。

　　本书的编写结合作者多年来的科研成果，较为全面完整地描述危险废物污染控制与资源化新技术、新方法、新理论。书中从危险废物本身是什么讲起，从危险废物的自身特性、管理特性、法律规定入手，界定危险废物本身的问题，然后对于危险废物中常用的一些处理技术，如固化稳定化预处理、焚烧处理、填埋处置技术进行论述，最后对一些特殊危险废物的处理新技术和案例进行介绍。上海是对危险废物管理较早的地方，对于危险废物问题有很好的实践经验，而本书作者，既有科研院所的科研人员，更有直接负责危险废物管理第一线的管理人员，参与了危险废物企业许可证评估、涉危险废物案例论证、企业危险废物鉴别等工作，深感需要通过对危险废物的知识系统梳理和总结，让广大企业主和普通群众对其有一定认知，减少因为不知、不解、不得而产生的问题，也可减少政府管理部门压力。

本书作者主要有楼紫阳（负责第 1 章编写和其他章节的整理工作）、唐红侠（负责第 2～5 章）、王罗春（负责第 6～10 章），吴少林编写了第 9 章部分内容，学生周倩、宁成奇、祁程、王玉等帮忙整理了书稿，由楼紫阳进行全书的规划和整理。本书的部分案例，来自于国家重点研发计划重点专项（2018YFC1800600）和上海交通大学重庆研究院项目，在此感谢项目的支持。书中引用了国内外大量文献资料，一并在此表示感谢。

因编著者时间和精力有限，书中难免有疏漏和不妥之处，恳请读者批评指正。

编著者
2022 年 3 月

目 录

第3章

危险废物管理体系

25

第4章

危险废物收集、贮
存与运输

59

第5章

危险废物鉴别

67

第6章

危险废物的焚烧处理

92

第7章

危险废物的固化/稳
定化技术

122

第8章

危险废物安全填埋

136

第9章

污染场地风险评估及修复技术

151

第10章

典型危险废物
资源化路径

187

第 **1** 章

概　述

　　随着工业的飞速发展、人类社会的不断进步以及全球人口的激增，人类开发和利用自然资源的力度逐渐加大，随之而来的环境污染也成为当下刻不容缓、亟待解决的重大问题。特别是工业革命以来，随着冶金技术、化工行业的大发展，人工合成物质逐渐增多，众多金属残次品、废品和人工合成物进入固体废物中。危险废物作为固体废物处理处置中首要关心的议题，其产量越来越大。根据联合国环境署估计，2021 年全世界年均危险废物产生量达 3.3 亿 t，其风险管控和安全处置需要重点关注。我国自 1995 年 10 月《固体废物污染环境防治法》颁布以来，对于危险废物管理问题的重视程度不断提高，经过多轮次的使用和修订，于 2020 年 11 月 5 日最新通过了《国家危险废物名录（2021 年版）》；在此之前，1996 年 3 月 22 日，我国政府代表签署了《巴塞尔公约》，1992 年 5 月 5 日生效。我国作为较早批准《巴塞尔公约》的国家，及时更新管理需求，于 2020 年 10 月 17 日正式批准了《〈巴塞尔公约〉缔约方会议第十四次会议第 14/12 号决定对〈巴塞尔公约〉附件二、附件八和附件九的修正》；我国的危险废物管理进入法律法规的动态管理阶段。2020 年开启"全国危险废物专项整治三年行动"，并于 2021 年开展《强化危险废物监管和利用处置能力改革实施方案》的推进工作，聚焦历史危险废物问题，对危险废物存量问题的解决提供了重要方案。这些都为我国贯彻落实"精准治污、科学治污、依法治污"提供了重要条件。

1.1 危险废物发展过程

1.1.1 危险废物由来

　　危险废物因其危险性得到人类的格外重视。第二次世界大战后多地因化学品管理疏漏或工业固体废物处理处置不当等，产生了一定面积的"毒地"（"毒地"是指曾从事生产、贮存、堆放过有毒有害物质，或者因迁移、突发事故等，造成土壤、地下水、空气污染，并产生人体健康与生态风险或危害的地块），由此引发了严重的污染事件。但其进入人类视野，还应从美国加利福尼亚州的拉夫运河（Love Canal）事件开始。1942 年，美国胡克化学公司购买了长914m的废弃运河用于工业固体废物的倾倒，在11年间该公司向河道内倾倒了2万多吨化学物质，包括卤代有机物、农药、氯苯、二噁英等200多种化学废物。1976年连续大雨造成地下埋藏物质渗漏暴露，使得当地居民不断患上各种怪病，不规范废料处置导致周边区域"毒地"问题持续到20世纪90年代才修复完全，该事件促成了《超级基金法》的颁布，也成为危险废物处理处置发展史中的一个重要标志性事件。

20世纪60年代末，美国时代海滩（Times Beach）的恶性二噁英污染事件，是美国在工业发展过程中又一起因危险废物处置不当造成的公害事件。类似的事件也屡屡发生在世界各个地方，如1984年荷兰古德海根、1986年意大利皮埃蒙特等。这些事件的发生，基本都是由于部分不规范场地未充分处理的有毒物质渗漏，进而导致整个场地受到污染。近年来，我国的广西藤县、河南淇河河道、安徽长江沿岸、浙江温州、河北保定蠡县、江苏常州、山东章丘以及江苏响水等地，也发生了由危险废物非法倾倒、不规范处置等造成的恶性污染事件。

为应对危险废物层出不穷的问题，20世纪60年代开始，危险废物管理逐渐得到部分国家的重视。美国在《固体废物处置法》基础上，于1976年出台了《资源保护与恢复法》（RCRA），RCRA第C节（subtitle C）建立了危险废物监管框架。1989年3月22日，联合国环境规划署在瑞士巴塞尔召开"制定控制危险废物越境转移及其处置公约"大会，危险废物的问题显性化，并从单个国家上升到国际关注焦点。我国对于危险废物问题的认识则直接从危化品中衍生而来。1993年8月5日，深圳清水河危险品储运仓库大爆炸事件直接导致危险废物问题上升到国家层面，1995年《中华人民共和国固体废物污染环境防治法》直接将危险废物列为固体废物管理中的首要问题。1998年，我国跟进制定了《国家危险废物名录》，实现了危险废物的初步管理，但随后福建紫金矿业紫金山铜矿湿法厂铜酸水渗漏等事故的发生，促使2013年6月最高法院和最高人民检察院（以下简称"两高"）司法解释颁布，危险废物管理进入了专业化、规范化和严格管理阶段。

1.1.2 危险废物概念

"危险废物"术语从20世纪70年代开始被世界广泛接受，不同国家对其也有其他称呼，如日本称其为特别管理的一般废物（general waste）、特别管理的产业废物（industrial waste），马来西亚称其为特别管理废物（scheduled waste）。同时危险废物的内涵和定义也有一定的差别。《中华人民共和国固体废物污染环境防治法》中明确规定，危险废物是指列入国家危险废物名录或者根据国家规定的危险废物鉴别标准和鉴别方法认定的具有危险特性的固体废物。危险废物应首先属于固体废物，主要来源于在生产、生活和其他活动，丧失原有利用价值或者虽未丧失利用价值但被抛弃或者放弃的固态、半固态和置于容器中的气态的物品、物质以及法律、行政法规规定纳入固体废物管理的物品、物质。虽然在整个过程中存在着拥有者对其"抛弃""废弃"的主动行为，但其物质属性和价值属性不一定随着这个过程而消失。因此，对于危险废物的界定，首先应判定其是被生产企业抛弃的废物，再根据危险废物鉴定方法，判别其是否具有腐蚀性、毒性、易燃性、反应性或者感染性。联合国环境规划署（UNEP）规定，危险废物是指除放射性废物以外的废物（固体、污泥、液体和用容器装的气体），由于它们的化学反应性、毒性、易爆性、腐蚀性或其他特性可能引起对人类健康或环境的危害，因此不管它是单独的或与其他废物混在一起，不管是产生的或是被处置的或正在运输中的，在法律上都称其为危险废物，该定义针对危险废物涉及的范围以及混合性质进行了规定。

美国《资源保护与再生法》（RCRA）将危险废物定义为：经不适当的处置或直接排放到环境中，含某种化学成分或其他特性以至足以引起疾病、死亡或其他危害人身健康和其他生命体的固体废物。德国将危险废物定义为：从商业或贸易过程中产生的，成分、性质和数量对人体健康、空气或水体具有特别危害的废物，或者是具有爆炸性、燃烧性或可能引起疾病的废物。日本的《废物处理法》修订案中，将"具有爆炸性、毒性、感染性，以及可能对人体健康和生活环境产生危害、威胁的物质"列为"特别管理产业废物"，相当于统称的危险废物。世界卫生组织（WHO）规定：一种生活垃圾和放射性废物之外的，由于数量、物理化学性质或传染性，当未进行适当的处理、存放、运输或处置时，会对人类健康或环境造成重大危害的废物，此类废物归结为危险废物。经济合作与发展组织（OECD）认为：除放射性废物之外，一种会对人和环境产生重大危害，这种危害可能来自一次事故或不适当的运输或处置，而被认为是危险的或在某一国家或通过该国境内时被该国法律认定为危险的废物，即为危险废物。《控制危险废物越境转移及其处置巴塞尔公约》采纳了经济合作与发展组织关于危险废物的协议草案，确定了公约的管辖范围，列出了专门的危险废物目录，同时也指出任一出口、进口或过境国的国内立法确定或视为危险废物的废物也是危险废物。

虽然不同机构对于危险废物有不同定义，但主要聚焦于以下几点，即首先为固体废物，其次具有有害性特别是有毒性，再次种类众多，导致在定义过程中，为满足固体废物的多样性，基本采取了"概括定义＋清单目录列举"的方式界定危险废物。鉴于危险废物的多样性，本书实际涉及的废物类别更为广泛。

1.1.3 危险废物发展史

（1）美国危险废物行业发展

美国政府于1976年颁布实施的《资源保护与回收法》（RCRA）奠定了处理的基础，并首次对危险废物管理作了详细规定，建立了"从摇篮到坟墓"的固体废物及危险废物生命全周期管理体系。1980年美国通过了《全面环境响应、赔偿和责任法》（即《超级基金法》）用以解决废物填埋场以及危险废物造成的污染问题。1984年通过的《危险废物和固体废物法律修正案》，完成了美国危险废物管理的主要立法，形成了延续至今的基本法律框架。1986年美国政府对《超级基金法》进行修正，颁布了《超级基金法修正案和再授权案》。

美国危险废物行业在管理要求不断提高的背景下应运而生，整体的行业发展呈现出"蓝海"—"红海"—"沙漠之花"的历程。①"蓝海阶段"（1980—1990年）——繁荣发展期，随着危险废物产量较大的行业在美国蓬勃发展，而RCRA与《超级基金法》等一系列法规标准的相继颁布，使得市场出现了巨大处理处置需求，有技术优势的大型公司与第三方危险废物处置企业纷纷入场，危险废物处理行业蓬勃发展。②"红海阶段"（1990—2002年）——整合调整期，由于产业转型废物处置需求逐渐降低，危险废物处置标准越发严格，加之危险废物行业自身的产能过剩，引发了激烈的市场竞争，大批小型危险废物处置企业被淘汰，危险废物无害化处置设施大型化、集中化成为行业发展的主流。③"沙漠之花阶段"（2002年至今）——行业成熟期，这一时期，整体的产能规划更为合理，危险废物产量基本保持稳定，无害化处置产能溢出量稳步减少，相关法律法规也趋于成熟，行业的集中度进一步增长。

（2）欧盟危险废物管理发展历史

20世纪50—80年代欧洲也时常发生污染事件。例如德国穆格利兹河因玻璃制造厂的污水排放成为"红河"。哈茨地区则因铅氧化物排放致使鱼类和其他动物中毒。197年6意大利的赛维索污染事件造成的后果更为惨重，从当地化工厂内逸出的二噁英使得大片土地受到污染，居民被迫搬迁。为应对工业化与城市化飞速发展带来的危险废物问题，1975年，欧盟颁布了废物指令（75/44/EEC），随后在1991年颁布危险废物指令（91/689/EEC）；1994年，欧盟又发布了欧洲废物名录94/3/EC号和危险废物名录94/904/EC号。通过对废物和危险废物的分类，建立起一个统一的废物分类体系。而为了应对新的情况，2000年欧盟委员会颁布了欧盟废物名录，全面取代以往的欧洲废物名录和危险废物名录，并实现动态修订和管理，目前已经实现了多次修订（2001/118/EC，2001/119/EC，2001/573/EC）。

（3）日本危险废物管理发展历史

日本经济在20世纪50—60年代进入高速增长期，重视经济发展而忽视环境成为当时的共识，随之发生大量环境污染事件，包括"全球十大污染事件"中的水俣病事件、骨痛病事件以及米糠油事件等。环境问题最终引起了日本政府和国民的极大关注和重视。在此背景下，1967年日本国会通过了《公害对策基本法》。1970年日本政府以修改《公害对策基本法》为契机，在全国范围逐步建立健全防治公害和生态的法律体制、行政管理体系和科技研发体制，制定了14个环境相关法案，包括《废物处理法》取代《清扫法》。在《废物处理法》中，废物被分为一般废物和产业废物，其中产业废物即工业废物，产业废物又分为稳定型产业废物和特别管理产业废物。其中特别管理废物则为危险废物。《废物处理法》使得工业废物与危险废物正式纳入日本法律法规管理体系。而90年代后，受到"垃圾围城""焚烧二噁英"的影响，3R理念逐步进入视野，从国家、社会企业和个人层面逐步完善了垃圾分类回收相关法律，其中代表性的法律即为《促进再生资源利用法》，危险废物，作为其中典型废物种类，也进入了回收和资源化利用的时代。

1.1.4 我国危险废物管理发展历史

随着我国工业化程度的推进，危险废物逐渐纳入政府管理。1985年中华人民共和国环境保护部污染物排放总量控制司（以下简称"国家环保局污控司"）成立化学品和危险废物管理处，开始危险废物的官方管理工作，并在危险废物的界定与鉴别、管理法规体系、管理机构建设和进出口废物管理等方面形成了基本法律框架和组织机构。1990年3月我国签署了《控制危险废物越境转移及其处置巴塞尔公约》，并基于此制定了涉及危险废物管理的行政规章及环境标准。1995年通过的《中华人民共和国固体废物污染环境防治法》，对危险废物污染防治作了特别规定，在此基础上，1998年7月1日，国家环境保护总局颁布并实施了《国家危险废物名录》，1999年又颁布实施了《危险废物转移联单管理办法》。《国家危险废物名录》和《危险废物转移联单管理办法》的颁布，标志着危险废物安全管理工作正式启动。经过数年的实践经验积累，危险废物管理也从粗放型向科学化、精细化管理发展。随着管理的加强、体制的健全、研究的深入，以及相关管理和技术标准的制定、颁布和实施，我国危险废物管理工作逐步走上专业化和法治化的轨道。

总体来说，现有的危险废物产生和处理企业，仍然存在自发性和趋利性，产生废物的单位自主决定如何处置利用，缺乏统筹监管，特别是不同地区差别较大；同时危险废物的处理受经济要素影响较大，对于危险废物处置，部分处理单位的设备落后、技术水平低、处理效率差，易造成二次污染，特别在现有的危险废物处理能力不能满足危险废物产生量需求的大背景下，危险废物处置能力建设不足，市场总体体现为供需不平衡，供方市场占主导，危险废物处置企业占据较大的话语权，给危险废物有效管理带来难题。

我国危险废物鉴别体系经过修正后，在鉴别程序、鉴别方法、鉴别途径等方面取得了较大的进步，却依然存在一些问题。因此，在危险废物管理稳步发展的前提下，我国危险废物鉴定制度应当新增包含规则的规定，填补我国鉴别制度特殊规则的遗漏之处；解决我国豁免规则中存在的问题，法律不仅需要列举某些可以豁免的危害特性小的危险废物，也应针对危险废物与其他物质的混合物、危险废物的衍生物和受危险废物污染后物质的豁免情况进行规定。我国确立危险废物申报登记制度以来，开发了一些固体废物管理信息系统，但在信息系统的应用研究、系统的整体设计和系统的实用性，以及对现有的管理系统数据进行分析整理等方面都存在一定的不足。

1.2 危险废物的产生、特性和分类

1.2.1 危险废物的产生特征

通常认为危险废物主要来自工业活动，但随着人们对合成物质性质的了解和对环境问题认识的加深，危险废物所涵盖的范围不断扩大，逐渐涉及居民生活、商业活动、农业生产、医疗服务以及环保设施等领域。当然，工业仍是危险废物的最大来源，其体系庞大、门类繁多，产生情况相对复杂，主要包括黏合剂和密封胶、铝业、汽车和其他清洗业、电池生产业、铜业、电力和电子组件生产、电镀、炸药生产、铸造业、树脂化学品生产、无机化学品生产、钢铁生产、机械产品制造、有色金属制造、原矿开采业、油漆油墨生产配置、农药、石油精炼、塑料和合成材料制造等行业。

作为最主要的危险废物产生源，工业危险废物的产生与整个危险废物行业休戚相关，特别是化工行业，其产生的化工固体废物的量和组成往往随产品品种、生产工艺、装置规模和原料质量不同而有较大差异，一般生产 1 吨产品产生 1～3 吨固体废物，有的高达 8～12 吨。如何核算其中的危险废物产污系数（通常产污系数与整个生产工艺有关）是关键。以我国某大型化工企业为例，不同产品和生产线产生的危险废物种类和产量各不相同，其危险废物排污系数见表 1-1。

表 1-1　某企业危险废物排污系数

产品名称	润滑油基础油	精致航煤	润滑油基础油	芳烃/溶剂油	液化气/柴油/干气	石蜡/柴油/汽油
危险废物名称	废白土	废颗粒白土	糠醛焦	废环丁砜	催化废催化剂	加氢废催化剂
产排污系数单位	kg/t-产品	kg/t-产品	kg/t-产品	kg/t-产品	kg/t-产品	kg/t-产品
危险废物产排污系数	23.588	0.554	0.0123	0.00345	0.392	0.004

随着经济发展和人们环保意识的提高，社会源危险废物越发增多。社会源危险废物是指在

日常生活和社会活动过程中产生的危险废物。区别于工业源产生危险废物的相对集中，社会源危险废物往往来源广泛，包括家庭、企事业单位（如学校、机关、写字楼、科研单位、服务性企业、医疗机构）、农业生产活动等，一般来说，企事业单位的社会源危险废物需要特别关注，而由于医疗废物对人体健康具有重要影响，因此往往需要加强监管；另外，社会源产生的危险废物同样具有种类多、成分复杂等特点，日常生活中产生的大量不同组分的废物，如含汞电池、过期药品、废旧家电以及一些装修过程中的涂料等，这些物质中含有部分有毒成分，在垃圾分类过程中，这些被归类为有害垃圾，收集后需按照危险废物管理方式进行处理。需要注意的是，随着垃圾分类的推进，对于集中起来的居民端有害废物的合规收运和处置逐渐成为当下亟须解决的问题，同时还需考虑各种遗留下来的废物，例如积累的大量待修复场地。

危险废物中另一大类是医疗废物，主要是指医疗卫生机构在医疗、预防、保健以及其他相关活动中产生的具有直接或者间接感染性、毒性以及其他危害性的废物，共分为五类列入《医疗废物分类目录》，在《国家危险废物名录》中属于一大类。医疗机构产生的医疗废物包括固定病床和门诊医疗废物产生量，在《医疗废物集中焚烧处置工程建设技术要求》中，对相关计算和预测进行了说明。在新型冠状病毒肺炎疫情暴发的大背景下，医疗废物的处理处置受到社会各界的广泛关注，生态环境部国家市场监督管理总局于 2021 年 7 月 1 日，正式实施《医疗废物处理处置污染控制标准》（GB 39707—2020），规定突发疫情等应急情况下，医疗废物收集、运输、处置、污染控制的相关要求，为应急期间的医疗废物管理提供了明确的依据。

根据 WHO 统计，医疗活动产生的废物总量中，约 85% 为一般性无害废物，而余下的 15% 被认为可能具有传染性、毒性或放射性的有害物质，也是纳入管理范畴的主要部分，主要来源包括医院和其他医疗设施、实验室和研究中心、太平间和尸检中心、动物研究和检测实验室、血库和采血机构、养老院。就每天每张病床产生的有害废物而言，高收入国家平均达 0.5kg；而低收入国家平均达 0.2kg。在一些管理不善的低收入国家，不能有效区分有害废物和无害废物，实际有害废物数量比统计值要高很多。

环保设施运行过程中也会产生危险废物，若不能规范管理或处理处置技术不达标，便存在二次污染风险，比如废水处理过程中的污泥，其含有相当数量有毒有害物质，如寄生虫卵、病原微生物、细菌、合成有机物以及重金属离子等，如未经稳定化处理，这些污泥不仅易于腐化发臭，而且还会污染土地、地下水等。需要指出的是，有些废物整体被视为危险废物，有些废物的组成部件是危险废物，另外还需要特别留意那些具有很高资源化价值的危险废物组分，包括废铅酸电池、部分电子电器废物、废矿物油、感光材料废物和废荧光灯管等。

1.2.2 危险废物的组分特性

危险废物虽然只占固体废物总量的 1% 左右，但由于危害性较为特殊，故管理方法和处理处置技术都存在较大差异。危险废物的危害特性一般表现为短期的急性危害和长期的潜在性危害。短期的急性危害主要指急性中毒、火灾、爆炸等；长期的潜在性危害主要指慢性中毒、致癌、致畸、致突变、污染地表水或地下水等。危险废物的风险主要由其物理、化学及生物特性产生，包括有毒有害物质释放过程、在环境中的迁移转化以及富集过程、随着食物链的生物富集和生物毒性等，过程中涉及的参数包括：①环境释放特征，即有毒有害物质释放到环境中的速率；②环境迁移特征，即迁移转化及富集的环境特征；③生物毒性特征，即有毒有害物质的生物毒性特征。

危险废物涉及的主要参数包括有毒有害物质的溶解度、分子量、挥发度、饱和蒸气压、在土壤中的滞留因子、空气扩散系数、土壤/水分配系数、降解系数、生物富集因子、致癌性反应系数及非致癌性参考剂量等，这些类型数据决定了危险废物的特性，包括其中的扩散特性、赋存特性以及可能的风险特征，大都可以从已有的一些信息库中获取：化学手册、联合国环境署管理的国际潜在有毒化学品登记数据库 IRPTC、美国国家环保局综合信息资源库 IRIS 等。生物富集因子（BCF）可从国际潜在有毒化学品登记数据库 IRPTC 获得，BCF 的范围通常为 1～1000000；致癌性物质反应系数（SF）可以从国际潜在有毒化学品登记数据库 IRPTC 获得，并用于计算人体吸收致癌性物质后的癌症增额风险，也可以从动物半致死剂量（LD50）估算：$SF = 6.5 \times LD50 [g/(kg \cdot d)]$。非致癌性物质参考计量（RFD）是有毒有害物质造成的健康风险在可接受水平的人群中暴露的剂量，可以作为非致癌物质剂量反应评估的关键。

重金属是危险废物重点关注另一个对象，特别是一些微量重金属，它们通过污水系统吸附、富集等，产生大量含重金属污泥。近几年，我国每年排放约 40 亿 m^3 电镀废水，占全国工业废水总量的 10%，其中约 80% 的电镀废水采用铁氧体法、氧化还原法、沉淀法等方法处理，产泥率约 0.22%。据估计，每年产出约 1000 万吨电镀污泥。在这些电镀污泥中含大量的铬（Cr）、铜（Cu）、镍（Ni）、镉（Cd）、锌（Zn）等多种有毒重金属，其中含铬量通常高达 2%～3%、铜 1%～2%、镍 0.5%～1%、锌 <2% 等，这些成为危险废物管理的重要组成和重点监管对象。电池制造产生大量含铅（Pb）、铜（Cu）的重金属污泥，制革行业排出大量含铬（Cr）的重金属污泥，而印刷电路板业则有大量含铅（Pb）、镍（Ni）、铜（Cu）的重金属污泥，玻璃、造纸、冶金、化工、陶瓷等工业也有此类的重金属污泥。

1.2.3 危险废物的分类

危险废物组分性质复杂，而且其产生过程多为无固定组分（时间、空间的不均衡），需要进行分类。危险废物分类方法较多，按产生源进行是通用的方法。德国针对危险废物的管理方法主要有以下两种：①对危险废物的类型、来源、所在地等，每年调查一次；②对处理设备类型、工艺代号、设备容量、处理能力、处理过程是否产生新能源、是否产生废气、产生何种废气、处理厂封闭状况等，每两年调查一次。针对产危废企业，则每年对产生的危险废物进行梳理报告，而自行处理处置的不列入调查范围，离开厂区的需跟踪调查，各环节负责人签字后由产生和处置单位负责人提交给统计部门。

危险废物的物理形态直接影响贮存设施选择，一般可将其细分为固态危险废物、液态危险废物、气态危险废物、污泥状危险废物、泥浆状危险废物和桶装危险废物等。例如，冶金废渣、医疗废物等大都为固态危险废物；而废酸、含醚废物通常为液态危险废物。

危险废物有很大一部分以焚烧方式处理，因此根据危险废物的不同热能特性，分为可燃废物和不可燃废物。可燃废物是指不需要任何辅助燃料就能够维持燃烧的危险废物。通常情况下，固体废物的燃烧需要较高的操作温度、较大的空气过剩系数才能保证燃烧充分（一般要求 >18600kJ/kg），所以固态危险废物比液态和气态危废所需的热值要高，气态危险废物一般只要 7000kJ/kg，而液态则至少需要 10500～12800kJ/kg。

另外，危险废物按照所含化学元素可分成清洁危险废物、含碱金属危险废物等，主要根据其元素进入自然界后可能的危害特性来决定其影响特征。主要依据：①清洁危险废物。这类危险废物只含有碳、氢、氧三种元素，因其燃烧之后的产物比较清洁，主要为二氧化碳、一氧化碳、水和粉尘，所以被称为清洁废物，但这并不影响该类废物本身的危险特性。②产生气态污染物的危险废物。这类危险废物所含的化学元素有碳、氢、氧、氮、氟、氯、溴、硫等，因此其燃烧后会产生氯化氢、氟化氢、氮氧化物、硫氧化物等气态污染物。如果采用焚烧工艺来处理这类危险废物，必须设计完整的排气排放物和废水处理装置，防止二次污染。③含重金属危险废物。这类危险废物所含的化学元素有碳、氢、氧、氮、氟、氯、溴、硫、重金属和硅等。危险废物中重金属的存在会影响到其处理工艺和工艺条件的选择，如果采用焚烧法处理含重金属的危险废物，焚烧炉的温度必须达到 1100℃ 以上才能保证大部分重金属都转移到飞灰中。同时，在选择尾气处理系统时也应考虑重金属的影响，这些势必会提高此类危险废物的处理成本。④含碱金属危险废物。这类危险废物所含的化学元素有碳、氢、氧、氮、氟、氯、溴、硫、硅、磷、硼、重金属和碱金属等。这类危险废物对焚烧设备的影响主要体现在碱金属的熔点较低，会影响焚烧设备的操作温度等工艺参数的设计。

按照危险废物中主要成分的分子结构或者反应特性的不同，也可进行相关分类。具有类似分子结构的化合物往往具有相似的反应特征，从而可根据分子结构来预测该类废物的物理、化学特性，最终进行分类，有助于危险废物的存放及处理处置工艺的选择。采用定量构效方法（quantitative structure-activity relationship，QSAR）来评估有机物毒性特征，利用有机化合物的分子结构或物理化学性质与生物活性的关系，以一定的数学模式，定量描述分子结构或物化性质与生物活性的关系，从而可以根据已知模式来预测有机化合物生物活性。目前，将危险废物按照分子结构分类的工作，以实验研究和理论研究为主。由于危险废物大都是多种物质的混合物，且各组分之间易发生变化，而要确定其中每种物质的分子结构及其所占比例，需要相当的时间和经济成本，从来源判断其主要成分是最有效的方法。

将危险废物按其危险特性进行分类，有利于危险废物在贮存、运输方面的管理。不同国家或国际组织有着不同的分类方法，如欧盟依照欧盟理事会 2001/573/EC 号决议，将固体废物按照欧洲废物名单（European Waste List）进行分类，具体如图 1-1 所示。

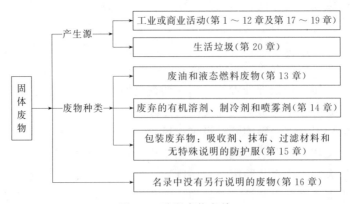

图 1-1 欧洲废物名单

美国的分类方法充分考虑了危险废物的不同特征及其来源，根据危险废物特征和产生者进行管理是其特色。美国《资源保护与回收法》（RCRA）将危险废物按照其产生来源和风险度分为特性废物、普遍性废物、混合废物和名录废物四类：①特性废物，指没有列入危险废物名录，但具有腐蚀性（强酸或碱性物质）、易燃性（易燃且常规管理中有着火可能的废物）、毒性（能释放较高浓度的某种物质到水体中）和反应性（具有潜在危害的废物）中的一个或几个危险特征的废物。②普遍性废物，指废电池、杀虫剂、含汞装置等一般居民日常生活中较为常见的危险废物。③混合废物，一般来自医院、实验室等使用放射性物质的单位，同时含有放射性和危险性的成分。④名录废物，一般来源于炼油和化学工业，分为四种类型的清单，包括 K 清单（共 17 组，主要包括木材保存、无机颜料制造业、有机化学品制造业、无机化学品制造业等特定工艺的工业中产生的废物）；P 清单（具有剧毒性、废弃的未使用的商业化学品）；U 清单（具有剧毒性，同时具有腐蚀性、易燃性、毒性和反应性中一种或多种危险废物特征的废弃未使用的商业化学品）；F 清单（一般来源于化工厂都在使用的化学物质）。此外，美国国家环保局还将危险废物形态分为无机液体、有机液体、有机固体、无机固体、有机污泥、无机污泥以及混合介质、残渣和器件（指液固、有机与无机废物的混合物以及不易归类的器件）7 组，每一组有若干代码并有详细的物质含量、pH 等性状描述，例如，无机液体组中的 W013 指废浓酸（≥5%）。

1.3 危险废物潜在危害性

危险废物产生过程复杂、组分多样，还包含大量有毒有害物质，如重金属、化学物质和病原微生物等，不仅可能造成直接生态和人体危害，还可能在土壤、水体、大气介质中迁移、转化以及滞留，从而污染整个生态环境。特别是危险废物污染链条较长，整个过程中容易产生各种污染（二次污染），比如：①填埋处置时，渗滤液渗漏或者渗滤液不达标排放。②焚烧处理时，尾气排放污染大气。③再生利用产品生产过程中产生的污染物排放。④再生利用产品中污染物的释放。另外危险废物的污染性质通常十分隐蔽，因此往往难以察觉，一旦污染事故发生，便会造成较大危害。而且危险废物去向受制于产生者的认知，存在较大的不确定性，即污染物释放途径的不确定性和对环境及人体健康的影响不确定，包括暴露途径和暴露剂量的不确定；暴露途径往往因处置方式的不同而存在差异，而暴露剂量则与废物性质、处置方式有关。其主要危害如下。

1.3.1 占据空间

危险废物的首要危害是占据大量的土地和空间。近年来我国堆存的危险废物量已达亿吨，侵占了大量土地，如果算上历史遗留下来的污染场地，危险废物引发的场地和空间占据问题将更加突出，这些点源和面源的危险废物，即是危险废物的汇，也是地下水、土壤、周边空气污染的源。同时还要看到，历史上深井注入危险废物以及海洋中抛弃的危险废物造成的不良后果，最终都将反馈到我们的身边。

1.3.2 污染介质

危险废物中混杂了大量的有机物和合成化学物质，这些物质在长时间堆存过程中，经过生物降解而在不同条件下释放大量 VOCs。危险废物对健康和环境的危害除了和有害物质的成分、稳定性有关外，还和这些物质在自然条件下的物理、化学和生物转化规律有关。挥发是危险废物污染大气的主要途径之一，在环境中这些物质还会发生各种化学反应而转化成新的物质。危险废物裸露在自然环境中，在迁移的同时还会和土壤、大气和水环境中的各种微生物及动植物接触，给危险废物的生物转化创造了条件。

危险废物中有毒物质直接填埋或遗留在土壤中，严重腐蚀土壤，致使土质硬化、碱化、保水保肥能力下降，影响植物根系的生长，导致减产绝收。而且土壤中的寄生虫、致病菌等病原体还能使人体致病。危险废物降解形成的渗滤液含有大量重金属等有毒化学元素，使土壤中汞（Hg）、镉（Cd）、铅（Pb）、铬（Cr）、砷（As）等显著富集，极易导致生物毒性，影响植物的代谢过程，而最终随着食物链进入人体，甚至会破坏人体神经系统、免疫系统、骨骼系统等。

1.3.3 安全隐患

化工生产产生的危险废物成分复杂，有时会因原料、工艺、工艺参数变化产生的危险废物组成发生变化，在实际生产中，一些企业重视产品生产过程的安全工作，但是对危险废物的处置和暂存过程不重视，极易引发重大安全事故。特别是在长期存放过程中，部分物料可能会发生分解放热，在通风条件差的区域会因热量积聚而加速分解，引发着火、爆炸等重大事故。例如，江苏盐城"3·21"重大爆炸事故，就是由于江苏省盐城市响水县陈家港化工园区内江苏天嘉宜化工有限公司在旧固体废物库内长期违法贮存硝化废料，在温度持续升高的情况下，导致自燃引发了硝化废料爆炸。

1.4 我国危险废物现状

1.4.1 我国危险废物产生特征

我国工业门类齐全，人口众多，生产生活过程中产生的危险废物种类和数量也相对较多。工业源是主要的产生点。从全国范围来看，华东地区和西北地区为危险废物产生较多区域，图 1-2 展示了 2020 年各省（区、市）危险废物产生情况。

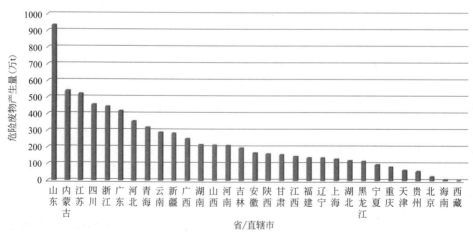

图 1-2　2020 年各省（区、市）危险废物产生情况

工业危险废物通常占危险废物总量的 60％左右（2017 年），两大主要的产生源为有色金属矿采选业、化学原料及化学制品制造业。随着我国经济结构的调整，主要的危险废物组分也将发生相应的变化。图 1-3 所示为我国工业危险废物的主要组成特征。

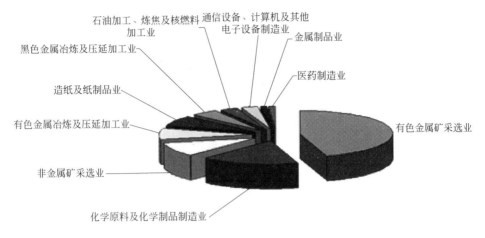

图 1-3 我国工业危险废物组成

医疗废物中可能含有大量病原微生物和有害化学物质，甚至会有放射性和损伤性物质，是引起疾病传播或相关公共卫生问题的重要危险性因素，特别是新型冠状病毒肺炎疫情发生以来，我国对医疗废物的管理提出了更高的要求。2019 年，196 个大、中城市医疗废物产生量为 84.3 万吨，相较 2018 年变化很小，产生的医疗废物都得到了及时妥善处置。医疗废物产生量最大的城市是上海市，产生量为 55713.0t，其次是北京、广州、杭州和成都，产生量分别为 42800.0t、27300.0t、27000.0t 和 25265.8t，产生量前 10 位城市产生的医疗废物总量为 27.7 万吨，占全部信息发布城市总量的 32.9％，2009—2019 年重点城市及模范城市的医疗废物产生及处置情况如图 1-4 所示。

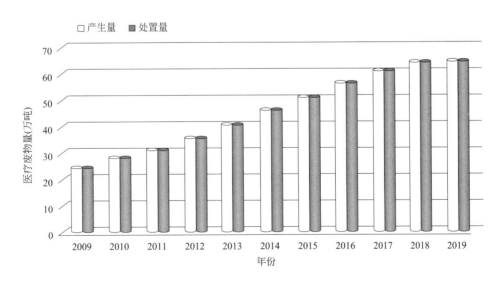

图 1-4 2009—2019 年重点城市及模范城市的医疗废物产生及处置情况

1.4.2 我国危险废物现状

2019 年，196 个大、中城市工业危险废物的综合利用量为 2491.8 万吨，处置量为 2027.8 万吨，贮存量为 756.1 万吨，分别占利用处置及贮存总量的 47.2％、38.5％和 14.3％。危险废物具有一定的资源属性，综合利用和处置是主要途径，具体如图 1-5 所示。

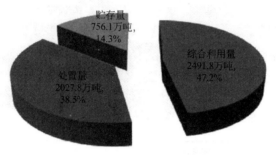

图 1-5　2019 年工业危险废物利用、处置、贮存情况

工业危险废物的产生源因工业布局的不同而异，随着经济水平的增加，产量急剧增加，相应的处置能力也需要增强。为有效保障工业发展，需确保工业危险废物的末端处置能力，这也成为一个城市营商环境的重要体现。2009—2019 年重点城市及模范城市的工业危险废物产生、利用、处置、贮存情况如图 1-6 所示。

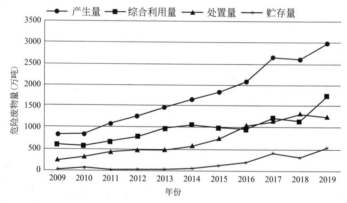

图 1-6　2009—2019 年重点城市及模范城市的工业危险废物产生、利用、处置、贮存情况

经过十余年的发展，我国的危险废物利用、处置、贮存设施都有了长足的改进，但针对需求来说，仍处于较低水平。危险废物无害化利用和处置保障能力不强，大型危险废物产生单位配套的危险废物贮存、利用和处置设施不健全，比如目前积极推进生物医药、电子芯片等，需要配套大量的废酸等的后续利用；《全国危险废物和医疗废物处置设施建设规划》内部分危险废物集中处置设施建设进度缓慢，跟不上相关的危险废物产量需求，部分利用和处置设施超标排放；危险废物利用和处置能力区域不平衡、结构不合理现象比较突出，没有很好地根据所在区域的危险废物组分和产量特征来确定其中的建设速度和能力。

随着环境意识的增强，新建危险废物焚烧和填埋处置设施选址日益困难，基本上只能位于工业园区内，特别是原来累计的部分"历史堆积场"正逐渐成为城市发展的定时炸弹，虽然随着固体废物大调查等的推进，历年堆存的部分危险废物被督查而受到关注和处理，但现存的危险废物数量仍然较大。由于没有进行关于危险废物污染的调查和有害物质污染迁移规律的基础研究，所以到目前为止还没有危险废物污染的全面数据，也没有建立危险废物与环境质量的定量关系，这使得部分属地的地下水和土壤的污染问题仍未被发现，并可能进一步扩大。对于一些新的危险废物，如突发疫情期间的医疗废物应急处置能力储备不足，危险废物处置和综合利用环境监管也还需要加强。

1.4.3 我国危险废物存在的问题

经过近 20 年的大力建设，危险废物处理处置问题得到了根本性解决，重点区域基本完成了危险废物的能力建设，但总体来说，仍存在以下一些问题。

（1）危险废物存量渐增风险大，处置效率仍然较低

由于危险废物处理程序和环节复杂，我国危险废物已知的贮存量达到 11899.99 万吨（2020 年末），这些堆存危险废物如果分类不合理、堆积时间过长、环境条件不合适，都可能诱发危害事故。截至 2019 年，全国危险废物（含医疗废物）许可证持证单位核准的收集和利用处置能力为 12896 万吨/年，而实际收集和利用处置量仅 3558 万吨/年，综合产能利用率（实际处理量/核准规模）仅为 30%。2006—2019 年危险废物持证单位核准能力及实际收集、利用处置情况如图 1-7 所示。危险废物的总体处理能力以及实际处理量之间存在较大的不匹配。

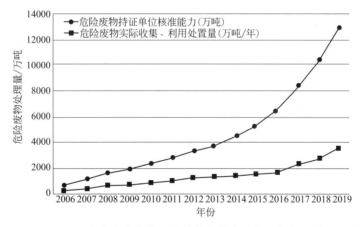

图 1-7　2006—2019 年危险废物持证单位核准能力及实际收集、利用处置情况

（2）危险废物的产能和处理能力区域性错配较大

在过去一段时间，各地发生多起化工行业安全事故，政府部门也加强了化工企业和化工园区的安全、环保管理标准和监管。随之而来的是部分单位产能利用率有所下降，市场上寻找危险废物"货源"的难度增加；再加上受新冠肺炎疫情影响，危险废物产量和处置量都降低，焚烧价格持续下跌。形成了工业企业危险废物大量堆积和危险废物处理企业"吃不饱"的矛盾，受制于危险废物跨区转移限制，导致产能区域性错配问题严重。

（3）危险废物转移信息化系统还不够完善

完善的危险废物转移信息化系统是推进危险废物有序管理的关键，但危险废物处理行业因资质壁垒及区域规划等导致区域供需不平衡，跨省转运、处置现象较多。通过跨区域合作

解决产能错配问题需要系统的信息化系统支撑，区域协同也有利于形成规模效应、降低成本。

（4）危险废物处置手段单一，处置中易引发二次污染

固体废物的处理特别是危险固体废物的处理，对技术有一定要求，但相应措施包括设备设施、工艺技术等方面相对落后，容易产生二次污染（包括填埋场渗滤液以及焚烧炉的烟气等），监测要求较高；同时，缺乏高温灭菌法、微波法、化学法等一些有针对性处理技术，管理过程也缺乏相应的标准和流程。

（5）危险废物监管能力相对薄弱

国家和31个省（自治区、直辖市）陆续建成了固体废物管理机构（固体废物管理中心），也有部分市级固体废物管理机构初步构建了我国的危险废物管理体系。但是更低级别的县、市级的基层环境保护部门缺乏相应的部门编制，已有的管理机构也受限于资金、人员等，对相关法规、政策、管理程序和危险废物特性等了解不深入、不透彻，监管能力仍然薄弱。

（6）危险废物与一般固体废物混合现象时有发生

环保督察有利于监督相关行为，但仍然有企业将危险废物同一般工业固体废物甚至生活垃圾混合；仍有部分地区的生活垃圾中混有大量危险废物，如废电池、废日光灯管、非杀虫剂等无法分离，存在环境风险。

十三届全国人大一次会议通过宪法修正案，把新发展理念、生态文明和建设美丽中国写入宪法，为推进生态环境治理体系和治理能力现代化提供了宪法保障。固体废物治理体系和现代化治理能力建设是生态环境治理体系和治理能力现代化的重要部分，固体废物污染防治是打赢污染防治攻坚战的重要内容，合理的固体废物管理制度是固体废物污染防治的保证，因此相关法律体系和管理制度建设是保证其推行的根本。

思考题

1. 危险废物特性以及分类方法有哪些？
2. 请总结和罗列我国危险废物管理发展史，以及与国外危险废物管理的异同点。
3. 我国危险废物经过了大量的实践取得了长足进步，现存问题还有哪些？

第 **2** 章

危险废物管理法律体系

　　危险废物管理主要依靠完善的法律体系，通过相关的条款来引导或者促进危险废物管理迈向"三化"的需求，其中《控制危险废物越境转移及其处置巴塞尔公约》以下简称《巴塞尔公约》是危险废物管理的重要基础和起源，也是我国参与缔约的重要国际公约之一。在此基础上，我国形成了以《中华人民共和国固体废物污染环境防治法》为核心，包括《危险废物经营许可证管理办法》《危险废物转移管理办法》《国家危险废物名录》等组成的危险废物管理系统法律体系。

2.1　《巴塞尔公约》介绍

　　《巴塞尔公约》主要为应对危险废物的越境转移问题而构建完成。该公约首次在全球范围内明确了危险废物以及其越境转移的特征，确定了"越境转移"定义，即危险废物或其他废物从一国的国家管辖地区移至或通过另一国的国家管辖地区的任何转移，或移至或通过不是任何国家的国家管辖地区的任何转移，但该转移须涉及至少两个国家。该公约成为诸多国家危险废物管理的参考，甚至是蓝本。

2.1.1　《巴塞尔公约》产生背景

　　20 世纪 80 年代后期，工业化国家环境意识越发增强，严苛的环境法规导致在本国处理危险废物的费用急剧增加。为寻找低成本的危险废物处理方式，部分危险废物被越境转移至发展中国家处置。为遏制危险废物非法越境转移，1989 年 3 月 22 日，在瑞士巴塞尔，联合国环境规划署召开了关于控制危险废物越境转移全球公约全权代表会议，通过了《控制危险废物越境转移及其处置巴塞尔公约》（于 1992 年 5 月 5 日生效）。《巴塞尔公约》文本由序言、29 项条款和 9 个附件组成，内容涵盖公约的适用范围、定义、缔约方的一般义务、指定主管部门和联络点、缔约方之间危险废物越境转移的管理、非法越境转移、国际合作、资料和信息交流等。公约通过时有 6 个附件，在公约生效后的缔约方大会历次会议上，陆续增补通过了附件七"属于经济合作与发展组织、欧共体成员的缔约方和其他国家、列支敦士登"、附件八"废物名录 A"和附件九"废物名录 B"。

《巴塞尔公约》的宗旨是推进加强世界各国在控制危险废物越境转移及其处置方面的国际合作，促进危险废物以环境无害化方式处理，保护全球环境和人类健康。明确了各缔约国在控制危险废物越境转移过程中造成损害的国际责任，并确认缔约国享有禁止他国废物入境和在其境内处置的权利等。

2.1.2　《巴塞尔公约》危险废物管控理念

针对危险废物的有效管控，主要通过包括减量化、无害化、境内处置、预通知等理念进行相应的管理。①减量化原则。减量化原则是《巴塞尔公约》的核心理念，要求各缔约国结合本国社会、技术和经济条件，采取适当措施，发展和实施无害于环境的低废技术、再循环方法以及良好的管理制度，促使缔约国国内产生的危险废物量降低至最低限度。《巴塞尔公约》鼓励各缔约国之间以及有关国际组织之间进行合作，开展区域或分区域的培训和技术转让，发展对危险废物的无害管理、改进现行技术或采用新低废技术，以期在可行范围内消除危险废物产生、确保环境无害管理实际有效的方法。②无害化原则。"危险废物和其他废物的环境无害管理"是指采取一切可行步骤，确保危险废物的管理方式能保护人类健康和环境，使其免受这类废物可能产生的不良影响。无害化原则要求采取适当措施防止危险废物在管理中产生污染；对于无法避免的污染，尽量减少对人类健康和环境的影响。无害化过程则授权联合国环境署执行主任建立技术工作组，主持编制环境无害化技术文件。③境内处置原则。危险废物产生国境内处置原则是《巴塞尔公约》最重要的要求，即保证危险废物首先在产生国消纳。《巴塞尔公约》要求各缔约国应采取适当措施，落实危险废物有效管理，保证充足的危险废物无害化处置设施，无害化处置设施应尽可能建设在危险废物产生国的领土内，实现在产生国境内处置。《巴塞尔公约》明确规定，任何国家均有权禁止其领土上入境或处置他国危险废物。④预通知原则。危险废物越境转移时必须履行"事先知情同意"程序，这种预通知制度保证实现对危险废物越境转移的有效控制。只有在出口国向进口国和过境国主管部门递交事先书面通知，并得到书面同意后，才能进行危险废物的越境转移。同时，从越境转移起始点至处置点，危险废物的每次装运必须伴有转移文件，如无转移文件，危险废物的转运则被视为非法贩运。

2.1.3　《巴塞尔公约》危险废物越境转移机制

危险废物越境转移的前提是"出口国没有足够的技术能力和必要的设施、设备能力或适当的处置场用于危险废物的无害化处理；或者进口国需要有关危险废物作为再循环或回收工业的原材料；或者不违背《巴塞尔公约》的目标、且有关越境转移符合由缔约国决定的其他标准"。在符合越境转移条件后，还需得到相关缔约国的同意，才能越境转移危险废物。

为控制危险废物越境转移，《巴塞尔公约》制定了越境转移管控程序，规定了非法贩运解决方案等，具体包括事先知情同意程序、有条件禁止与非缔约国间的越境转移、再进口责任的规定等。其中，事先知情同意程序是危险废物越境转移控制的核心，也是公约控制系统的基础。该程序主要包括：①出口国需要向进口国和过境国发送书面通知，内容包括危险废物的种类、数量、危险特性、出口企业和接收企业、转移路线、过境地点、处置方式等详细信息；②出口国在取得进口国和过境国的全面书面同意后，才能启动越境转移；③从越境转移起始点至处置点，危险废物的每次装运必须伴有转移文件，如无转移文件，危险废物越境转移则被认为非法；④处置企业完成危险废物处置后，需向出口国发出确认书，确认按照契约处置完毕。书面通知程序必须是所涉缔约方官方职能部门之间的通信，其他机构一律不具备法律效力。

历经 25 年的磋商，《禁令修正案》于 2019 年 12 月 5 日起对批准修正案的国家生效，禁止附件七所列国家，以任何目的向非附件七的国家出口危险废物，推动《巴塞尔公约》将废物越境转移降至最低的目标，确定了可越境转移的前提条件和转移机制。结合《禁令修正案》以及《巴塞尔公约》，与非缔约国间的危险废物越境转移是有条件许可的。除非与列入附件七范围内的非缔约国签订有不减损本公约关于以对环境无害方式管理危险废物要求的双边、多边或区域协定或协议，否则，禁止缔约方向非缔约方出口危险废物，也不得允许从非缔约国进口此类废物。未签订协定或协议，与非缔约国间的危险废物越境转移被视为非法。《巴塞尔公约》规定了"没有依照本公约的规定向所有有关国家发出通知，没有依照本公约的规定得到一个有关国家的同意，通过伪造、谎报或欺诈获取有关国家的同意，与文件有重大出入，违反本公约以及国际法的一般原则，造成危险废物的蓄意处置（如倾卸）"等情形为非法贩运。为解决"在进口国家遵照本公约规定已表示同意的危险废物越境转移后未能按照契约的条件完成最终处置，且进口国在一定期限内无法以无害化方式替代处置"的情况，《巴塞尔公约》规定了出口国的"再进口的责任"。当出现这种情况时，出口的缔约方有责任将这批危险废物运回出口国，而出口国和过境国不应反对、妨碍或阻止该废物运回出口国。

2.1.4　我国《巴塞尔公约》履约情况

1990 年 3 月 22 日，我国政府代表签署了《巴塞尔公约》（1992 年 5 月 5 日生效），并建立了以生态环境部为首的部门协同合作的履约机制。围绕该公约关于各缔约国采取行动从源头减少废物产生、在产生国境内进行无害化管理、尽量减少废物越境转移的要求，建立了以《中华人民共和国固体废物污染环境防治法》为引领的废物管理体系，涵盖减量化、资源化、无害化固体废物污染防治原则等；在进口方面，我国规定逐步实现固体废物零进口❶以及危险废物禁止进口等❷；在出口方面，发布了《危险废物出口核准管理办法》（2008 年 3 月 1 日实施），与《巴塞尔公约》要求一致，以控制危险废物越境转移。

2.2　危险废物管理法律体系

针对危险废物管理，我国已经形成较为完备的管理法律体系。已有的法律，如《中华人民共和国固体废物污染环境防治法》（1995 年制定）；行政法规，如《危险废物经营许可证

---

❶ 《固体废物污染环境防治法》：第 24 条 国家逐步实现固体废物零进口。
❷ 《固体废物污染环境防治法》：第 89 条 禁止经中华人民共和国过境转移危险废物。

管理办法》（2004 年制定）；部门规章，如《国家危险废物名录》（1998 年制定）、《危险废物转移（联单）管理办法》（1999 年制定），以及地方性法规、地方政府规章、国际公约（如《巴塞尔公约》）等，其中部分法律法规历经多次修改。另外也形成了较为完善的标准技术体系，包括危险废物相关标准、技术规范、技术指南等，有力支撑了危险废物管理要求。

2.2.1 法律

在《中华人民共和国宪法》（以下简称“《宪法》”）的引领下，《中华人民共和国固体废物污染环境防治法》是固体废物管理的专门性法律，《传染病防治法》《中华人民共和国刑法》及其相关司法解释等也涉及危险废物。《中华人民共和国固体废物污染环境防治法》是固体废物管理依据的根本大法，也是固体废物管理的专门性法律，为固体废物污染防治的基础。《中华人民共和国固体废物污染环境防治法》颁布实施后，经过多轮次修改，现行的《中华人民共和国固体废物污染环境防治法》是 2020 年 4 月 29 日修订，同年 9 月 1 日正式实施。该法全面规定了固体废物污染环境防治的原则与制度，形成固体废物环境管理体系，包括监督管理、工业固体废物、生活垃圾、建筑垃圾与农业固体废物、危险废物、保障措施、法律责任、附则等部分内容。专章对危险废物做出特殊规定，如危险废物的产生、收集、贮存、运输、转移、利用处置、设施建设、监督管理等活动均有系统要求，明确了危险废物管理制度、污染防治措施以及违法应承担的责任。危险废物篇章中规定了危险废物的相关管理制度、管理措施与主管部门，管理制度包括危险废物名录管理制度、分级分类管理制度、标识标签制度、管理计划及备案制度、排污许可制度、经营许可制度、源头分类制度、转移制度（包括跨省转移与联单制度）、应急预案制度等；管理措施包括危险废物实施台账管理、信息化管理等；生态环境主管部门对全国危险废物污染环境防治工作实施统一监督管理，发展改革、工业和信息化、自然资源、住房和城乡建设、交通运输、农业农村、商务、卫生健康、海关等主管部门在各自职责范围内负责危险废物污染环境防治的监督管理工作。这些制度与措施以及主管部门组成了危险废物管理框架（具体见本书第 3 章：危险废物管理体系）。

危险废物的管理除应遵守危险废物篇章的特殊规定外，危险废物篇章中未做规定的，可遵守《中华人民共和国固体废物污染环境防治法》中其他章节的相关规定，比如“污染担责”原则、“减量化、资源化、无害化”原则，建设产生危险废物项目应依法进行环境影响评价，对于工业危险废物，产生危险废物企业应履行危险废物委外运输、利用处置的审查义务，即对受托的运输、利用、处置方进行主体资格和技术能力的核实等。医疗废物作为单独罗列的特殊危险废物[3]，在《传染病防治法》[4]中进行了相关规定，如规定医疗机构内部医疗废物处置责任主体与监管等；医疗废物处置应依照法律、法规的规定实施消毒和无害化处置，卫生行政主管部门负责监督管理等。

---

[3] 《固体废物污染环境防治法》：第九十条　医疗废物按照国家危险废物名录管理。县级以上地方人民政府应当加强医疗废物集中处置能力建设。县级以上人民政府卫生健康、生态环境等主管部门应当在各自职责范围内加强对医疗废物收集、贮存、运输、处置的监督管理，防止危害公众健康、污染环境。

[4] 《传染病防治法》：第二十一条　医疗机构应当确定专门的部门或者人员，承担传染病疫情报告，本单位的传染病预防、控制以及责任区域内的传染病预防工作；承担医疗活动中与医院感染有关的危险因素监测、安全防护、消毒、隔离和医疗废物处置工作。

违反危险废物相关规定的，则需要入刑。《中华人民共和国刑法》（以下简称"《刑法》"）❺规定：排放、倾倒、处置有毒物质（危险废物是有毒物质的一种），"严重污染环境的"以及"情节严重的"，行为人（包括单位）应承担刑事责任，以污染环境罪等定罪处罚，以示惩戒、教育与威慑。"两高"的《关于办理环境污染刑事案件适用法律若干问题的解释》❻（法释〔2016〕29号）解释了"有毒物质"的情形，"有毒物质"第一项即是危险废物，故所有涉及"有毒物质"的条文都涉及危险废物；解释了"严重污染环境"的情形包括"非法排放、倾倒、处置危险废物三吨以上的"，以及"后果特别严重"的情形包括"非法排放、倾倒、处置危险废物一百吨以上的"等；另外，还规定了无危险废物经营许可证从事危险废物经营活动的处罚、把危险废物提供或委托给无危险废物经营许可证按照共同犯罪处罚的情形。若出现《中华人民共和国固体废物污染环境防治法》中未做规定的危险废物相关问题，可以参照《环境保护法》的相关原则与规定解决。另外，《循环经济促进法》规定了生产、流通和消费等过程中通过减量化、再利用、资源化等方式，促进固体废物源头减量降害，对产生的固体废物再利用和资源化，保护环境，促进可持续发展。《清洁生产促进法》通过不断采取改进设计、使用清洁的能源和原料、采用先进的工艺技术与设备、改善管理、综合利用等措施，从源头削减污染，提高资源利用效率，减少或者避免生产、服务和产品使用过程中污染物的产生和排放，以减轻或者消除对人类健康和环境的危害。

2.2.2 行政法规

为执行实施《中华人民共和国固体废物污染环境防治法》等法律，国家制定了若干行政法规。涉及危险废物的行政法规主要包括《危险废物经营许可证管理办法》《医疗废物管理条例》《危险化学品安全管理条例》等。为落实《中华人民共和国固体废物污染环境防治法》第八十条的规定❼，规范危险废物的收集、利用处置等经营活动，国务院于2004年制定了《危险废物经营许可证管理办法》，历经2013年、2016年两次修正，目前正在修订中。该管理办法规范了危险废物经营许可证的发放，以实现危险废物的规范化收集、利用处置，主要内容包括危险废物经营许可证的分类、申请条件、申请领取程序，以及变更或延续等。

危险废物综合经营许可证有效期为5年，危险废物收集经营许可证有效期为3年。危险废物经营许可证有效期届满，经营单位继续从事危险废物经营活动的，应当于危险废物经营许可证有效期届满前向原发证机关提出换证申请；经营单位有重大变更的，应当申请办理危险废物经营许可证变更手续或者重新申请领取危险废物经营许可证。

申请危险废物经营许可证的单位，向发证机关提出申请并提供相应的证明材料后，发证

---

❺《刑法》：第三百三十八条 违反国家规定，排放、倾倒或者处置有放射性的废物、含传染病病原体的废物、有毒物质或者其他有害物质，严重污染环境的，处三年以下有期徒刑或者拘役，并处或者单处罚金；情节严重的，处三年以上七年以下有期徒刑，并处罚金；有下列情形之一的，处七年以上有期徒刑，并处罚金。

❻《关于办理环境污染刑事案件适用法律若干问题的解释》：

第一条 实施刑法第三百三十八条规定的行为，具有下列情形之一的，应当认定为"严重污染环境"：（二）非法排放、倾倒、处置危险废物三吨以上的。

第十五条 下列物质应当认定为刑法第三百三十八条规定的"有毒物质"：（一）危险废物，是指列入国家危险废物名录，或者根据国家规定的危险废物鉴别标准和鉴别方法认定的，具有危险特性的废物。

❼《固体废物污染环境防治法》：第八十条 从事收集、贮存、利用、处置危险废物经营活动的单位，应当按照国家有关规定申请取得许可证。许可证的具体管理办法由国务院制定。

机关应当对申请单位提交的证明材料进行审查，并对相应的经营设施进行现场核查。符合条件的，颁发危险废物经营许可证，并予以公告；不符合条件的，书面通知申请单位并说明理由。

《医疗废物管理条例》于 2003 年制定、2011 年修订。该条例对医疗废物的管理进行系统性规定，给出了医疗废物的定义、适用范围和医疗废物的贮存、运输、处置要求以及实行责任制、标识制度、登记制度、转移联单制度等内容，规定了医疗卫生机构和医疗废物集中处置单位的医疗废物管理要求，明确了监督管理的职责：卫生行政主管部门对医疗废物收集、运送、贮存、处置活动中的疾病防治工作实施统一监督管理；生态环境主管对医疗废物收集、运送、贮存、处置活动中的环境污染防治工作实施统一监督管理。《医疗废物管理条例》是医疗废物管理的重要依据。

《危险化学品安全管理条例》❽ 于 2002 年制定，经 2011 年、2013 年修订。废弃危险化学品可能涉及危险废物，属于危险废物的废弃危险化学品处置监督管理由生态环境主管部门负责，处置过程应遵守环境保护的法律法规。结合《国家危险废物名录（2021 年版）》的规定，废弃危险化学品不再必然属于危险废物，只有经所有者向生态环境主管部门、应急主管部门申报废弃后，才按照危险废物管理；若未进行废弃申报，但用实际行为表明已废弃，废弃危险化学品属于危险废物，废弃行为包括非法排放、倾倒、处置等。

2.2.3 部门规章

为执行《中华人民共和国固体废物污染环境防治法》，原环境保护总局联合有关部委制定了《国家危险废物名录》《危险废物转移管理办法》等部门规章；另外为执行《医疗废物管理条例》，原卫生部（现国家卫生健康委）制定了《医疗卫生机构医疗废物管理办法》等。

为完成《中华人民共和国固体废物污染环境防治法》第七十五条❾的规定，1998 年，原国家环境保护局、经济贸易委员会、对外贸易经济合作部、公安部联合发布了首版《国家危险废物名录》。之后进行了多次修订。根据新版《中华人民共和国固体废物污染环境防治法》的要求，《国家危险废物名录》今后将实行动态修订。修订时遵守以下原则：①坚持以问题导向原则。重点针对现行名录实施过程环境管理工作中问题较为集中的废物进行修订。②坚持精准治污原则。通过细化类别的方式，确保列入名录的危险废物的精准性，推动危险废物精细化管理。③坚持风险管控原则。按照《中华人民共和国固体废物污染环境防治法》关于"实施分级分类管理"的规定，在风险可控的前提下，新增在特定环节满足相应条件的可实施豁免的危险废物，扩大《危险废物豁免管理清单》的范围。

现行的《国家危险废物名录（2021 年版）》（2020 年修订、2021 年实施），包括正文、

---

❽《危险化学品安全管理条例》：第二条第二款 废弃危险化学品的处置，依照有关环境保护的法律、行政法规和国家有关规定执行；第六条 对危险化学品的生产、储存、使用、经营、运输实施安全监督管理的有关部门（以下统称负有危险化学品安全监督管理职责的部门），依照下列规定履行职责：（四）环境保护主管部门负责废弃危险化学品处置的监督管理，组织危险化学品的环境危害性鉴定和环境风险程度评估，确定实施重点环境管理的危险化学品，负责危险化学品环境管理登记和新化学物质环境管理登记；依照职责分工调查相关危险化学品环境污染事故和生态破坏事件，负责危险化学品事故现场的应急环境监测。

❾《固体废物污染环境防治法》：第七十五条 国务院生态环境主管部门应当会同国务院有关部门制定国家危险废物名录，规定统一的危险废物鉴别标准、鉴别方法、识别标志和鉴别单位管理要求。国家危险废物名录应当动态调整。

附表、附件三部分。其中正文部分包括 8 条内容；附表部分为国家危险废物名录，由 46 大类、467 小类的危险废物组成；附录部分为《危险废物豁免管理清单》，包括 32 类危险废物。列入《国家危险废物名录》的固体废物主要符合以下条件之一：①具有腐蚀性、毒性、易燃性、反应性或者感染性等一种或者几种危险特性的；②不排除具有危险特性，可能对环境或者人体健康造成有害影响，需要按照危险废物进行管理的。《国家危险废物名录》横向内容包括了 5 类，分别是"废物类别""行业来源""废物代码""危险废物""危险特性"。"废物类别"是指危险废物所属的大类，共 46 大类。"行业来源"是危险废物产生的行业，依据《国民经济行业分类》（GB/T 4754—2017）确定，所涉行业包括基础化学原料制造、金属表面处理及热处理加工、非特定行业等。"废物代码"是危险废物的唯一代码，为 8 位数字，并给出了废物代码的组合规则：第 1~3 位为危险废物产生行业代码，第 4~6 位为废物顺序代码，第 7、8 位为废物类别代码。"危险特性"的范围，包括腐蚀性（corrosivity，C）、毒性（toxicity，T）、易燃性（ignitability，I）、反应性（reactivity，R）和感染性（infectivity，In）五大类。"危险特性"中，所列危险特性为其主要危险特性，不排除可能具有其他危险特性；","（逗号）分隔的多个危险特性代码，表示该种废物具有列在第一位代码所代表的危险特性，且可能具有所列其他代码代表的危险特性；"/"（正斜杠）分隔的多个危险特性代码，表示该种危险废物具有所列代码所代表的一种或多种危险特性。

为执行《中华人民共和国固体废物污染环境防治法》第八十二条❿的规定，实现危险废物转移全过程管理，原国家环境保护总局于 1999 年制定了《危险废物转移联单管理办法》。危险废物转移联单制度是追踪危险废物流向，实现危险废物"从摇篮到坟墓"全过程管理的重要手段，是各国普遍使用的一项环境管理制度。《危险废物转移联单管理办法》对危险废物的管理起到积极作用，同时生态环境主管部门会同交通运输主管部门和公安部门进行最新修订为《危险废物转移管理办法》（2022 年 1 月 1 日起实施），较前身内容宽泛了很多，可实现危险废物转移全过程的监督管理。《危险废物转移管理办法》除了规定危险废物转移联单，还增加了危险废物转移相关方（移出者、运输者、接受者等）的责任与义务，危险废物跨省转移申请、批准与管理，特殊情况危险废物转移管理要求等内容。

转移危险废物应当正确填写、运行危险废物电子或纸质转移联单。随着危险废物管理信息化水平的提高，国家已经建成了危险废物信息管理系统，在危险废物转移过程中使用电子联单，显著提升了转移运行效率和监管工作成效。除涉密等特殊情况，自 2022 年 1 月 1 日起全面运行危险废物电子转移联单。转移联单按照移出者是否相同区分为：相同移出者遵守"一人一车/船一单"或"一人一车/船多单"；不同移出者遵守人单对应，即"多人一车/船多单"。在国家危险废物信息管理系统中运行电子转移联单，转移联单实行全国统一编号，并给出了编号依据。为规范危险废物跨省转移，规定了跨省转移的申请、审批程序、审批时

---

❿ 《固体废物污染环境防治法》：第八十二条　转移危险废物的，应当按照国家有关规定填写、运行危险废物电子或者纸质转移联单。

跨省、自治区、直辖市转移危险废物的，应当向危险废物移出地省、自治区、直辖市人民政府生态环境主管部门申请。移出地省、自治区、直辖市人民政府生态环境主管部门应当及时商经接受地省、自治区、直辖市人民政府生态环境主管部门同意后，在规定期限内批准转移该危险废物，并将批准信息通报相关省、自治区、直辖市人民政府生态环境主管部门和交通运输主管部门。未经批准的，不得转移。

危险废物转移管理应当全程管控、提高效率，具体办法由国务院生态环境主管部门会同国务院交通运输主管部门和公安部门制定。

限等内容，取得许可后方可转移危险废物。

原卫生部（现国家卫生健康委）根据《医疗废物管理条例》，制定并发布《医疗卫生机构医疗废物管理办法》（2003 年 10 月 15 日起实施），细化了医疗卫生机构对医疗废物的管理内容，如及时收集、贮存时间等，明确了医疗卫生机构对医疗废物的管理职责，对医疗废物实行源头分类，不同类别的医疗废物分别运输、转存与处置等内容。

关于危险废物的进、出口，按照《巴塞尔公约》相关规定，制定了《危险废物出口核准管理办法》，规范危险废物的进出口业务，对危险废物实行全面禁止进口的策略，并禁止危险废物经过我国的过境转移❶。

2.2.4　地方性法规、规章

为贯彻落实《中华人民共和国固体废物污染环境防治法》，部分省市制定了与之相应的地方性法规，如广东省、浙江省、江西省和上海市分别制定了《广东省固体废物污染环境防治条例》《浙江省固体废物污染环境防治条例》《江西省环境污染防治条例》《上海市环境保护条例》等。其中，《上海市环境保护条例》（2021 年修正）第五十四条规定了危险废物"点对点"利用以及产业园区危险废物收集平台等。危险废物"点对点"利用要求产生危险废物单位在资源化再利用前应先组织技术论证，并将技术论证报告、再利用方案、去向等内容向生态环境主管部门备案；利用单位应当按照备案的再利用方案进行综合利用。

2.2.5　规范性文件

为了进一步规范危险废物管理，国家和地方发布了较多的危险废物管理规范性文件，包括国家层面的，如生态环境部《关于坚决遏制固体废物非法转移和倾倒，进一步加强危险废物全过程监管的通知》等，地方层面的如上海市生态环境局关于印发《关于进一步加强上海市危险废物污染防治工作的实施方案的通知》等。《医疗废物管理目录》主要对医疗废物进行分类与细化，分为感染性废物、病理性废物、损伤性废物、药物性废物、化学性废物五类。

生态环境部发布了首版《危险废物排除管理清单》，并把《危险废物排除管理清单》归入危险废物管理体系，确立了危险废物排除管理制度。制定《危险废物排除管理清单》是为了缩小危险废物管理范围，把有限的监管能力集中于环境风险高的废物，进而提高环境风险管理水平。首版《危险废物排除管理清单》列入了 6 类固体废物，包括热镀锌浮渣和底渣，废水基钻井泥浆及岩屑，铝电解电容器用铝电极箔化学腐蚀、非硼酸系化成液化成废水处理污泥，风电叶片切割边角料废物，7 类树脂生产过程产生的废料，脱墨渣。后续《危险废物排除管理清单》将动态调整。

2.2.6　危险废物管理法律体系

危险废物管理体系中，宪法和法律是基石。宪法的环境保护条款是环境保护法律法规的总领；法律的效力高于行政法规、地方性法规、规章；行政法规的效力高于地方性法规、规

---

❶《固体废物污染环境防治法》：第八十九条　禁止经中华人民共和国过境转移危险废物。

章；地方性法规的效力高于本级和下级地方政府规章，但只在制定地方性法规、地方政府规章的辖区内有效；部门规章之间、部门规章与地方政府规章之间具有同等效力，在各自的权限范围内施行。我国参加签署的国际公约与我国法律有不同规定时，优先适用国际公约的规定，但我国声明保留的条款除外。故宪法、环境保护的法律与参与的公约、行政法规、地方性法规以及规章（包括部门规章和地方政府规章）等组成我国环境保护法律体系。其中《中华人民共和国固体废物污染环境防治法》《危险废物经营许可证管理办法》《医疗废物管理条例》《国家危险废物名录》《危险废物转移管理办法》《医疗卫生机构医疗废物管理办法》等组成我国危险废物管理的法律体系，形成危险废物管理的法律框架（如图2-1所示）。

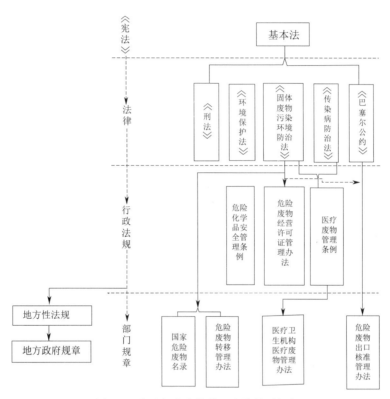

图 2-1　我国危险废物管理法律体系框架

2.3 标准、技术规范

　　危险废物相关的标准、规范、技术指南等构成了危险废物监督管理的技术体系，具体包括危险废物污染控制标准、危险废物鉴别标准与技术规范以及技术指南等；另外还分为国家标准和地方标准。危险废物污染控制标准包括危险废物的焚烧、填埋、贮存污染控制标准、医疗废物处置污染控制标准以及特殊废物的污染控制标准等，如《含多氯联苯废物污染控制标准》（GB 13015）。危险废物鉴别标准、技术规范包括《危险废物鉴别标准》（GB 5085.1～7）以及危险废物鉴别技术规范等。其他标准、技术规范包括环境保护图形标志标准、危险废物或医疗废物运输、处置（工程）技术规范、危险废物管理计划与台账制定技术指南等。危险废物管理法律体系与危险废物相关的标准体系共同组成了我国危险废物污染防治的监督管理体系。

2.4 我国危险废物管理机构

生态环境部固体废物与化学品司负责全国固体废物（危险废物）等污染防治的监督管理，拟订和组织实施相关政策、规划、法律、行政法规、部门规章、标准及规范，组织实施危险废物经营许可及出口核准、固体废物进口许可等环境管理制度，负责相关国际公约国内履约工作。生态环境部固体废物与化学品管理技术中心接受生态环境部固体废物与化学品司的业务指导，承担相应的技术支持工作，同时对地方固体废物与化学品管理机构进行技术指导与服务，开展固体废物环境管理等方面的宣传培训等，为生态环境部提供固体废物等环境管理的技术支持的机构。中国环境科学研究院固体废物污染控制技术研究所主要为固体废物管理提供技术支撑。

与生态环境部固体废物与化学品管理技术中心对应，省生态环境厅（局）设立了省（市）级固体废物与化学品管理技术中心，在省生态环境厅固体废物与化学品处的业务指导下开展辖区内的危险废物管理技术支撑工作；地市级生态环境局设立了市级固体废物与化学品管理技术中心，在地市级生态环境局相关业务部门的业务指导下开展辖区内的危险废物管理技术支撑工作。

生态环境部生态环境执法局统一负责生态环境监督执法。监督生态环境政策、规划、法规、标准的执行，组织开展全国生态环境保护执法检查活动，查处重大生态环境违法问题，指导全国生态环境综合执法队伍建设和业务工作等。与之相对应，生态环境厅（局）设立了省（市）执法监督局/执法总队，负责辖区内的生态环境监督执法等相关工作；地市级生态环境局设立了市级执法处/执法支队，负责辖区内的生态环境监督执法等相关工作。除上述机构与部门外，发展改革、工业和信息化、自然资源、住房和城乡建设、交通运输、农业农村、商务、卫生健康、海关等在各自职责范围内负责固体废物污染环境防治的监督管理工作，共同组成了危险废物的管理机构体系；各部门分工协助，为实现危险废物的减量化、资源化、无害化的管理目标共同努力。

思考题

1. 危险废物越境转移过程中，应遵循的管控原则有哪些？
2. 简述《中华人民共和国固体废物污染环境防治法》在危险废物管理中的法律地位。
3. 若《危险废物转移管理办法》在具体执行过程中，发现其某些规定与《中华人民共和国固体废物污染环境防治法》相冲突，该如何解决？

第 **3** 章

危险废物管理体系

危险废物管理体系通过预防和治理两个层面，利用"减量—防害—降毒"三个步骤，防治和减少危险废物对人体健康和生态环境的影响。危险废物存在来源不确定性、组分多样性以及出路多元性，使得其管理体系复杂，甚至需要为其量身定做部分制度与措施，如危险废物名录管理制度、危险废物经营许可制度、转移联单制度、管理计划备案制度等。全过程管理是危险废物管理的最佳模式，同时还需遵循采取措施实现源头减量、有价危险废物优先利用、不能利用物的环境无害化处理处置，达到"减量化、资源化、无害化"目标。现行《中华人民共和国固体废物污染环境防治法》规定了固体废物污染环境防治的基本原则（也适用于危险废物），包括减量化原则、资源化原则、无害化原则以及污染担责原则，且专章明确了危险废物的管理制度，新增了危险废物"分级分类管理"制度、"排污许可"制度等，明确了危险废物台账管理是现阶段危险废物的主要管理措施。危险废物是固体废物管理中特殊和优先控制对象，其污染防治需遵守"三化"原则与"污染担责"原则。

3.1 危险废物管理原则

3.1.1 "三化"原则⑫

防治危险废物污染环境，需践行"三化"（减量化、资源化、无害化）原则，但受条件所限，前期主要以"无害化"为主。随着经济社会的发展，"资源化"成为危险废物去向的首选，且源头产生单位需重点关注"减量化"。"减量化、资源化、无害化"的内在逻辑关系：在生产等活动中应尽量采取绿色原料、清洁能源、先进的生产工艺与设备，以减少固体废物的源头产生以及降低可能造成的危害，即源头减量与减害；

---

⑫ 《固体废物污染防治法》：第四条　固体废物污染环境防治坚持减量化、资源化和无害化的原则。
任何单位和个人都应当采取措施，减少固体废物的产生量，促进固体废物的综合利用，降低固体废物的危害性。

对于不得不产生的危险废物应优先进行资源化利用；对不能资源化利用的危险废物，必须采取无害化手段进行处理处置。在源头减量、资源化利用、无害化处理处置过程的同时，还应遵守"无害"原则。

（1）减量化

减量化是通过合理的技术减少危险废物产生数量，降低危害性；旨在从源头上减少危险废物的产生以及降低其危害性。企业通过推行清洁生产，合理选择绿色原料、清洁燃料、使用先进工艺以及提高资源利用率等措施，减少危险废物产量，降低有害成分占比，减轻或消除其危险特性。危险废物的减量化可通过加大结构调整的力度实现，包括调整产业结构、企业结构、产品结构和原料以及燃料结构。

（2）资源化

资源化是指通过回收、加工、再利用等方式，直接将危险废物再利用或将危险废物作为原料进行利用或对危险废物进行再生利用，使之转化为二次原料或再生资源等。资源化过程涉及不同领域和不同区域之间的相互匹配，首要的问题是保证产品质量。例如，半导体行业的废酸，可用作硫酸法生产钛白粉的原料；废有机溶剂、废矿物油等提纯后直接用于生产有机溶剂、矿物油等再生产品。

（3）无害化

无害化处置是指利用焚烧、填埋等方式安全处置危险废物，使危险废物以无害化的方式得以有效处置，不损害人体健康，不对环境产生污染。《危险废物填埋污染控制标准》提高了危险废物柔性填埋场的标准与要求，同时提倡建造危险废物刚性填埋场；焚烧可极大限度地减容以及分解危险废物中的毒害性物质等。

3.1.2 "污染担责"原则[⑬]

危险废物污染防治坚持"污染担责"原则，要求危险废物产生、收集、贮存、运输、利用、处置特定主体应对污染环境的后果承担相应的责任。此处"污染担责"的"责"可以是行政责任、刑事责任或者民事责任。比如，行为人非法填埋少量的危险废物，可能被处以罚款、行政拘留等处罚，即承担行政责任；当行为人非法填埋的危险废物超过3吨，上述行政处罚不足以评价非法填埋危险废物的违法行为，可能处以三年以下有期徒刑或拘役、单处或并处罚金，即承担刑事责任；上述两种行为均可能出现对污染的环境治理或生态破坏修复承担赔偿责任，即承担民事责任。

显然"污染担责"中的"责"任重大，特别是《中华人民共和国刑法修正案（十一）》的出台，规定污染环境罪可以处7年以上有期徒刑。若想不担责，必须做到不污染；若想不污染，必须尽到应尽的污染防治义务。"污染担责"原则有助于厘清固体废物各环节责任主体的责任，旨在促进各环节责任主体履行其污染防治义务。故《中华人民共和国固体废物污染环境防治法》规定，所有涉及危险废物的单位和个人，都必须采取措施，防止或者减少危险废物对环境的污染。同样，"污染担责"原则也适用于工业危险废物。根据"委外审查义

[⑬]《固体废物污染环境防治法》：第五条 固体废物污染环境防治坚持污染担责的原则。

产生、收集、贮存、运输、利用、处置固体废物的单位和个人，应当采取措施，防止或者减少固体废物对环境的污染，对所造成的环境污染依法承担责任。

务"中的规定 ❹，产生工业固体废物的单位在履行了污染防治义务（做到"委外审查义务"，并有证据证明）时，对已经委托出去的固体废物可不再承担相应的法律责任。

3.2 危险废物管理制度

危险废物首先适用固体废物的管理制度，如环评制度、"三同时"制度等；同时鉴于危险废物的危害性，危险废物管理制度更加严格，通过设立一些专属于危险废物的管理制度来实现全过程跟踪管控。

3.2.1 名录管理制度 ❺

危险废物名录管理制度是基础，由生态环境部会同有关部委制定《国家危险废物名录》，并实现动态调整。以列表的方式给出了不同种类的危险废物。1998 年发布第一版，现行的是《国家危险废物名录（2021 年版）》。

3.2.1.1 名录管理特点

名录管理的实施有助于对危险废物的类别进行判断，列入《国家危险废物名录》中的固体废物为危险废物。查对名录的方法无需检测识别，可节省大量检测费用。但危险废物名录管理也存在缺点：一方面，鉴于名录的制定规则 ❻，《国家危险废物名录》涉及的危险废物范围偏大，亟待"瘦身"，部分危险特性未达到危险废物鉴别标准的固体废物也被列入其中，需按照危险废物管理，如依据"使用氰化物剥落金属镀层产生的废物（900-028-33）"，利用氰化物回收废弃电子元器件上的贵金属后产生的铜、镍边角料（如图 3-1 所示）应判断为危险废物。据相关研究，在使用氰化物提取贵金属工艺过程末端会对提取贵金属后的残余铜、镍边角料进行

图 3-1 提取贵金属后的铜、镍边角料

---

❹ 《固体废物污染环境防治法》：第三十七条 产生工业固体废物的单位委托他人运输、利用、处置工业固体废物的，应当对受托方的主体资格和技术能力进行核实，依法签订书面合同，在合同中约定污染防治要求。

受托方运输、利用、处置工业固体废物，应当依照有关法律法规的规定和合同约定履行污染防治要求，并将运输、利用、处置情况告知产生工业固体废物的单位。

产生工业固体废物的单位违反本条第一款规定的，除依照有关法律法规的规定予以处罚外，还应当与造成环境污染和生态破坏的受托方承担连带责任。

❺ 《固体废物污染环境防治法》：第七十五条 国务院生态环境主管部门应当会同国务院有关部门制定国家危险废物名录，规定统一的危险废物鉴别标准、鉴别方法、识别标志和鉴别单位管理要求。国家危险废物名录应当动态调整。

❻ 《国家危险废物名录》：第二条 具有下列情形之一的固体废物（包括液态废物），列入本名录：

（一）具有毒性、腐蚀性、易燃性、反应性或者感染性一种或者几种危险特性的；

（二）不排除具有危险特性，可能对生态环境或者人体健康造成有害影响，需要按照危险废物进行管理的。

多次清洗，有数据显示铜镍边角料上残留的氰化物浓度较低（<0.32μg/g），但依据现行的《国家危险废物名录》，应按照危险废物管理。另一方面，《国家危险废物名录》又存在范围偏小，亟待"增肥"的现象。部分超危险废物鉴别标准限值的废物在名录中无对应的废物代码，导致处置困难。比如，生产车用尾气净化器催化剂中产生废水处理污泥中含有较高的偏钒酸盐，环境风险偏大，易按照危险废物管理，但在现行名录中找不到相应的废物代码。当然，通过动态调整名录一定程度上可解决现有名录中存在的不足。

3.2.1.2 新版名录内容

《国家危险废物名录》主要包括三部分内容：正文、附表、附录。

（1）正文部分

名录正文部分删除了第三条和第四条[⑰]。虽然正文部分删除，但有关内容在附表部分进一步完善与细化，使得管理更加科学与严谨：关于医疗废物，在名录附表中列出有关医疗废物的种类，且规定"医疗废物分类按照《医疗废物分类目录》执行"；为了明确相关管理部门的管理界限，需要按照纳入危险废物管理的时间节点对废弃危险化学品进行界定。故在界定属于危险废物的废弃危险化学品时：①需要明确纳入危险废物管理的废弃危险化学品的范围：列入《危险化学品目录》中的危险化学品并不必然具有环境危害性，废弃危险化学品不再简单等同于危险废物，例如"液氧""液氮"等仅具有"加压气体"物理危险性的危险化学品废弃后不属于危险废物；②明确废弃危险化学品纳入危险废物管理的时间：鉴于部分易燃易爆危险化学品废弃后，其危险化学品属性并无变化，监管部门无法界定其是否废弃，新版《国家危险废物名录》针对纳入危险废物管理的废弃危险化学品要求"被所有者申报废弃"，以危险化学品所有者向应急管理部门和生态环境部门申报废弃的时间作为界限。申报废弃前，按照危险化学品管理；申报废弃后，按照危险废物管理。附表中涉及《危险化学品目录》的小类有两个：900-404-06和900-999-49[⑱]，故应纳入900-999-49小类管理的废弃危险化学品中应扣除仅具有"加压气体"物理危险性的废弃危险化学品和使用后废弃的属于有机溶剂的危险化学品（属于900-404-06）（如图3-2所示）。

图3-2　按照900-999-49管理的废弃危险化学品

[⑰] 2016《国家危险废物名录》：

第三条　医疗废物属于危险废物。医疗废物分类按照《医疗废物分类目录》执行。

第四条　列入《危险化学品目录》的化学品废弃后属于危险废物。

[⑱] 《国家危险废物名录》附表部分：

HW06大类中的"900-404-06　工业生产中作为清洗剂、萃取剂、溶剂或反应介质使用后废弃的其他列入《危险化学品目录》的有机溶剂，以及在使用前混合的含有一种或多种上述溶剂的混合/调和溶剂"。

HW49大类中的"900-999-49　被所有者申报废弃的，或未申报废弃但被非法排放、倾倒、利用、处置的，以及有关部门依法收缴或接收且需要销毁的列入《危险化学品目录》的危险化学品（不含该目录中仅具有'加压气体'物理危险性的危险化学品）"。

（2）附表部分

虽然新版名录在大类和小类数量上变化不大，但修改的条目数量较多。新版名录对部分危险废物类别进行了增减、合并，较2016年版《国家危险废物名录》减少了12小类。新版名录删除"为防治动物传染病而需要收集和处置的废物"，因为根据《中华人民共和国动物防疫法》（以下简称"《动物防疫法》"）的规定❿，这类废物应由兽医主管部门管理；不具有直接环境危害性的如"报废机动车拆解后收集的未引爆的安全气囊"等（见表3-1）。新版名录增加了国际公约中受控物质"900-053-49"已禁止使用的《关于持久性有机污染物的斯德哥尔摩公约》受控化学物质；已禁止使用的《关于汞的水俣公约》中氯碱设施退役过程中产生的汞；所有者申报废弃的，以及有关部门依法收缴或接收且需要销毁的《关于持久性有机污染物的斯德哥尔摩公约》《关于汞的水俣公约》受控化学物质；恢复了前版名录删除的"采用物理、化学、物理化学或生物方法处理或处置毒性或感染性危险废物过程中产生的废水处理污泥、残渣（液）等（见表3-2）。

表 3-1　删除的危险废物种类

序号	代码	危险废物
1	900-001-01	为防治动物传染病而需要收集和处置的废物
2	252-015-11	焦炭生产过程中熄焦废水沉淀产生的焦粉及筛焦过程中产生的粉尘
3	221-001-12	废纸回收利用处理过程中产生的脱墨渣
4	900-018-15	报废机动车拆解后收集的未引爆的安全气囊
5	900-036-45	其他生产、销售及使用过程中产生的含有机卤化物废物(不包括 HW06 类)
6	900-040-49	无机化工行业生产过程中集(除)尘装置收集的粉尘

表 3-2　新增的危险废物类别

序号	代码	危险废物
1	252-017-11	固定床气化技术生产化工合成原料气、燃料油合成原料气过程中粗煤气冷凝产生的焦油和焦油渣
2	321-034-48	铝灰热回收过程铝烟气处理集(除)尘装置收集的粉尘,铝冶炼和再生过程烟气(包括再生铝熔炼烟气、铝液熔体净化、除杂、合金化、铸造烟气)处理集(除)尘装置收集的粉尘
3	772-006-49	采用物理、化学、物理化学或生物方法处理或处置毒性或感染性危险废物过程中产生的废水处理污泥、残渣(液)
4	900-053-49	已禁止使用的《关于持久性有机污染物的斯德哥尔摩公约》受控化学物质；已禁止使用的《关于汞的水俣公约》中氯碱设施退役过程中产生的汞；所有者申报废弃的，以及有关部门依法收缴或接收且需要销毁的《关于持久性有机污染物的斯德哥尔摩公约》《关于汞的水俣公约》受控化学物质

新版名录中修正了部分危险废物表述。比如，增加"不包括"缩小危险废物涵盖范围的，如"265-103-13 树脂（不包括水性聚氨酯乳液、水性丙烯酸乳液、水性聚氨酯丙烯酸复合乳液）、合成乳胶、增塑剂、胶水/胶合剂生产过程中精馏、分离、精制等工序产生的釜底残液、废过滤介质和残渣"；有扩大范围，如"机动车和非道路移动机械尾气净化废催化剂"，扩大了车的范围，变成了机动车和非道路移动机械，进而增加了尾气净化废催化剂的范围；有细化的，如"900-045-49 废电路板（包括已拆除或未拆除元器件的废弃电路板），

及废电路板拆解过程产生的废弃 CPU、显卡、声卡、内存、含电解液的电容器、含金等贵金属的连接件"等。对于删除和标注"不包括"字样的废物，并不表明不是危险废物，仅是指不在名录中，需要鉴别确定其是否具有危险特性。

同时，还需关注：①行业来源采用最新的《国民经济行业分类》（GB/T 4754—2017），包括行业名称以及行业代码的变化，如 252 代码由"炼焦"行业变成了"煤炭加工"行业等；②危险特性的变化。部分废物增加了危险特性代码，如废酸 HW34 和废碱 HW35，多数由原来的"C（腐蚀性）"变成了"C（腐蚀性），T（毒性）"；部分废物的危险特性代码互换顺序，如无机氰化物废物 HW33 中四类废物由原来的"R（反应性），T（毒性）"换成了"T（毒性），R（反应性）"，虽然只是顺序变化，但含义较以前不同。以 HW33 为例，原来的"R（反应性），T（毒性）"代表废物具有反应性，可能具有毒性；而修改后"T（毒性），R（反应性）"则代表废物具有毒性，可能具有反应性；③医疗废物焚烧底渣属性变化。新版名录为"危险废物焚烧、热解等处置过程产生的底渣、飞灰和废水处理污泥"，删除了"医疗废物焚烧处置产生的底渣除外"，这意味着新版名录中医疗废物焚底渣需纳入危险》废物中并按照危险废物进行管理。

"336-064-17 金属或塑料表面酸（碱）洗、除油、除锈、洗涤、磷化、出光、化抛工艺产生的废腐蚀液、废洗涤液、废槽液、槽渣和废水处理污泥，不包括：铝、镁材（板）表面酸（碱）洗、粗化、硫酸阳极处理、磷酸化学抛光废水处理污泥，铝电解电容器用铝电极箔化学腐蚀、非硼酸系化成液化成废水处理污泥，铝材挤压加工模具碱洗（煲模）废水处理污泥，碳钢酸洗除锈废水处理污泥"，该类的"不包括"仅针对四种材料、八种工艺下清洗废水处理后产生的废水处理污泥（如图 3-3 所示）。"900-047-49 生产、研究、开发、教学、环境检测（监测）活动中，化学和生物实验室（不包含感染性医学实验室及医疗机构化验室）产生的含氰、氟、重金属无机废液及无机废液处理产生的残渣、残液，含矿物油、有机溶剂、甲醛有机废液，废酸、废碱，具有危险特性的残留份样，以及沾染上述物质的一次性实验用品（不包括按实验室管理要求进行清洗后废弃的烧杯、量器、漏斗等实验室用品）、包装物（不包括按实验室管理要求进行清洗后的试剂包装物、容器）、过滤介质等"，该类废物变化较大，包括五种活动、两类实验室产生的六类废物（如图 3-4 所示）。

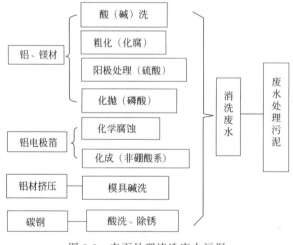

图 3-3　表面处理清洗废水污泥

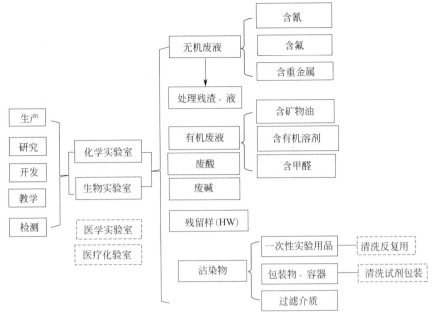

图 3-4　实验室危险废物

（3）附录部分

《危险废物豁免管理清单》中新增了 16 种豁免废物种类，共计 32 种危险废物。具体内容见本书 3.2.2.2 节。

3.2.2　危险废物经营许可制度与豁免管理制度

3.2.2.1　危险废物经营许可证制度❷⓿

为防治危险废物收集、利用处置等活动污染环境，影响人体健康，危险废物经营单位需要具备相应的专业技术、设施设备、运营操作和管理能力，相关人员需要具备一定的专业技术知识和能力，故需将危险废物经营活动纳入行政许可管理范围。经营许可制度规范了危险废物经营单位的行为，规避粗犷式的危险废物处理处置与利用，防范非法排放、倾倒、处置危险废物。持证单位应遵守许可证制度，按照许可的危险废物种类与数量进行经营。

（1）许可证分类

从事收集、贮存、利用处置危险废物经营活动的单位，必须取得经营许可证。申请所需的材料、申请流程以及许可证的延期、更换等见《危险废物经营许可证管理办法》。《危险废物经营许可证管理办法》由国务院制（修）订发布。危险废物经营许可证分为危险废物综合许可证和危险废物收集许可证❷⓵。持有危险废物综合许可证的单位，可以从事相应类别危险

---

❷⓿　《固体废物污染防治法》：第八十条　从事收集、贮存、利用、处置危险废物经营活动的单位，应当按照国家有关规定申请取得许可证。许可证的具体管理办法由国务院制定。禁止无许可证或者未按照许可证规定从事危险废物收集、贮存、利用、处置的经营活动。

❷⓵　《危险废物经营许可证管理办法》：第三条　危险废物环境许可证分为危险废物综合许可证和危险废物收集许可证。领取危险废物综合许可证的单位，可以从事相应类别危险废物的收集、贮存、利用、处置经营活动；领取危险废物收集许可证的单位，可以从事相应类别危险废物的收集、贮存经营活动。危险废物收集许可证允许收集、贮存的危险废物类别，由省级人民政府生态环境主管部门规定。

废物的收集、贮存、利用处置经营活动；持有危险废物收集许可证的单位，只能从事相应类别危险废物的收集、贮存、经营活动。省级人民政府生态环境主管部门具有决定可纳入危险废物收集许可证收集、贮存危险废物种类的权利。危险废物综合许可证有效期为5年；危险废物收集许可证有效期为3年。

（2）禁止无证经营

无经营许可证时，任何单位和个人不得从事危险废物收集、贮存、利用、处置的经营活动；违反《中华人民共和国固体废物污染环境防治法》的规定将受到处罚；超出经营许可证规定范围从事危险废物收集、贮存、利用处置的经营活动也是被禁止的。企业利用自建的设施自行利用处置内部产生的危险废物，不需要申请取得经营许可证，因为自行利用处置不属于经营行为。当然，危险废物自行利用处置需要满足其他要求，比如自行利用处置要具有获批的环境影响评价文件等。

结合"两高"发布的《关于办理环境污染刑事案件若干问题的解释》（法释〔2016〕29号），违反危险废物经营许可制度的经营者，可能受到刑事处罚。"关于办理环境污染刑事案件若干问题的解释"规定：非法排放、倾倒、处置危险废物三吨以上的"属于严重污染环境的情形，应以污染环境罪定罪处罚；无危险废物经营许可证但从事收集、贮存、利用、处置危险废物经营活动，出现严重污染环境的后果，以污染环境罪定罪处罚❷。另外还规定了"无危险废物经营许可证"的含义❸，包括未取得危险废物经营许可证或者超出危险废物经营许可证的经营范围两种情形，这里的"无危险废物经营许可证"属于广义的无证。超危险废物经营许可证经营范围包括危险废物种类超出许可证范围和危险废物数量超出许可证范围。

（3）委外审查义务❹

产生工业固体废物的单位对其产生的固体废物负有污染防治义务。其可自行利用、处置，也可委托他人运输、利用处置，无论采取何种方式，均必须承担污染防治责任，而非一"转"了之。但事实上，在委托之前，缺乏对所托单位进行尽职调查，可能导致一些工业固体废物被非法倾倒、处置，进而污染环境。

产生工业固体废物的单位委托他人运输、利用、处置工业固体废物之前应履行"委外审查义务"。"委外审查义务"包括对受托方的主体资格和技术能力进行核实，依法签订书面合同，在合同中约定污染防治要求。其中对受托方的主体资格和技术能力进行核实，审查内容由主体资格的审查和技术能力的审查两部分组成，包括但不限于对环境影响评价文件以及批复、排污许可证、相关的资格与资质证明文件等的审查，同时现场查看是否具有相应的设备设施与能力等。保留好对主体资格和技术能力核实的证据，以便万一后续发生环境污染事故时证明履行了委外审查义务。委托必须以书面合同形式，在合同中明确约定工业固体废物运

---

❷ 《关于办理环境污染刑事案件若干问题的解释》：第六条　无危险废物经营许可证从事收集、贮存、利用、处置危险废物经营活动，严重污染环境的，按照污染环境罪定罪处罚；同时构成非法经营罪的，依照处罚较重的规定定罪处罚。

❸ 《关于办理环境污染刑事案件若干问题的解释》：第十七条　本解释所称"无危险废物经营许可证"，是指未取得危险废物经营许可证，或者超出危险废物经营许可证的经营范围。

❹ 《固体废物污染环境防治法》：第三十七条　产生工业固体废物的单位委托他人运输、利用、处置工业固体废物的，应当对受托方的主体资格和技术能力进行核实，依法签订书面合同，在合同中约定污染防治要求。

受托方运输、利用、处置工业固体废物，应当依照有关法律法规的规定和合同约定履行污染防治要求，并将运输、利用、处置情况告知产生工业固体废物的单位。

产生工业固体废物的单位违反本条第一款规定的，除依照有关法律法规的规定予以处罚外，还应当与造成环境污染和生态破坏的受托方承担连带责任。

输、利用处置过程中的具体污染防治技术要求。

工业固体废物产生单位未履行委外审查义务，当造成环境污染和生态破坏时，除可能承担行政责任、刑事责任外，还要与受托方一起承担环境污染治理和生态破坏修复发生费用等的连带责任。"委外审查义务"的主体是工业固体废物产生单位，工业生产过程中产生危险废物的单位也同样适用，只是在履行主体资格和技术能力的审查时，需要额外增加对受托方的危险废物经营许可证（豁免的审查是否满足豁免条件）的审查，审查受托方是否具有危险废物经营许可证以及拥有的危险废物经营许可证范围是否包含拟委托的危险废物种类等。

危险废物"委外审查义务"与《中华人民共和国固体废物污染环境防治法》第八十条第三款规定一致㉕，禁止把危险废物交予无经营许可证的单位或者其他生产经营者从事收集、贮存、利用、处置。"关于办理环境污染刑事案件若干问题的解释"㉖规定了明知他人无危险废物经营许可证，交予他人收集、贮存、利用处置危险废物，产生严重污染环境的后果时，与无证经营者以共同犯罪论处。

（4）危险废物经营许可能力

《危险废物经营许可证管理办法》（国务院令第 408 号）自 2004 年颁发与实施以来，在危险废物环境污染防治方面发挥了十分重要的作用。危险废物经营能力大幅度增长，截至 2019 年年底，全国各省（区、市）颁发的危险废物（含医疗废物）许可证共 4195 份。全国危险废物（含医疗废物）许可证持证单位核准收集和利用处置能力达到 12896 万吨/年（含单独收集能力 1826 万吨/年）。2019 年度实际收集和利用处置量为 3558 万吨（含单独收集 81 万吨），其中，利用危险废物 2468 万吨；采用填埋方式处置危险废物 213 万吨，采用焚烧方式处置危险废物 247 万吨，采用水泥窑协同方式处置危险废物 179 万吨，采用其他方式处置危险废物 252 万吨；处置医疗废物 118 万 t。另外，危险废物持证单位的规范化管理水平大幅提升。

（5）危险废物收集平台

许多小微企业产生的危险废物的种类多且分散，导致处置难与处置费用高等问题，为解决小微企业危险废物的实际困难，部分省市在管理实践中提出了一种特殊收集模式，即针对小微企业设立的危险废物收集平台。各地对小微企业的判断标准不同，如上海以危险废物年产生总量小于 10t 为小微企业。危险废物收集平台，不同于危险废物收集许可：①收集平台可收集的危险废物比收集许可证的范围大，收集许可证范围只包括机动车维修活动中产生的废矿物油和居民日常生活中产生的废镉镍电池两大类，而收集平台可以收集小微企业所产生的危险废物和废铅酸蓄电池等社会源危险废物，除反应性危险废物、废弃剧毒化学品等不宜收集贮存的危险废物外。②获取资格的方式不同。收集许可证须通过申请的方式取得；而收集平台一般通过备案的方式取得资格，无形式上的收集许可证，类似于豁免。

危险废物收集平台经生态环境主管部门同意、结合现行收集许可证的范围过小的背景而产生的，为解决小微企业危险废物收集、处置困难存在的，是介于许可与豁免间的一种危险废物收集资格，一定程度上解决了小微企业的困难，是一种阶段性产物。待新版《危险废物经营许可证管理办法》将收集范围放开后，其存在的合理性可能消失。

㉕ 《固体废物污染环境防治法》：第八十条第三款　禁止将危险废物提供或者委托给无许可证的单位或者其他生产经营者从事收集、贮存、利用、处置活动。

㉖ 《关于办理环境污染刑事案件适用法律若干问题的解释》：第七条　明知他人无危险废物经营许可证，向其提供或者委托其收集、贮存、利用处置危险废物，严重污染环境的，以共同犯罪论处。

3.2.2.2　危险废物豁免管理制度❷⁷

（1）豁免

危险废物豁免管理制度是经环境风险评估后，针对环境风险较低的危险废物采取降级管理模式，即豁免管理。豁免管理制度是危险废物实施分级分类管理的具体体现。所谓豁免，即列入《危险废物豁免管理清单》的危险废物在所列豁免环节，满足相应的豁免条件，可以按照豁免内容规定实行豁免管理。

《危险废物豁免管理清单》的"豁免内容"具体含义：①全过程不按危险废物管理：全过程均豁免，各管理环节无需执行危险废物环境管理规定。需要强调，除"全过程不按危险废物管理"情景下的危险废物转移过程，以及收集过程豁免条件下危险废物收集并转移到集中贮存点的转移过程可不运行转移联单外，其他豁免情景下转移危险废物的，均需运行危险废物转移联单；②收集过程不按危险废物管理：满足名录豁免清单规定的收集豁免条件，收集单位可不需要持有危险废物收集许可证，收集并转移至集中贮存点的转移过程可不运行转移联单；集中收集后的贮存以及其他环节仍按照危险废物进行管理；③利用过程不按危险废物管理：满足名录豁免清单规定的利用豁免条件，利用企业可不需要持有危险废物综合许可证；④填埋（或焚烧）处置过程不按危险废物管理：满足名录豁免清单规定的填埋（或焚烧）处置豁免条件，填埋（或焚烧）处置企业可不需要持有危险废物综合许可证，填埋（或焚烧）的污染控制执行豁免条件规定的要求；⑤水泥窑协同处置过程不按危险废物管理：满足《名录》豁免清单规定的水泥窑协同处置豁免条件，水泥企业可不需要持有危险废物综合许可证，协同处置过程的污染控制执行豁免条件规定的要求；⑥不按危险废物进行运输：运输过程可不按危险货物运输，运输过程的污染控制执行豁免条件规定的要求。其中⑥需运行转移联单，③、④和⑤中的在利用企业、处置企业以及协同处置企业内的贮存等其他环节均按照危险废物进行管理。豁免管理制度针对废物管理环节，即全部管理环节或部分环节进行管理上的豁免，而非对危险废物属性的豁免，即列入《危险废物豁免管理清单》中的废物仍然属于危险废物。

（2）豁免管理清单介绍

《危险废物豁免管理清单》中包括4处全过程豁免、16处运输豁免、18处利用豁免、15处处置（包括协同处置）豁免，其中有一种特殊的利用豁免："点对点利用"豁免，之所以特殊，是因为把该项豁免权下放到省级生态环境主管部门。

《危险废物豁免管理清单》中的豁免要关注以下内容：①全部环节豁免，也叫全过程豁免。豁免清单中有4处，如"900-041-49 废弃的含油抹布、劳保用品"，该条虽然在2016版名录中就有，但要关注豁免条件的变化，由原来的"混入生活垃圾"修改成"未分类收集"。②废弃包装物、容器的豁免。豁免的废弃包装物、容器有两种：一是"900-249-08 废铁质油桶（不包括900-041-49 类）"，豁免条件为"封口处于打开状态，静置无滴漏，经打包压块后用于金属冶炼"，需要关注的是豁免条件中的"静置无滴漏"的时间，为一个合理的时间；二是"900-003-04 农药使用后被废弃的、与农药直接接触或含有农药残余物的包装物"，豁免环节为"收集、运输、利用、处置"，显然纳入豁免的农药包装废物仅为使用过程产生的，对于生产环节产生的农药包装废物并未纳入；虽然农药包装废物豁免的环节很多，与全部环节豁免的情形还是有区别的，区别在于

---

❷⁷　《国家危险废物名录》：第三条　列入本名录附录《危险废物豁免管理清单》中的危险废物，在所列的豁免环节，且满足相应的豁免条件时，可以按照豁免内容的规定实行豁免管理。

贮存环节仍需要按照危险废物管理且需要运行转移联单。③废酸、废碱利用豁免。纳入豁免清单的废酸和废碱必须满足只具有腐蚀性这一条件，对于同时还具有毒性等的废酸或者废碱不适用。"废酸或者仅具有腐蚀危险特性的废酸"，豁免条件分为两种情形：一是作为工业污水处理厂污水处理中和剂利用需满足两个条件：废酸中的第一类污染物含量低于使用该废酸的污水处理厂遵守的废水排放标准，除第一类污染物外的其他污染物浓度低于《危险废物鉴别标准　浸出毒性鉴别》(GB 5085.3) 限值的 1/10。这样规定的目的是防止不满足条件的废酸稀释排放。二是作为生产原料综合利用，要求利用产物以及利用过程中满足：符合国家、地方制定或行业通行的被替代原料生产的产品质量标准；符合相关国家污染物排放（控制）标准或技术规范要求，包括该产物生产过程中排放到环境中的有害物质限值和该产物中有害物质的含量限值；当没有国家污染控制标准或技术规范时，该产物中所含有害成分含量不高于利用被替代原料生产的产品中的有害成分含量，并且在该产物生产过程中，排放环境中的有害物质浓度不高于利用所替代原料生产产品过程中排放到环境中的有害物质浓度，当没有被替代原料时，不考虑该条件；有稳定、合理的市场需求。对于废碱利用豁免，同样需要满足类似废酸利用豁免的要求。④特殊利用豁免：点对点利用豁免。"未列入本《危险废物豁免管理清单》中的危险废物或利用过程不满足本《清单》所列豁免条件的危险废物"，豁免条件为"在环境风险可控的前提下，根据省级生态环境部门确定的方案，实行危险废物'点对点'定向利用"，其豁免权由省级生态环境主管部门赋予；"点对点"定向利用分为针对环境治理或者工业原料生产替代两种情形。⑤ "HW01 重大传染病疫情期间产生的医疗废物"，是受新冠肺炎疫情的影响，为应对突发重大疫情期间大量的医疗废物快速处置而设计的，豁免条件为"按事发地的县级以上人民政府确定的处置方案进行运输和处置"。

（3）豁免的法律地位

2016 版名录首次规定了《危险废物豁免管理清单》，确立了豁免管理制度。名录作为部门规章，其法律位阶低于《中华人民共和国固体废物污染环境法》，理论上名录中的相关制度不得与法律的规定相矛盾。结合《中华人民共和国固体废物污染环境法》第八十条的要求，《危险废物豁免管理清单》中涉及利用、处置以及协同处置环节的不要求许可证（即豁免管理制度）缺少法律依据。新版《中华人民共和国固体废物污染环境法》在修订时未确立豁免管理的法律地位，期待下次修订让豁免管理合法化。虽然目前危险废物豁免管理制度与上位法存在一定的冲突，但各地管理实践在使用。

3.2.3　识别标志制度㉘

识别标志是指由呈现在衬底色和边框构成的几何形状中的符号形成的传递特定信息的视觉构型。危险废物识别标志制度主要通过图像、文字、色彩等形式表明危险废物的存在与危害性，警告并引起相关人员的重视。危险废物的容器和包装物以及收集、贮存、运输、利用、处置危险废物的设施、场所，应当按照规定设置危险废物识别标志。

3.2.3.1　识别标志种类与来源

危险废物识别标志由国务院生态环境主管部门制定，《危险废物识别标志设置技术规范》规

㉘ 《固体废物污染环境防治法》：第七十七条　对危险废物的容器和包装物以及收集、贮存、运输、利用、处置危险废物的设施、场所，应当按照规定设置危险废物识别标志。

定了危险废物标签、危险废物贮存分区标志、危险废物设施场所标志牌。危险废物标签是指用于传递危险废物特定信息的文字、象形图和编码的组合，可采用一定方式固定在危险废物的容器或包装物上。危险废物设施场所标志牌是指在危险废物收集、贮存、利用、处置设施、场所，用于提醒人们对周围环境引起注意，以避免可能发生危害的警告性区域信息标志。《医疗废物专用包装袋、容器和警示标志标准》（HJ 421—2008）规定医疗废物的警示标志的形式为直角菱形，警告语应与警示标志组合使用，样式如图 3-5 所示。

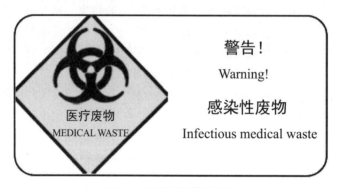

图 3-5　医疗废物警示标志

（1）危险废物标签样式与内容

危险废物标签样式与内容如图 3-6 所示。危险废物标签的尺寸、材质、颜色与字体应满足：①危险废物标签尺寸。依据危险废物容器或包装物的容积大小确定，通常分为三种（见表 3-3）。如遇特大或特小的容器或包装物，标签的尺寸可按实际情况适当扩大或缩小，但以不影响其内容的识别和阅读为前提。②危险废物标签材质。粘贴式标签可采用不干胶印刷品等材质，系挂式的可采用印刷品外加防水塑料袋或塑封等材质。③危险废物标签颜色和字体。背景色为醒目的橘黄色，字体为黑色黑体，文字大小根据标签尺寸自行调整。

危险废物		
废物名称：		
废物类别：	废物代码：	
产生日期：	经营单位入库日期：	
危险特性：□易燃性□反应性□腐蚀性□毒性□感染性		
废物形态：□液态　□固态　□半固态　□气态		
主要成分：		
危害成分：		
注意事项：		
数字识别码：		
产生(收集)单位：		二维码
地　址：		
联系人：　　　　联系方式：		
备注：		

图 3-6　危险废物标签

备注：

a. 废物名称：按照《国家危险废物名录》中"危险废物"一栏填写简化的名称或者按照其产

生来源和工艺填写废物描述，如水性漆生产过程中产生的废水处理污泥。

b. 废物类别、废物代码和危险特性：按照《国家危险废物名录》中的内容填写或者经鉴别属于危险废物的，根据其主要有害成分和危险特性确定所属废物类别，并按代码"900-000-××"填写。

c. 产生日期：填写危险废物的初始产生日期，按照年、月、日填写；容器内存放多个产生日期的废物时，填写时间最早的产生日期。

d. 经营单位入库日期：由从事收集、贮存、利用、处置危险废物经营活动的单位填写，填写危险废物进入本单位贮存设施的日期，按照年、月、日填写。

e. 主要成分：组成和成分明晰的废物，填写废物的主要化学组成或成分，如土壤、矿物油、SiO_2 等。危害成分：填写废物中对环境有害的主要污染物名称，如苯系物、氰化物、As 等。

f. 注意事项：根据危险废物的成分组成和理化特性，填写贮存及应急处置时必要的注意事项，常见的注意事项用语见《危险废物识别标志设置技术规范》附录 A "危险废物标签常用的注意事项用语"。

g. 产生（收集）单位名称、地址、联系人和联系方式：填写产生单位的信息。容器内盛装两家及以上单位的危险废物（如废矿物油），填写收集单位的信息。

h. 二维码和数字识别码：使用信息化管理系统的单位，可在图 3-6 中的位置设置二维码和数字识别码。数字识别码的编码要求按照相关要求设置，二维码所含信息中应包含标签上设置的所有信息。未使用信息化管理系统的单位，可不写。

i. 地方生态环境主管部门或相关单位可根据自身需求自行设置其他信息。

表 3-3　危险废物标签尺寸

序号	容器或包装物容积/L	标签尺寸/mm×mm
1	≤50	100×100
2	>50～≤450	150×150
3	>450	200×200

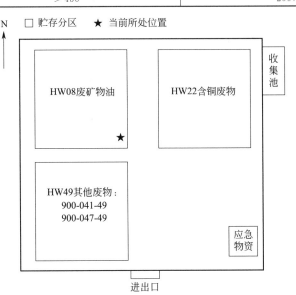

图 3-7　危险废物贮存分区标志示意图 A

（2）危险废物贮存分区标志样式与内容

危险废物贮存分区标志分为危险废物产生单位贮存分区标志（如图 3-7 所示）、危险废物处置单位贮存分区标志（如图 3-8 所示）两种。危险废物贮存分区标志的图形和图案应根据贮存设施结构和贮存分区划分情况设计。危险废物贮存分区标志中包括设施内部所有贮存分区的平面分布、各分区存放废物信息、本贮存分区的具体位置、环境应急物资所在位置以及进出口位置和方向等信息。另外，危险废物贮存分区标志的尺寸、材质、颜色与字体分别为：①贮存分区标志尺寸：尺寸不小于 250mm×250mm 或 200mm×300mm。②贮存分区标志应使用坚固耐用材料为衬底，可采用印刷、粘贴或手写的方式将图案和文字信息等设置在衬底上。③贮存分区标志颜色与字体：颜色、字体、文字大小可根据实际情况自行设置，保证标志上的文字信息易于识别和阅读。

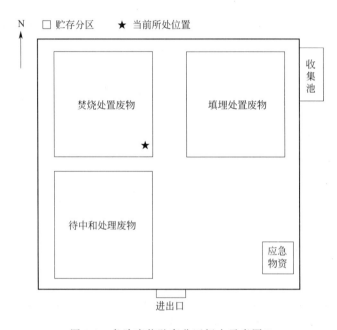

图 3-8 危险废物贮存分区标志示意图 B

（3）危险废物设施场所标志牌样式与内容

危险废物设施场所标志牌包括收集设施场所标志牌、贮存设施场所标志牌和利用、处置设施场所标志牌。收集设施场所标志牌分为危险废物产生点的收集作业区域、危险废物收集单位的收集场所的标志牌。危险废物设施场所标志牌的尺寸为 900mm×600mm，其中三角形标志的外边长为 420mm，内边长为 300mm。建筑物内部的产生点收集作业区域与贮存设施和场所，其标志牌可根据实际情况按 GB 2894 中的要求等比例缩小。标志牌采用坚固耐用的材料并做相应处理。如立柱可采用经防腐处理的 38mm×4mm 无缝钢管或其他坚固耐用的材料。标志牌背景颜色为黄色，三角形图案中图形和边框颜色为黑色。文字大小随标志牌尺寸调整，黑色、字体黑体。标志牌外观质量满足：标志牌、立柱无明显变形；图案清晰，色泽一致，不得有明显缺损；标志牌表面无开裂、脱落及其他破损等。危险废物收集、贮存、利用、处置的设施、场所标志牌式样分别如图 3-9～图 3-12 所示。

图 3-9 危险废物收集设施场所标志牌

图 3-10 危险废物贮存设施场所标志牌

图 3-11 危险废物利用设施场所标志牌

备注：设施场所编号：根据 HJ 608 中固体废物污染治理设施的编码规则填写相应的设施编码。

图 3-12　危险废物处置设施场所标志牌

二维码：使用二维码管理系统的单位，可在标志牌中的位置设置二维码，二维码中应包含表格中的相关条目。未使用二维码管理系统的单位，可不填写。

3.2.3.2　正确使用识别标志

（1）正确使用危险废物标签

危险废物包装物、容器的醒目处设置的危险废物标签的样式正确，图案和文字清晰，内容填写完整，与盛装的危险废物性质和类别相对应。危险废物标签可以印刷、粘贴、拴挂、钉附等方法固定，保证在运输、贮存期间不脱落，不易损坏。容积超过 450L 的容器或长宽高均超过 1m 的包装物，应在相对的两面设置标签。对于盛装同一类废物的组合包装容器，可在组合包装容器的外表面设置危险废物标签。危险货物运输的危险废物容器或包装物上，在运输时除了应设置危险废物标签外，还应根据《危险货物包装标志》（GB 190）中的要求设置危险货物运输包装标志。两者组合使用时，可分开设置在不同的面上，或者设在同一面的相邻位置，如图 3-13 所示。贮存在贮存池或贮存场的危险废物，在贮存设施入口处的醒目位置，可以柱式标志牌的形式设置危险废物标签，并采用双面设置，设置示意图如图 3-14 所示。当需要运输贮存池或贮存场中的危险废物时，按前述设计要求，将危险废物标签设置在其容器或包装物上。

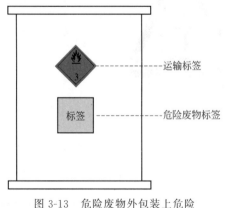

图 3-13　危险废物外包装上危险废物标签设置示意图

图 3-14　贮存池和贮存场中危险废物标签设置示意图

危险废物包装物、容器上的标签，除应包括相关内容外，更应关注所填内容的正确与规范，特别是"危险特性"要与包装物、容器内的危险废物的危险特性相对应，多勾、少勾以及不对应均不正确。现实管理中，部分企业把所有危险特性全部勾入"危险特性"栏目，这种做法是错误的。

（2）正确使用危险废物贮存分区标注。

在贮存设施内的每一个贮存分区和进出口的醒目位置，应设置危险废物贮存分区标志。贮存分区标志的固定方式，可采用附着式（如钉挂、粘贴等）和柱式（固定在标志杆或支架等物体上）两种形式，设置方式示意图分别如图 3-15 和图 3-16 所示。

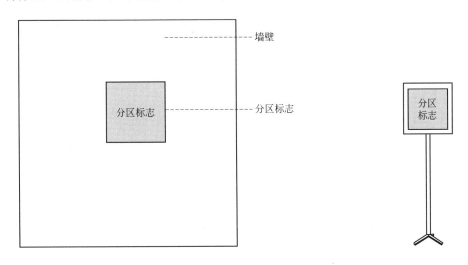

图 3-15　附着式危险废物贮存分区　　　　图 3-16　柱式危险废物贮存分区
　　　　　标志设置示意图　　　　　　　　　　　　　标志设置示意图

（3）正确使用危险废物设施场所标志牌。

危险废物设施场所的标志牌应设在其设施场所外入口的醒目处，如设施场所入口处的墙壁等显著位置，且不得被遮挡；固定方式包括附着式和柱式两种；优先选择附着式，无法选择附着式时，可选择柱式（如图 3-17 和图 3-18 所示）。附着式标志牌的设置高度，应尽量与视线高度一致；柱式标志牌和支架应牢固地连接在一起，标志牌最上端距地面约 2m，支架埋深约 0.3m。

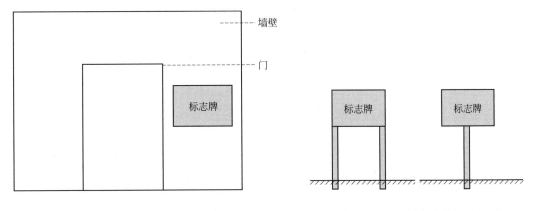

图 3-17　附着式标志牌设置示意图　　　　图 3-18　柱式标志牌设置示意图

3.2.4　源头分类制度[29]

危险废物产生来源非常复杂，有工业源、农业源、社会源等；产生种类繁多，仅《国家危险废物名录》中就有 46 大类、467 小类。工业生产是危险废物的主要来源，由于工业行业门类繁多、工艺技术千差万别、产品种类众多、原辅材料各不相同，其产生的危险废物的数量、种类、性质、有害成分也非常复杂，这凸显了危险废物源头分类的重要性。危险废物源头分类便于后续管理以及决定利用、处理处置的去向。

收集、贮存危险废物，应该按照危险废物特性进行分类。危险特性不同（毒性、易燃性、腐蚀性、反应性、感染性）的危险废物必须分开收集、贮存。由于缺乏危险废物成分分析数据，无法依据有害成分进行有效分类，目前只能按照危险废物产生工艺粗略分类。不考虑危险废物有害成分的分类，不利于危险废物资源化、无害化，不利于后续处置、利用。另外，危险废物分类还需考虑危险废物间的相容性，不相容的危险废物必须分开收集、贮存。禁止混合收集、贮存、运输、处置性质不相容或未经安全性处置的危险废物。

对危险废物实施分类管理，并非无条件绝对分开。实践中部分危险废物是可同其他危险废物混合在一起收集、贮存、运输或处置的，但须遵循科学，以不产生新污染、不加重污染为前提。特别是对于性质不相容危险废物，在进行混合收集、贮存运输或处置前，须按安全生产监督管理部门的要求安全预处理后进行。

不同形态的危险废物应分开收集、分别贮存；当然源头上也要把危险废物与其他废物、非废物分开，只有这样，在贮存环节才能做到"禁止将危险废物混入非危险废物中贮存"。禁止向生活垃圾收集设施中投放工业固体废物。工业危险废物不得进入生活垃圾收集设施，即两者须在源头上分开，这使得部分列入豁免清单的工业源危险废物不得进入生活垃圾收集系统。

对于同一去向、以同样方式处理处置的危险废物，按照《中华人民共和国固体废物污染环境防治法》第八十一条规定与《危险废物贮存污染控制标准》（GB 18597）中的要求分类即可。而对有一定利用价值的危险废物，为便于后续利用，建议从源头进行细致分类、精细化管理，精准施策。分类时不仅需要考虑危险废物的危险特性、相容性以及形态等，还可以结合其利用方式进一步按照废物代码、危险废物描述以及有害成分进行分类，比如"清洗金属零部件过程中产生的废弃煤油、柴油、汽油及其他石油和煤炼制生产的溶剂油（900-201-08）"，废弃煤油、柴油、汽油从源头上分别收集及后续分类管理将有利于其后续高品质利用，可分别生产再生煤油、再生柴油、再生汽油等产品。

3.2.5　管理计划与申报制度

3.2.5.1　管理计划制度[30]

《中华人民共和国固体废物污染环境防治法》（2020 年版）以及《强化危险废物监管和

---

[29] 《固体废物污染环境防治法》：第八十一条　收集、贮存危险废物，应当按照危险废物特性分类进行。禁止混合收集、贮存、运输、处置性质不相容而未经安全性处置的危险废物。禁止将危险废物混入非危险废物中贮存。

[30] 《固体废物污染环境防治法》：第七十八条　产生危险废物的单位，应当按照国家有关规定制定危险废物管理计划。

前款所称危险废物管理计划应当包括减少危险废物产生量和降低危险废物危害性的措施以及危险废物贮存、利用、处置措施。危险废物管理计划应当报产生危险废物的单位所在地生态环境主管部门备案。

利用处置能力改革实施方案》（国务院办公厅印发，2021年），提出"完善国家危险废物环境管理信息系统，实现危险废物产生情况在线申报、管理计划在线备案、转移联单在线运行、利用处置情况在线报告和全过程在线监控"等新要求，《危险废物管理计划和管理台账制定技术导则》（HJ 1259—2022）是危险废物产生单位制定危险废物管理计划的依据，根据危险废物的危害特性、产生数量和环境风险等因素，把危险废物产生单位分为环境重点监管单位、简化管理单位和登记管理单位。其中，同一生产经营场所危险废物年产生量10t以下且未纳入环境重点监管单位的为登记管理单位；同一生产经营场所年产生量10t及以上且未纳入环境重点监管单位的为简化管理单位；具备下列条件之一的单位，纳入危险废物环境重点监管单位：同一生产经营场所危险废物年产生量100t及以上的单位；具有危险废物自行利用处置设施的工业企业；持有危险废物经营许可证的单位；设区的市级以上地方人民政府生态环境主管部门可以根据国家对危险废物分级分类管理的有关规定，结合本地区实际情况，确定产生危险废物的单位的管理类别。具有独立法人资格且属于环境重点监管单位、简化管理单位的危险废物产生单位，包括工业源、农业源、社会源（家庭源的除外）等，应制订危险废物管理计划。同一法人单位所属、位于不同生产经营场所的危险废物产生单位，原则上应当以其所属法人单位的名义，分别制订危险废物管理计划，并通过国家危险废物信息管理系统向生产经营场所所在地生态环境主管部门备案，如有变动应及时变更备案。危险废物管理计划中应编制危险废物转移计划，危险废物转移电子联单应与危险废物管理计划和管理台账相衔接。

危险废物管理计划应当按年度制订：计划生产危险废物的单位应当于每年3月31日前通过国家危险废物信息管理系统连线填写并提交当年度的危险废物管理计划，由国家危险废物信息管理系统自动生成备案编号和回执，完成备案。危险废物产生单位应当按照实际情况填报，并对填报材料的真实性、合法性和完整性负法律责任。登记管理单位免于制订危险废物管理计划，但应建立危险废物管理台账，如实记录有关信息，并通过国家危险废物信息管理系统申报危险废物种类、产生量、流向、贮存、利用、处置等有关资料。

危险废物产生单位按照《危险废物管理计划和管理台账制定技术导则》要求，在国家危险废物信息管理系统填报有关资料。危险废物管理计划填报包括：a. 产生单位基本情况填报，包括危险废物产生单位基本信息、设施工况信息的填报；b. 危险废物基本情况填报，包括危险废物产生、贮存、自行利用/处置、减量化、转移委托利用/处置的填报。

（1）产生单位填报。

环境重点监管单位和简化管理单位的危险废物产生单位基本信息见表3-4。

表3-4　危险废物产生单位基本信息表

单位名称		注册地址	
生产经营场所地址		行政区划	
行业类别		行业代码	
生产经营场所中心经度		生产经营场所中心纬度	
统一社会信用代码		管理类别	
法定代表人		联系电话	
危险废物环境管理技术负责人		联系电话	
是否有环境影响评价审批文件		环境影响评价审批文件文号或备案编号	
是否有排污许可证或是否进行排污登记		排污许可证证书编号或排污登记表编号	

环境重点监管单位设施工况信息填报见表3-5，简化管理单位免于填报。

表 3-5　设施工况信息表（环境重点监管单位）

主要生产单元名称	主要工艺名称	设施名称	设施编码	污染防治设施参数			生产设施生产能力		产品产量							原辅料			
				参数名称	设计值	计量单位	生产能力	计量单位	中间产品名称	中间产品数量	计量单位	最终产品名称	最终产品数量	计量单位		种类	名称	用量	计量单位

注：设施编码填写地方生态环境主管部门现有编码，包括产生危险废物设施编码、自行利用设施编码、自行处置设施编码和贮存设施编码。若无编码，则根据《排污单位编码规则》（HJ 608）进行编码并填报。对于产生环节不固定的危险废物，选取其中一个产生该类别危险废物的设施编码填报。

设施参数：指自行利用设施、自行处置设施和贮存设施的参数。

（2）危险废物基本情况填报。

环境重点监管单位和简化管理单位的危险废物产生情况见表 3-6。

表 3-6　危险废物产生情况信息表

产生危险废物设施编码	产生危险废物设施名称	对应产废环节名称	危险废物名称	危险废物类别	危险废物代码	有害成分名称	物理性状	危险特性	本年度预计产生量	计量单位	内部治理方式及去向					
											自行利用设施编码	自行利用设施设计能力	自行处置设施编码	自行处置设施设计能力	贮存设施编码	贮存设施设计能力

注：本年度预计产生量：填报年计划期限内的危险废物产生量，并标明计量单位。

设施编码填写地方生态环境主管部门现有编码，包括自行利用设施编码、自行处置设施编码和贮存设施编码。若无编码，则根据《排污单位编码规则》（HJ 608）进行编码并填报。

环境重点监管单位和简化管理单位的危险废物贮存情况见表 3-7。危险废物贮存能力由危险废物产生单位环境影响评价文件及审批意见确定，与环境影响评价文件及审批意见不符的，应另行说明原因。

表 3-7　危险废物贮存设施信息表

贮存设施编码	贮存设施类型	危险废物名称	危险废物类别	危险废物代码	有害成分名称	物理性状	危险特性	包装形式	本年度预计贮存量	计量单位
自动生成		自动生成	自动生成	自动生成	自动生成	自动生成	自动生成			

注：贮存设施类型包括贮存库、贮存场等。

包装形式包括包装容器、材质、规格等。

本年度预计贮存量是指填报年计划期限内的危险废物入库量位。

环境重点监管单位自建利用/处置设施，其危险废物自行利用/处置情况填报见表 3-8，简化管理单位无需填报。自行利用/处置能力应根据危险废物产生单位环境影响评价文件及审批意见确定，与环境影响评价文件及审批意见不符的，应另行说明原因。

表 3-8　危险废物自行利用/处置设施信息表（环境重点监管单位）

设施类型	设施编码	危险废物名称	危险废物类别	危险废物代码	有害成分名称	物理性状	危险特性	自行利用/处置方式代码	本年度预计自行利用/处置量	计量单位
	自动生成	自动生成	自动生成	自动生成	自动生成	自动生成	自动生成			

注：设施类型包括自行利用设施和自行处置设施。

自行利用/处置方式代码：按照危险废物利用/处置方式代码表填写。

本年度预计自行利用/处置量是指填报年计划期限内的危险废物自行利用/处置量。

环境重点监管单位与简化管理单位的危险废物减量化计划和措施填报见表 3-9。根据自身产品生产和危险废物产生情况，在借鉴同行业发展水平和经验的基础上，提出减少危险废物产生量和降低危险废物危害性措施的计划，明确改进原料、工艺、技术、管理等。

表 3-9　危险废物减量化计划和措施（环境重点监管单位）

	序号	危险废物名称	本年度预计产生量	计量单位	备注
减少危险废物产生量的计划	1	自动生成			
	2				
	3				
	合计				
降低危险废物危害性的计划					
减少危险废物产生量和降低危害性的措施	可以包括以下几个方面：改进设计、采用先进的工艺技术和设备、使用清洁的能源和原料、改善管理、危险废物综合利用、提高污染防治水平等。				

环境重点监管单位和简化管理单位需要委外处置/利用危险废物的，危险废物转移情况填报内容参见表 3-10。

表 3-10　危险废物转移情况信息表

转移类型	危险废物名称	危险废物类型	危险废物代码	有害成分名称	物理性状	危险特性	本年度预计转移量	计量单位	利用/处置方式代码	拟接受单位类型	危险废物经营单位		危险废物经营许可豁免单位	中华人民共和国境外的危险废物利用处置单位
											单位名称	许可证编码	单位名称	单位名称

注：转移类型包括省内转移、跨省转移和境外转移。

本年度预计转移量：填报年计划期限内的危险废物转移量。

利用/处置方式代码：按照危险废物利用/处置方式代码表填写。

拟接收单位类型包括危险废物经营许可单位、危险废物经营许可豁免单位、境外的危险废物利用处置单位。

危险废物经营许可豁免单位相关信息应在国家危险废物信息管理系统中注册。

危险废物出口至境外的，在危险废物信息管理系统中填写境外的危险废物利用处置单位信息。备案后的危险废物管理计划帮助生态环境管理部门了解预判企业危险废物未来一年的产生情况、贮存情况以及可能流向等信息，并预先掌握现有的处置利用能力与危险废物产生量是否匹配。

危险废物管理计划填报与备案已经实现信息化，除涉密外，危险废物管理计划填报与备案均在国家危险废物信息管理系统中完成。危险废物管理计划在线备案，可实现危险废物管理计划和危险废物申报、管理台账、转移联单等相关信息的相互印证校验，推动产生危险废物的单位如实报告危险废物的产生、贮存、利用处置等情况。危险废物利用、处置方式代码见表3-11。

表3-11　危险废物利用、处置方式代码

代码	说明
危险废物(不含医疗废物)利用方式	
R1	作为燃料(直接燃烧除外)或以其他方式产生能量
R2	溶剂回收/再生(如蒸馏、萃取等)
R3	再循环/再利用不是用作溶剂的有机物
R4	再循环/再利用金属和金属化合物
R5	再循环/再利用其他无机物
R6	再生酸或碱
R7	回收污染减除剂的组分
R8	回收催化剂组分
R9	废油再提炼或其他废油的再利用
R15	其他
危险废物(不含医疗废物)处置方式	
D1	填埋
D9	物理化学处理(如蒸发、干燥、中和、沉淀等)，不包括填埋或焚烧前的处理
D10	焚烧
D16	其他
C1	水泥窑共处置
C2	生产建筑材料
C3	清洗(包装容器)
医疗废物处置方式	
Y10	医疗废物焚烧
Y11	医疗废物高温蒸汽处理
Y12	医疗废物化学消毒处理
Y13	医疗废物微波消毒处理
Y16	医疗废物其他处置费方式

注：1. 为与《巴塞尔公约》相对应，废物利用和处置方式的代码未连续编号。

2. 利用、处置或贮存不包括填坑、填海。

3. 利用是指从工业危险废物中提取物质作为原材料或者燃料的活动。

4. 处置是指将工业危险废物焚烧和用其他改变固体废物的物理、化学、生物特性的方法，达到减少已产生的工业危险废物数量、缩小工业危险废物体积、减少或者消除其危险成分的目的，或者将工业危险废物最终置于符合环境保护规定要求的填埋场的活动。

5. 焚烧是指焚化燃烧危险废物使之分解并无害化的过程。

6. 贮存是将工业危险废物临时置于特定设施或者场所中的活动。

7. 水泥窑共处置是指在水泥生产工艺中使用工业废物作为替代燃料或原料，消纳处理工业危险废物的方式。

8. 生产建筑材料是指将工业危险废物用于生产砖瓦、建筑骨料、路基材料等建筑材料。

实施危险废物管理计划与申报登记制度，是落实产生危险废物单位主体责任的要求，也是实施危险废物全过程管理的手段，掌握危险废物产生情况有助于防控环境风险。

3.2.5.2 申报制度[①]

危险废物产生单位应定期通过国家危险废物信息管理系统向所在地生态环境主管部门申报危险废物的种类、产生量、流向、贮存、利用、处置等有关信息；根据危险废物管理台账记录汇总报告期内危险废物申报执行情况，保证申报内容的规范性和真实性，按时在线提交至地方生态环境主管部门，台账记录留存备查。

设计申报登记制度的目的在于帮助生态环境管理部门及时掌握企业危险废物实际产生情况（种类、产生量）、贮存情况、流向情况（利用、处置去向）等信息。1995 年《中华人民共和国固体废物污染环境防治法》确立实施危险废物申报制度，在过去危险废物管理中发挥过其应有的作用。新发布的《危险废物管理计划和管理台账制定技术导则》中规定了申报执行报告周期：环境重点监管单位应当提交危险废物申报月度执行情况以及年度执行情况；简化管理单位应当提交危险废物申报季度执行情况以及年度执行情况；登记管理单位应当提交危险废物申报年度执行情况。

依据危险废物管理台账的记录，国家危险废物信息管理系统自动生成危险废物申报报告，企业确认后申报，申报执行报告内容包括危险废物产生情况、危险废物自行利用/处置情况、危险废物委托外单位利用/处置情况、贮存情况，执行报告格式分别见为月度执行报告表（见表 3-12）、季度执行报告表（见表 3-13）、年度执行报告表（见表 3-14）。

表 3-12　危险废物申报月度执行报告表

产生情况								自行利用/处置情况			委托外单位利用/处置情况						贮存情况			
危险废物名称	危险废物类别	危险废物代码	有害成分名称	物理性状	危险特性	产生量	计量单位	利用处置方式	利用处置量	计量单位	省（区、市）	单位名称	许可证编号	利用处置方式	利用处置量	计量单位	上月底贮存量	计量单位	本月底贮存量	计量单位

表 3-13　危险废物申报季度执行报告表

产生情况								自行利用/处置情况			委托外单位利用/处置情况						贮存情况			
危险废物名称	危险废物类别	危险废物代码	有害成分名称	物理性状	危险特性	产生量	计量单位	利用处置方式	利用处置量	计量单位	省（区、市）	单位名称	许可证编号	利用处置方式	利用处置量	计量单位	上季度末贮存量	计量单位	本季度贮存量	计量单位

[①]　《中华人民共和国固体废物污染环境防治法》：第七十八条　产生危险废物的单位，应当按照国家有关规定制定危险废物管理计划；建立危险废物管理台账，如实记录有关信息，并通过国家危险废物信息管理系统向所在地生态环境主管部门申报危险废物的种类、产生量、流向、贮存、处置等有关资料。

表 3-14   危险废物申报年度执行报告表

产生情况								自行利用/处置情况			委托外单位利用/处置情况						贮存情况			
危险废物名称	危险废物类别	危险废物代码	有害成分名称	物理性状	危险特性	产生量	计量单位	利用处置方式	利用处置量	计量单位	省(区、市)	单位名称	许可证编号	利用处置方式	利用处置量	计量单位	上年底贮存量	计量单位	本年度贮存量	计量单位

3.2.6 危险废物转移制度[32]

危险废物转移，是指以贮存、利用或者处置危险废物为目的，将危险废物从移出人的场所移出，交付承运人并移入接受人场所的活动。但在产废企业内部的位移以及处置利用经营单位内部的位移等行为，不属于《危险废物转移管理办法》中规定的转移。

部分规模企业自建有危险废物自行利用、处置的设施，能够利用、处置内部产生的危险废物；但大多数企业不具备自行利用或处置危险废物的能力，需要借助外部集中处置、利用企业的力量解决其产生的危险废物，所以危险废物需要转移，转移过程涉及危险废物的运输，除对运输车辆与人员提出要求外，还需要对运输过程中的危险废物进行跟踪与监管，防止运输中危险废物的跑冒滴漏以及非法排放、倾倒、处置等风险。

危险废物转移遵循就近原则[33]。就近原则包括危险废物就近处置和就近利用，也包括跨省转移应就近、省内转移也应就近等。危险废物转移管理应当全过程管控、提高效率。为实现危险废物转移全过程管控，设立危险废物转移制度——转移联单制度。危险废物转移除要求运输车辆具有相应资质外，最主要制度是危险废物转移联单制度，以实现危险废物转移过程跟踪。另外，对跨省转移的危险废物提出特殊的管理要求：经批准后方可转移。显然危险废物转移制度包括危险废物转移联单制度与危险废物跨省转移制度。

（1）转移联单制度

转移危险废物的，应当按照国家有关规定填写、运行危险废物电子或者纸质转移联单。《中华人民共和国固体废物污染环境防治法》确立了危险废物转移联单制度与电子联单的法律地位。危险废物转移联单制度是追踪危险废物流向、实现危险废物"从摇篮到坟墓"全过程管理的重要手段，是保证危险废物转移过程安全的重要制度。

为执行《中华人民共和国固体废物污染环境防治法》，落实危险废物转移联单制度，生

---

[32] 《固体废物污染环境防治法》：第八十二条   转移危险废物的，应当按照国家有关规定填写、运行危险废物电子或者纸质转移联单。

跨省、自治区、直辖市转移危险废物的，应当向危险废物移出地省、自治区、直辖市人民政府生态环境主管部门申请。移出地省、自治区、直辖市人民政府生态环境主管部门应当及时商经接受地省、自治区、直辖市人民政府生态环境主管部门同意后，在规定期限内批准转移该危险废物，并将批准信息通报相关省、自治区、直辖市人民政府生态环境主管部门和交通运输主管部门。未经批准的，不得转移。

危险废物转移管理应当全程管控、提高效率，具体办法由国务院生态环境主管部门会同国务院交通运输主管部门和公安部门制定。

[33] 《危险废物转移管理办法》：第三条   危险废物转移应当遵循就近原则。

态环境部制定了《危险废物转移联单管理办法》，于 2021 年修订为《危险废物转移管理办法》[34]，规定了转移危险废物需通过国家危险废物信息管理系统运行电子转移联单，以执行危险废物转移联单制度。新修订的《危险废物转移管理办法》预示着纸质联单将逐渐退出历史舞台。

危险废物转移联单相关信息应与危险废物信息管理系统中危险废物管理计划中的危险废物产生、贮存、转移、利用、处置等备案信息关联并一致。危险废物转移联单格式见表3-15，在危险废物转移联单中如实填写移出人（包括危险废物产生单位、危险废物收集单位）、承运人、接受人信息以及拟转移危险废物的种类、重量（数量）、危险特性等危险废物信息和环境应急措施等内容。

危险废物转移联单的填写与运行涉及三类主体：①移出人：危险废物移出人应当通过信息系统如实填写危险废物转移联单中移出人、承运人、接受人栏目的相关信息及危险废物相关信息；危险废物转移前应填写并运行联单；②承运人：危险废物承运人应填写承运人名称、运输工具及其营运证件号，以及运输起点、路径、终点等运输相关信息；接到危险废物需核实后填写联单；③接受人：危险废物接受人应填写接收处理意见、利用处置方式、接受量等信息；在核实接受之日的 5 个工作日内填写并确认。若运行的是纸质联单，三类主体如上述分别填写联单；若运行的是电子联单，将与纸质联单有所不同，承运人填写的部分由移出人填写，在危险废物信息管理系统中联单的承运人部分自动生成，承运人只需对生成的信息进行核实与确认。

转移联单运行要求：①同一移出主体时遵循"一车/船一单"或"一车/船多单"的原则。每转移一车次（船或者其他运输工具）危险废物，应当运行一分危险废物转移联单，或者使用同一危险废物转移联单转移多个类别危险废物。②不同移出主体遵循人单对应，换句话说为"多人一车/船多单"。使用同一运输工具一次为多个危险废物移出人运输危险废物时，每个危险废物移出人应当分别运行一分危险废物转移联单。

表 3-15　危险废物转移联单　　　　　　　　　　联单编号：

1. 批准转移决定文号 （仅跨省转移时需要）		2. 应急联系电话 （移出人填写）	
第一部分移出人填写			
3.1 移出单位		3.2 组织机构代码	
3.3 移出单位地址			
3.4 联系人		3.5 联系电话	
4.1 承运单位		4.2 组织机构代码	
4.3 承运单位地址			
4.4 联系人		4.5 联系电话	
5.1 接收单位		5.2 组织机构代码	
5.3 接受单位地址			
5.4 联系人		5.5 联系电话	
6.1 移出人声明:我申明,本危险废物转移联单填写的信息是真实的、正确的。拟转移危险废物已按照相关法律和标准确定了承运人和接受人,并进行了包装和标识			
6.2 移出日期:__年_月_日	6.3 运达地点:		6.4 经办人签字:

---

[34] 《危险废物转移环境管理办法》：第四条　除国家有关法规、标准另有规定外，转移危险废物必须严格执行国家危险废物转移联单制度，并通过国家危险废物信息管理系统运行危险废物转移电子联单。

第二部分承运人填写			
7.1 承运人须知:你必须核对拟转移危险废物相关信息,当与实际情况不符时,有权拒绝接受			
7.2 第一承运人:	7.3 运输日期:_年_月_日至_年_月_日		7.4 承运人签字:
7.5 车(船)型:	7.6 牌号:		7.7 营运证件号:
7.8 运输起点:	7.9 路径:		7.10 运输终点:
7.11 第二承运人:	7.12 运输日期:_年_月_日至_年_月_日		7.13 承运人签字:
7.14 车(船)型:	7.15 牌号:		7.16 营运证件号:
7.17 运输起点:	7.18 路径:		7.19 运输终点:
第三部分接受人填写			
8.1 接受人须知:你必须核实拟接受危险废物相关信息,当与实际情况不符时,有权拒绝接受			
8.2 是否存在重大差异:否□;是□;数量□ 形态□ 危险特性□ 其他□			
8.3 接受人处理意见:接受□;拒收□;其他□			
8.4 接受单位:		8.5 危险废物经营许可证号:	
8.6 接受人签字:		8.7 接受日期:_年_月_日	

序号	9.1 名称	9.2 类别	9.3 废物代码	9.4 形态	9.5 危险特性	9.6 包装方式	9.7 包装数量	9.8 移出量(吨)	9.9 应急措施	10.1 利用处置方式	10.2 接受量(吨)

(2) 跨省转移制度

为解决省内危险废物利用处置能力与实际产生量不匹配、省际危险废物利用处置能力不平衡等问题,结合国家统筹布局少量危险废物处置设施的现状,制定危险废物跨省转移制度,允许危险废物省际的转移。危险废物省际移动意味着危险废物的运输距离增加,运输过程中的环境风险增大,需要进行严格管理。危险废物跨省转移制度可防范危险废物省际转移的环境风险,避免危险废物省际的非法排放、倾倒、处置等违法行为。

跨省、自治区、直辖市转移(以下简称"跨省转移")处置危险废物的,通常转移至以下三类设施[35]:①相邻的省、自治区、直辖市的危险废物处置设施;②开展区域合作的省、自治区、直辖市的危险废物处置设施;③全国统筹布局的危险废物处置设施。跨省转移危险废物,应向移出地的省级生态环境主管部门提出申请,移出地省级生态环境主管部门应当商经接受地省级生态环境主管部门同意后,方可批准转移该危险废物。未经批准的,不得转移。接受地省级生态环境主管部门不同意接受拟转移的危险废物,应告知移出地省级生态环境主管部门原因;移出地省级生态环境主管部门根据接受地省级生态环境主管部门意见作出不同意转移的决定,并告知申请人理由。批准跨省转移危险废物的决定,应当包括批准转移危险废物的名称、种类、废物代码、重量或者数量、接受人、贮存、利用或者处置方式以及批准决定的有效期等。跨省转移危险废物的申请经批准后,移出人应当按照批准跨省转移危险废物的决定运行危险废物转移联单,实施转移活动。移出人在批准有效期内可以多次转移危险废物,每次转移时无须再办审批手续。

为规范危险废物跨省转移制度,生态环境部首次把危险废物跨省转移的相关规定写入新修订的《危险废物转移管理办法》,对危险废物跨省转移活动进行统一。危险废物跨省转移

---

[35] 《危险废物转移管理办法》:第三条第二款 跨省、自治区、直辖市转移(以下简称跨省转移)处置危险废物的,应当以转移至相邻或者开展区域合作的省、自治区、直辖市的危险废物处置设施,以及全国统筹布局的危险废物处置设施为主。

包括申请、受理、商请、回复、审评决定等流程，并在危险废物转移管理信息系统中开展，实现对危险废物跨省转移全过程的追踪。

危险废物跨省转移审批时限：受理时限为 5 个工作日；移出地应在受理后 10 个工作日内作出初步核准意见，同意转出的向接受地发出跨省转移商请函；接受地应在接到商请函之日起 20 个工作日内出具是否愿意接受危险废物的意见；移出地在接到接受地复函之日起 10 个工作日内作出批准决定。

危险废物跨省转移审批程序复杂、审批时间较长，《危险废物转移管理办法》出台了"白名单"制度，规定"开展区域合作的移出地和接受地省级生态环境主管部门可以按照合作协议简化跨省转移危险废物审批手续"。四川与重庆两省市间率先尝试了建立危险废物跨省市转移简化审批手续"白名单"制度。为深入推进长江经济带发展，加强危险废物跨省市转移联合监管，推进川渝两地危险废物安全及时处置，2020 年 1 月川渝两地建立《危险废物跨省市转移"白名单"合作机制》，建立起跨省市转移"白名单"制度，包括废铅蓄电池、废荧光灯管、废线路板等 3 类危险废物，简化跨省、市转移审批手续，每年 12 月，双方在确保环境风险可控的条件下，分别提出下年度危险废物持证单位以及相应接收危险废物类别和数量的"白名单"，经双方协商确认正式函告对方；强化日常环境监管并设立定期通报机制。

3.2.7　分级分类管理制度[36]

我国危险废物实施国家危险废物名录管理，虽然具有简便与经济优势，但也使得部分环境危害性较低的废物纳入名录需要按照危险废物管理；部分环境危害性很强的废物，如剧毒化学品生产过程中产生的部分废物，部分农药、医药、化工等生产中使用剧毒化学品产生的废物中含有较多的剧毒物质，毒害性比一般危险废物强，以及本身具有易燃易爆特性的危险废物，若这类危险废物数量较大，采用现行管理手段，则难以防控其风险，如响水爆炸案中的硝化废料等。

危险废物的种类和性质千差万别，虽然同被列入《国家危险废物名录》，环境危害性大与小的废物环境风险差别很大。若采取平均用力来管理这些危险废物，对于具有易燃易爆或剧毒属性的危险废物而言，存在管理不足的现象，可能存在污染环境风险；而对于既不易燃易爆、毒害性小的危险废物而言，则可能管理过度。因此需要对危险废物精细化管理，在控制环境风险的前提下，对危险废物进行分级分类管理，避免监管过度与监管不足现象。2020版《中华人民共和国固体废物污染环境防治法》新增了危险废物分级分类管理制度，按照危险废物环境风险评估结果实施分级分类管理，主要考虑两个指标：危险废物危害特性以及产生数量。环境风险的高低不仅取决于危险废物的危害特性大小，还取决于危险废物数量多少。经环境风险评估后，可能出现三种结果：①环境风险较低的，可实施降级管理；②环境风险较高的，可实施升级管理；③环境风险适中的，采取现行的管理方式管理。如图 3-19所示为某化工园区的危险废物精细化管理的思路。

---

[36]　《固体废物污染环境防治法》：第七十五条第二款　国务院生态环境主管部门根据危险废物的危害特性和产生数量，科学评估其环境风险，实施分级分类管理，建立信息化监管体系，并通过信息化手段管理、共享危险废物转移数据和信息。

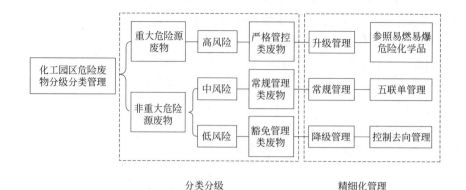

分类分级　　　　　　　　　精细化管理

图 3-19　某化工园区危险废物精细化管理路径图

现有危险废物管理制度体现了危险废物分级分类管理思想，比如豁免管理制度是对列入豁免管理清单中的危险废物实施降级管理；《危险废物贮存污染控制标准》（GB 18597）对部分危险废物提出额外管理要求[37]：若不进行预处理，需要按照易燃易爆类的危险化学品贮存与管理，通过升级管理确保其环境安全。

3.2.8　应急预案制度[38]

产生、收集、贮存、运输、利用、处置危险废物的单位，必须制定意外事故的防范措施和应急预案，并向所在地生态环境主管部门和其他负有固体废物污染环境防治监督管理职责的部门备案。故涉及危险废物的单位应当制定应急预案，以应对危险废物可能引发的突发环境事件，制定环境污染事故防范的规章制度和组织体系，事故发生时拟采取的应急方案和措施，配备控制、减轻或消除所需的应急设备、器材以及有实战经验的人员等。不同性质的危险废物单位可根据所涉危险废物管理环节制定针对性的应急预案，比如危险废物收集环节与运输环节的应对措施可有区别；应根据管理对象——危险废物的危险特性以及管理不当可能带来的风险制定针对性应急措施与应急预案，比如液态危险废物的应急预案应包括废物泄漏防范措施，易燃易爆类危险废物的应急预案宜包括防爆防染措施以及燃爆后防止污染扩大的应对措施等，应避免应急预案泛泛而谈。

应急预案基本框架包括应急预案简介、单位的基本情况及周围环境综述、应急预案的情形、应急组织机构、应急响应程序（事故发现及报警、事故控制、后续事项）、人员安全及救护、应急装备、应急预防和保障方案、事故报告、事故的新闻发布、应急预案实施和生效时间、附件等内容。应急预案的制定可参照 2007 年生态环境部（原国家环境保护总局）发布的《危险废物经营单位编制应急预案指南》（2007 年第 48 号）。

制定应急预案后，应向所在地生态环境主管部门和其他负有固体废物污染环境防治监督管理职责的部门备案。应急预案备案后，企业应开展应急演练，将应急预案中的内容落到实处，使得意外事故出现时，能临危不乱、高效快速反应，能有效组织事故抢险、救援，从而

---

[37]《危险废物贮存污染控制标准》（GB 18597）：4.2　在常温常压下易燃易爆及排出有毒气体的危险废物必须进行预处理，是指稳定后贮存，否则，按易燃易爆危品贮存。

[38]《固体废物污染环境防治法》：第八十五条　产生、收集、贮存、运输、利用、处置危险废物的单位，应当依法制定意外事故的防范措施和应急预案，并向所在地生态环境主管部门和其他负有固体废物污染环境防治监督管理职责的部门备案；生态环境主管部门和其他负有固体废物污染环境防治监督管理职责的部门应当进行检查。

迅速控制事态发展，防止污染扩大，减少人员伤亡和财产损失。应急演练过程宜包括演练计划、演练文字、图片或视频等记录以及演练后总结材料等。

3.2.9　污染防治责任制度[39]

产生工业固体废物的单位应当建立健全工业固体废物产生、收集、贮存、运输、利用、处置全过程的污染环境防治责任制度，有义务采取措施防治工业固体废物可能造成环境污染，承担企业主体责任。工业固体废物污染环境防治责任制是指按照工业固体废物产生、利用、处置等情况和防治环境污染的客观要求，将污染防治责任层层分解，落实到具体部门以及岗位或者个人，共同做好工业固体废物污染环境防治工作。产生工业固体废物的单位应制定落实污染环境防治责任制的内部规章制度，明晰责任，落实污染防止措施。产生工业危险废物的单位也应遵守污染环境防治责任制度。

危险废物产生、收集、贮存、运输、利用、处置企业的主要负责人（法定代表人、实际控制人）是危险废物污染环境防治和安全生产第一责任人，严格落实危险废物污染环境防治和安全生产法律法规制度。危险废物污染环境防治责任制度应明确各环节负责人，各环节负责人应熟悉危险废物管理的法律法规、标准、技术规范等。危险废物产生单位应制定污染环境防治责任制的内部规章制度，明晰责任；还应采取相应措施，使污染环境防治责任制度得以有效落实。建有自行处置利用设施的产生危险废物的单位，应建立健全产生、收集、贮存、运输、利用、处置全过程的污染环境防治责任制度。另外，污染环境防治责任制度需要在适当场所的显著位置，张贴危险废物污染防治责任信息，内容涵盖危险废物名称、产生环节、危险特性、去向及责任人等。

3.2.10　排污许可制度[40]

国家依照法律规定实行排污许可管理制度，排污许可制度是固定污染源管理的核心制度。将危险废物纳入排污许可证统一管理，实现一证式管理，从源头上规范危险废物产生单位的贮存、转移、利用、处置等行为，有效遏制污染环境案件发生。排污许可证制度有助实现"按证排污——守法有预期"和"依证监管——执法有边界"。

已经申请领取排污许可证的危险废物产生单位，其应遵循排污许可制度。换言之，对于部分还没有要求申请领取排污许可的行业，行业内产生危险废物的企业暂不需要遵守排污许可制度。2021年国务院发布了《排污许可管理条例》，于3月1日实施。《排污许可管理条例》规定了具体的实施步骤、程序、要求以及排污许可的分类管理等，如根据污染物产生量、排放量、对环境的影响程度等因素，对排污单位实行排污许可分类管理，排污单位可分为排污许可重点管理单位和排污许可简化管理单位。排污许可包括排污登记表和排污许可证

---

[39] 《固体废物污染环境防治法》：第三十六条　产生工业固体废物的单位应当建立健全工业固体废物产生、收集、贮存、运输、利用、处置全过程的污染环境防治责任制度，建立工业固体废物管理台账，如实记录产生工业固体废物的种类、数量、流向、贮存、利用、处置等信息，实现工业固体废物可追溯、可查询，并采取防治工业固体废物污染环境的措施。

禁止向生活垃圾收集设施中投放工业固体废物。

[40] 《排污许可管理条例》：第七十八条第三款　产生危险废物的单位已经取得排污许可证的，执行排污许可管理制度的规定。

两种形式；排污许可证依据所属行业依次申请发放，具体参照《固定污染源排污许可分类管理名录（2017年版）》，其申请与审批遵循《排污许可管理条例》的规定。

3.3 危险废物管理措施

3.3.1 危险废物管理台账

危险废物实行台账管理制度。危险废物产生单位应建立危险废物管理台账记录制度，落实危险废物管理台账记录的责任人，明确工作职责，并对危险废物管理台账的真实性、完整性和规范性负责。产生危险废物单位结合自身实际情况，与生产记录相结合，根据危险废物产生、贮存、利用处置等环节的动态流向，建立各环节的危险废物管理台账。危险废物管理台账应如实记录相关信息，即"全面、准确、及时"。管理台账包括危险废物产生环节台账、危险废物贮存环节台账（包括入库环节记录、出库环节记录）、危险废物产生单位自行利用处置台账、危险废物出口利用处置台账等。危险废物台账应载明危险废物产生、贮存、利用处置的实际情况，为危险废物管理计划订制提供基础性数据，是危险废物申报登记制度的基础和生态环境主管部门管理危险废物的重要依据。

危险废物管理台账包括电子和纸质形式，通过国家危险废物信息管理系统申报危险废物种类、产生量、流向、贮存、利用、处置等有关信息。危险废物管理台账记录频次依据实际情况确定：产生后盛放至容器和包装物的，应以单位容器和包装物进行记录，按批次记录；产生后采用管道等方式输送至贮存场所的，按日记录；其他特殊情形的，根据危险废物产生规律确定记录频次。危险废物管理台账记录应与危险废物转移电子联单、危险废物管理计划等衔接、一致。管理台账原则上保存应不少于5年。危险废物产生单位应结合自身实际情况，与生产记录相衔接，如实记载产生环节相关信息，具体参见表3-16。

表3-16　危险废物产生环节记录表

产生批次编码	产生时间	危险废物名称	危险废物类别	危险废物代码	产生量	计量单位	容器/包装编码	容器/包装类型	容器/包装数量	产生危险废物设施编码	产生部门经办人	去向

危险废物入库环节记录内容，参见表3-17。

表3-17　危险废物入库环节记录表

入库批次编码	入库时间	容器/包装编码	容器/包装类型	容器/包装数量	危险废物名称	危险废物类别	危险废物代码	入库量	计量单位	贮存设施编码	贮存设施类型	运送部门经办人	贮存部门经办人	产生批次编码

危险废物出库环节记录内容，参见表 3-18。

表 3-18　危险废物出库环节记录表

出库批次编码	出库时间	容器/包装编码	容器/包装类型	容器/包装数量	危险废物名称	危险废物类别	危险废物代码	出库量	计量单位	贮存设施编码	贮存设施类型	出库部门经办人	运送部门经办人	入库批次编码	去向

危险废物产生单位自行利用处置环节记录内容，参见表 3-19。

表 3-19　危险废物产生单位自行利用处置环节记录表

自行利用处置批次编码	自行利用处置时间	容器/包装编码	容器/包装类型	容器/包装数量	危险废物名称	危险废物类别	危险废物代码	自行利用/处置量	计量单位	自行利用/处置方式	自行利用/处置完毕时间	自行利用/处置部门经办人

危险废物出口利用处置记录内容，参见表 3-20。

表 3-20　危险废物出口利用处置记录表

出口利用处置批次编码	出厂时间	容器/包装编码	容器/包装类型	容器/包装数量	危险废物名称	危险废物类别	危险废物代码	本批出口利用/处置量	计量单位	境外利用/处置单位名称	境外利用/处置方式	自行利用/处置完毕时间	出口核准通知单编号

3.3.2　危险废物管理信息系统

完善的危险废物管理信息系统，有助于实现危险废物产生情况在线申报、管理计划在线备案、转移联单在线运行、利用处置情况在线报告和全过程在线监控等，实现对危险废物的全过程自动化监管，提升危险废物管理水平。为推进危险废物管理信息化，生态环境部门搭建固体废物管理信息系统，启动国家危险废物信息管理。部分地方各级生态环境部门也建设一批直接面向企业的固体废物管理信息系统，并与国家固体废物管理信息系统对接。危险废物管理信息系统是固体废物管理信息系统的组成部分，是利用互联网等高科技手段实施危险废物产生情况（种类、数量）、贮存、转移、去向、利用、处置等信息管理，为危险废物全过程管理创造有利条件。固体废物管理信息系统可将收集到的庞大数据按照相应模型和公式进行运算，运算结果可直接服务于各类环境管理需求。其中的综合分析模块包括危险废物监管数据库、危险废物产生源台账管理系统、一般工业固体废物管理系统等，用以监管危险废物和一般工业固体废物的产生、转移、处置的全流程。

国家危险废物信息系统以及各省市的危险废物管理信息系统整体结构基本相同，以上海市危险废物管理信息系统为例，系统包括"申报查询"模块、"转移管理"模块、"企业管理"模块、"预警管理"模块、"异常告知"模块、"统计分析"模块等功能模块等，如图 3-20 所示。

图 3-20　上海市危险废物管理信息系统构架图

危险废物管理信息系统具有各种数据的汇总统计与分析功能，有助于生态环境主管部门实时掌握辖区内以及涉危险废物企业的危险废物种类、数量、特性、流向、利用、处置等以及危险废物管理要求的执行情况等信息，为科学决策提供依据。如"统计分析"模块可实现相关数据的汇总统计功能，可以统计产生危险废物单位月报、危险废物经营许可单位月报以及经营许可报表等内容，图 3-21 是"统计分析"出的上海市产生危险废物规模企业分布情况。

图 3-21　上海市危险废物产生规模企业分布图

3.3.3　危险废物规范化管理

生态环境部专门制定规范化管理指标体系，用以指导危险废物规范化管理。2021 年 9 月，生态环境部在前期规范化管理考核基础上，发布了"十四五"全国危险废物规范化环境管理评估工作方案。危险废物产生单位规范化管理指标体系主要包括：污染环境防治责任制度落实情况以及危险废物识别标志设置情况，管理计划制定与备案情况，台账与申报制度执行、转移制度的落实、排污许可制度实施、源头分类制度的执行、环境应急预案备案的实施、信息发布情况，以及贮存、利用、处置危险废物设施环境管理是否符合相关标准规范等。产生危险废物工业企业，根据建设自行利用、处置设施与否，规范化管理考核内容也有不同（如图 3-22 所示）。对于未建自行利用和处置设施的企业，考核内容包括 10 大项 18 小项内容，总分 50 分；对于自建自行利用或者处置设施的企业，考核内容包括 11 大项 21 小项内容，总分 60 分；对于自建自行利用和处置设施的企业，考核内容包括 12 大项 24 小项内容，总分 70 分。危险废物规范化考核内容包括一项信息发布、三类设施管理、八大管理制度组成（如图 3-23 所示）。

在规范化考核中要特别关注：①擅自转移、倾倒、堆放危险废物的；②将危险废物（收集/利用/处置环节豁免的除外）提供或者委托给无许可证的单位或者其他生产经营者从事经营活动的；③未运行联单擅自转移危险废物或未经批准擅自跨省（自治区、直辖市）、跨境转移危险废物的；④由于危险废物管理不当导致突发环境事件发生的；⑤执行台账和申报制度存在不报或虚报、瞒报危险废物的，为"一项否决制"，即某项不满足要求，考核结果直接不达标。

为了激励企业管理好危险废物，切实履行主体责任，在规范化考核时规定了加分项：①在危险废物相关重点环节和关键节点应用视频监控的以及应用电子标签的；②对管理人员和从事危险废物收集、运输、贮存、利用和处置等工作的人员进行培训的，参加培训人员对管理制度、相应岗位的管理要求等较熟悉的；③投保环境污染责任保险的。

危险废物经营许可单位规范化管理指标体系主要包括经营许可制度落实、识别标志设置、管理计划制订、排污许可制度的落实、台账与申报制度执行、转移制度落实、环境应急预案备案实施、记录和报告经营制度的落实、信息发布情况以及业务培训等；贮存、利用处置危险废物设施环境管理是否符合相关标准规范，运行是否满足环境管理要求等。考核内容共 13 大项 29 小项内容，总分 70 分。

为了激励危险废物经营企业更好处置利用危险废物，在规范化考核时以下两个行为可获得加分：①在危险废物相关重点环节和关键节点应用视频监控的以及应用电子标签的；②投保环境污染责任保险的。

以下行为需要绝对禁止：①无许可证或者不按照许可证规定超数量、超范围从事危险废物收集、贮存、利用、处置经营活动的；②将危险废物（收集/利用/处置环节豁免的除外）提供或者委托给无许可证的单位或者其他生产经营者从事收集、贮存、利用、处置活动的；③由于危险废物管理不当导致突发环境事件发生的；④擅自转移、倾倒、堆放危险废物的；⑤执行台账和申报制度存在不报或虚报、瞒报危险废物的。

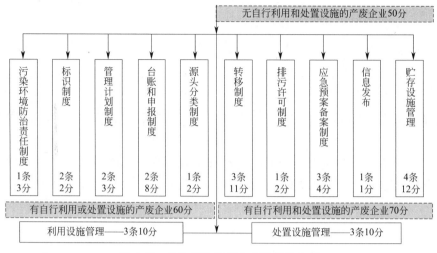

图 3-22　危险废物规范化考核详细内容

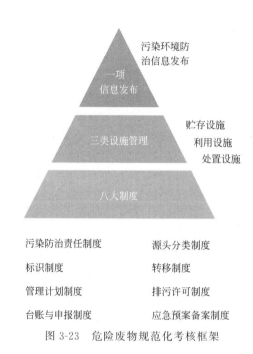

图 3-23　危险废物规范化考核框架

思考题

1. 简述危险废物管理原则与制度。
2. "污染担责"原则中的"责"可能包含哪些责任？
3. 简述实施危险废物名录管理的优缺点。
4. 请简述实施危险废物豁免管理的意义以及豁免管理要点。
5. 危险废物转移制度包括哪些内容？
6. 违反危险废物经营许可制度，可能受到何种处罚？

第 **4** 章

危险废物收集、贮存与运输

危险废物从产生到最终处置涉及众多环节，是一个较为复杂的系统工程，在整个过程中，危险废物收集、转移、贮存环节易产生环境污染和安全事故，需要规范管理以防范二次污染。

4.1 产生单位内部收集

产生单位的危险废物内部收集主要包括：在产生节点将危险废物集中到适合的包装容器中或运输车辆上，将已包装或装到运输车辆上的危险废物集中到内部临时贮存设施。在整个收集过程中应遵循分类收集的原则，禁止性质不相容的危险废物混装，部分不相容危险废物见表 4-1。危险废物内部收集最好能设置单独的路线并尽量避开办公区域等。

表 4-1　部分不相容危险废物

不相容危险废物		混合产生危险
甲	乙	
氰化物	酸类、非氧化	产生氰化氢，吸入少量可能会致命
次氯酸盐	酸类、非氧化	产生氯气，吸入可能会致命
铜、铬及多种重金属	酸类、氧化，如硝酸	产生二氧化氮、亚硝酸盐，引致刺激眼目及烧伤皮肤
强酸	强碱	可能引起爆炸性的反应及产生热能
氨盐	强碱	产生氨气，吸入会刺激眼目及呼吸道
氧化剂	还原剂	可能引起强烈及爆炸性的反应并产生热能

4.1.1 危险废物内部收集规章制度

危险废物产生单位收集应设置相应的制度体系：①培训制度：产废单位应建立规范的管理和技术人员培训制度，定期针对管理和技术人员进行培训。培训内容至少应包括危险废物鉴别要求、经营许可证管理、转移联单管理、包装和标识以及运输要求、事故应急方法等。②应急预案与演练机制：应急预案编制可参照《危险废物经营单位编制应急预案指南》，涉及运输的相关内容还应符合交通行政主管部门的有关规定。针对事故易发环节，应定期组织应急演练，并根据风险程度采取相应措施。

4.1.2 危险废物收集技术要求

在落实内部规章制度的基础上，危险废物收集与转运过程需制订收集计划。收集计划根据危险废物产生的工艺特征、排放周期、危险特性、管理计划等因素制订，内容包括收集任务概述、收集目标及原则、危险特性评估、收集量估算、收集作业范围和方法、收集设备与包装容器、操作规程、安全生产与个人防护、工程防护与事故应急、进度安排与组织管理等，其中危险废物收集操作规程至少应包括适用范围、操作程序和方法、专用设备和工具、转移和交接、安全保障和应急防护等。

危险废物收集作业时应配备必要的收集工具和包装物、容器，以及必要的应急监测设备与应急装备。应根据收集设备、转运车辆以及现场人员等实际情况确定相应作业区域，同时要设置作业界限标志和警示牌。作业区域内应设置危险废物收集专用通道和人员避险通道。危险废物收集应填写收集记录表（见表4-2），并将记录表作为危险废物管理的重要档案妥善保存。收集结束后应清理和恢复收集作业区域，确保作业区域环境整洁安全。

表 4-2　危险废物收集记录表

收集地点		收集日期	
危险废物种类		危险废物名称	
危险废物数量		危险废物形态	
包装形式		暂存地点	
责任主体			
通信地址			
联系电话		邮编	

危险废物收集与贮存包装应根据其种类、数量、危险特性、物理化学性状、运输要求等因素确定，充分考虑待收集物与容器材质之间的反应关系。对于具有反应性的危险废物，如含氰化物废物，不宜用软碳钢、不锈钢等容器盛装，必须置于防湿潮的密闭的高密度聚乙烯、聚丙烯、聚氯乙烯塑料等容器中，避免与水或酸接触。考虑盛装危险废物的容器材质与危险废物的相容性（参见表4-3），结合废物特性可选择钢、铝、塑料等材质，使用吨桶、200kg的铁桶、塑料桶等多种包装形式（如图4-1所示）。危险废物包装应能有效隔断内容物迁移扩散途径，特别是盛装液态、半固态的危险废物的包装应采用密闭的刚性容器，并满足防渗、防漏等要求。危险废物容器上按照《危险废物识别标志设置技术规范》规定设置标签，填写危险废物标签信息应真实、完整，内容包括危险废物名称，废物类别、废物代码和危险特性，产生日期，经营单位入库日期，主要成分，危害成分，注意事项，产生（收集）单位名称、地址、联系人和联系方式等信息。危险废物的包装应足够安全，能防止盛装、搬移以及运输途中可能出现的破裂、溢出、渗漏、抛洒或挥发等情况发生。盛装过危险废物的包装容器破损后按照危险废物管理。

表 4-3　危险废物种类与容器或衬垫的材料化学相容性

危险废物种类	容器或衬垫的材料							
	高密度聚乙烯	丙烯	聚氯乙烯	聚四氟乙烯	软碳钢	不锈钢 OCr18Ni9 (GB)	不锈钢 M03Ti (GB)	不锈钢 9Cr18M0V (GB)
酸(非氧化)如硼酸、盐酸	R	R	A	R	N	—	—	—
酸(氧化)如硝酸	R	N	N	R	N	R	R	
碱	R	R	A	R	N	A	A	R
铬或非铬氧化剂	R	A①	A①	R	N	A	A	
废氰化物	R	R	R	A①-N	N	N	N	N
卤化或非卤化溶剂	—	N	N	—	A①	A	A	A
金属盐酸液	R	A①	A①	R	R	A①	A①	A①
金属淤泥	R	R	R	R	R	—	R	
混合有机化合物	R	N	N	A	R	R	R	R
油腻废物	R	N	N	R	A①	R	R	R
有机淤泥	R	N	N	R	R	R	R	R
废油漆(原於溶剂)	R	N	N	R	R	R	R	R
酚及其衍生物	R	A①	A①	R	N	A①	A①	A①
聚合前驱物及产生的废物	R	N	N		R			
皮革废物(铬鞣溶剂)	R	R	T	R	N		R	
废催化剂	R	—	—	A①	A①	A①	A①	A①

① 因变异性质，请参阅个别化学品的安全资料。

注：A—可接受；N—不建议使用；R—建议使用。

图 4-1　危险废物贮存设施、包装容器与隔断

　　收集后的危险废物应依据危险废物贮存设施类别确定贮存容器。贮存包装除应满足收集包装要求外，还需要满足贮存功能。危险废物收集、利用处置单位可根据实际需要决定是否对危险废物进行二次包装，如开口式和破损的废铅酸蓄电池应使用耐腐蚀、不易破损变形的专用容器盛装后贮存。需要二次包装的，包装上应按照《危险废物识别标志设置技术规范》规定设置标签。硬质包装容器或其支护结构堆叠码放时不应变形，柔性包装容器堆叠码放时应封口严密，两者均需做到无破损、无泄漏。必须对贮存容器进行定期检查，评估其安全状

况。贮存时应遵守危险废物分区分类存放的原则。

危险废物内部转运应综合考虑工厂的实际情况确定转运路线，尽量避开办公区和生活区。危险废物内部转运作业应采用专用的运输工具，并填写《危险废物产生单位内部转运记录表》（参见表4-4）。危险废物内部转运结束后，应对转运路线进行检查和清理，确保无危险废物遗失在转运路线上，并对转运工具进行清洗。

表 4-4 危险废物产生单位内部转运记录表

收集地点		收集日期	
危险废物种类		危险废物名称	
危险废物数量		危险废物形态	
包装形式		暂存地点	
责任主体			
通信地址			
联系电话		邮编	

产废单位在危险废物的收集和转运过程中，应采取相应的安全防护和污染防治措施，包括防扬散、防流失、防渗漏、防火灾、防雨淋或其他污染防治措施；加强收集危险废物的设施、设备、场所的管理和维护，保证其正常运行和使用。收集和转运作业人员应配备必要的个人防护装备，如手套、防护镜、防护服、防毒面具或口罩等。

4.2 危险废物贮存

危险废物贮存设施一般包括贮存库、贮存场、贮存池、贮存罐区和临时（少量）贮存点等。相关单位应根据贮存危险废物的种类、数量和环境风险防控要求等，选择合适的危险废物贮存设施，并采取相应的污染防治措施。符合危险物品性质的固体废物，应优先按照国家危险物品贮存相关管理要求和标准进行管理。其中，废弃危险化学品比较特殊。根据《国家危险废物名录（2021年版）》，废弃危险化学品在申报废弃后属于危险废物，因此，未申报废弃的危险化学品应按照危险化学品的标准与要求贮存；申报废弃后的危险化学品才进入危险废物贮存设施场所，按照危险废物贮存标准与要求贮存。贮存已申报废弃的剧毒化学品还应充分考虑防盗要求，采用双钥匙封闭式管理，且有专人24小时看管。

4.2.1 危险废物经营单位收集贮存

从事危险废物收集、贮存以及利用处置经营活动的单位应具有危险废物经营许可证，并在经营许可证规定的范围内开展收集贮存经营活动。除持危险废物经营许可证的单位外，具有特殊豁免许可的收集平台也可收集相应类别的危险废物，可为众多中小微企业危险废物管理提供服务支撑。收集单位应具有相应危险废物贮存能力。危险废物产生单位可以选择交予持有收集许可证单位或者收集平台，也可以直接交给持有危险废物综合经营许可证的单位进行利用、处置。

危险废物经营单位在从事危险废物收集贮存等活动时，应根据危险废物经营许可证核发的要求建立相应规章制度和污染防治措施，包括危险废物分析管理制度、安全管理制度、污染防治措施等。收集单位在接受危险废物前，需对拟接受样品进行检测分析，并确保同预定接受的危险废物一致后再登记。危险废物转移时，产生单位、运输单位、经营单位应执行危险废物转移联单制度。危险废物接受单位应当按照联单填写的内容，对危险废物核实验收。

4.2.2　贮存设施总体要求

危险废物贮存设施选址应满足生态环境保护法律法规、规划、标准的要求，应根据厂区总平面布置情况在厂区内确定贮存设施的最优位置，必要时可通过建设项目整体环境影响评价或补充环境影响评价文件及审批意见确定。选址过程中，应该避开国务院和国务院有关主管部门及省、自治区、直辖市人民政府划定的生态保护红线区域、永久基本农田集中区域和其他需要特别保护的区域内；不得选在地表水水域最高水位线以下的滩地和岸坡等。贮存设施场址的位置及与周围环境敏感对象的距离应满足环境影响评价及审批意见的要求。

设计贮存设施场所应考虑拟贮存危险废物的种类、数量、形态、物理化学性质、危险特性以及环境风险等因素。贮存设施应具备防扬散、防流失、防渗漏或者其他防止污染环境的条件，有效防止液态废物的泄（渗）漏和挥发性有机物等污染环境。贮存设施场所和包装容器应按《危险废物识别标志设置技术规范》要求设置识别标志标签，应分类分区贮存危险废物，并避免与不相容的物质或材料接触。贮存危险废物除应满足环境保护相关要求外，还应符合国家安全生产、职业健康、消防等法规标准的相关要求。

4.2.3　贮存设施污染控制要求

危险废物贮存设施污染控制表现为在隔离基础上采取必要的污染防治措施。采用固定防雨设施，并禁止露天堆放危险废物；贮存设施内依据拟贮存危险废物的性质设置必要的贮存分区，避免不相容的危险废物接触、混合；针对液态废物设置泄漏收集设施；对于可能产生粉尘、挥发性有机物、酸雾以及其他有毒有害气态污染物质的危险废物贮存设施应设置气体收集装置，并导入气体净化设施。无关人员禁止进入危险废物贮存设施。

不同的危险废物贮存设施可采取不同的防渗、防腐措施等级。贮存设施应根据所贮存废物的危险特性、形态等及其包装、存放形式，结合贮存设施的条件，采取合适的防渗、防腐措施与防渗、防腐结构；防渗、防腐材料应覆盖地面、墙面裙脚、堵截泄漏的围堰、接触危险废物的隔板和墙体等所有可能与废物及其渗出液接触的构筑物表面。同一贮存设施应采用相同的防渗、防腐工艺（包括防渗、防腐结构和材料），不同分区废物所需防渗、防腐等级不同时，应统一采用所需最高等级的工艺；采用不同的防渗、防腐工艺（包括防渗、防腐结构或材料），应根据废物的危险特性、形态等分别建设专用贮存设施。对于贮存库、贮存场等贮存设施，应具备防渗基础或采取相应的基础防渗措施。贮存池、临时（少量）贮存点应采取防止废物泄漏的有效措施。

（1）贮存库

适用于贮存各类危险废物，贮存库内贮存分区之间应根据危险废物特性采用过道、隔板或隔墙等隔离措施。贮存库可整体或分区设计液体导流和收集装置，地面应无液体积聚，收集装置容积应保证在最不利条件下可以容纳对应贮存区域产生的渗漏液、废水等液态物质，最小容积不低于液态废物贮存规模的1/5，收集装置的防渗要求不低于对应贮存库的防渗要求。

（2）贮存场

适用于贮存不产生粉尘、挥发性有机物、酸雾以及其他有毒有害气态污染物质的危险废物。贮存场应采取有效措施防止雨水进入贮存区域；贮存场外应设计径流疏导系统，防止暴雨降水流入贮存场。贮存场可整体或分区设计液体导流和收集装置，收集装置容积应保证在最不利条件下可以容纳对应贮存区域产生的渗漏液、废水等液态物质。贮存场周围应采取堵截危险废物流失的措施。

（3）贮存池

适用于贮存液态或半固态危险废物。同一贮存池内应贮存性质相同的危险废物，在贮存条件下可发生化学反应的危险废物不应在同一贮存池内贮存。

（4）贮存罐区

适用于贮存液态危险废物。贮存罐区罐体应位于稳固的围堰中，围堰容积应满足其内部最大贮存罐发生意外泄漏时所需要的废物收集容积要求，而且其防渗、防腐性能应满足相关要求。围堰内产生的雨水应按照厂区初期雨水进行处理。

（5）临时（少量）贮存点

应设置于固定区域，且采取有效措施与其他区域进行隔离，根据需要设置防止危险废物泄漏和废气收集等污染防治措施，一般适用于临时贮存不大于1t的危险废物，不宜贮存可能产生粉尘、挥发性有机物、酸雾以及其他有害气体的危险废物。

4.2.4 贮存过程污染控制要求

在对贮存设施采取污染防治措施的基础上，还应结合危险废物分区分类贮存，对贮存过程采取必要的污染防治措施。危险废物存入贮存设施前应对危险废物类别、特性与识别标志的一致性进行核验，不一致的或类别、特性不明的不应存入。定期检查贮存危险废物的包装容器，及时清理更换破损容器。作业设备及车辆等离开贮存设施时应进行清理，防止将危险废物带出。贮存库、贮存场、贮存池、贮存罐区应当设置现场视频监控系统，并确保画面清晰，视频记录保存时间至少为半年；有条件的地区，企业视频监控系统可与当地生态环境主管部门危险废物管理信息系统联网，满足远程监控要求。危险废物贮存单位应建立贮存设施环境管理制度、管理人员岗位职责制度、设施运行操作制度、人员岗位培训制度等。危险废物贮存库、贮存场、贮存池、贮存罐区所有者应建立贮存设施全部档案，档案内容应包括设计、施工、验收、运行、监测和环境应急等，并按国家有关档案管理的法律法规进行整理和归档。危险废物贮存单位应依据国家和地方有关要求，建立土壤和地下水污染隐患排查治理制度，并定期开展隐患排查，发现隐患应及时采取措施消除隐患，并建立档案。

4.2.5 污染物排放控制要求

贮存设施排放的废水、废气、噪声和固体废物污染物应进行控制，产生的废水（包括贮存设施清洗废水、贮存罐区池体积存雨水、贮存危险废物环境事件产生的废水等）应进行收集处理，废水排放应符合《污水综合排放标准》（GB 8978）规定的要求；产生的废气（包括无组织气体）、恶臭气体、挥发性有机污染物的无组织排放应分别符合《大气污染物综合排放标准》（GB 16297）、《恶臭污染物排放标准》（GB 14554）、《挥发性有机物无组织排放控制标准》（GB 37822）规定的要求；产生以及清理的固体废物应按固体废物分类管理要求妥善处理；排放的环境噪声应符合 GB 12348 规定的要求。

4.2.6 其他要求

危险废物贮存设施排放的废水、废气、恶臭气体、无组织废气以及地下水等，应该制定相应的环境监测计划，建立监测制度，并保存原始监测记录，及时公布监测结果。

依据国家有关规定，结合危险废物贮存设施和所贮存危险废物的特性，应制定贮存设施突发环境事件应急预案；根据环境应急预案定期开展必要的人员培训和环境应急演练，并做好培训、演练记录。另外，贮存设施应具有应急照明，并配备与其环境事故风险相适应的应急人员、装备和物资。

4.3 危险废物运输

运输危险废物应当采取防止污染环境的措施，并遵守国家有关危险货物运输管理的规定。《危险废物转移管理办法》规定危险废物运输单位应当如实填写联单的运输单位栏目，将危险废物安全运抵联单载明的接受地点，并将相关联单随转移的危险废物交付危险废物接受单位。

危险废物经营单位按照其许可证的经营范围组织实施危险废物运输，承担危险废物运输的单位应获得交通运输主管部门颁发的危险货物运输资质。运输单位承运危险废物时，应确保危险废物包装上张贴危险废物标签，其中医疗废物包装容器上的标签应按 HJ 421 中要求设置。危险废物公路运输时，运输车辆应按 GB 13392 设置车辆标志；铁路运输和水路运输危险废物时应在集装箱外按 GB 190 规定悬挂标志。

危险废物运输以公路运输为常态。公路运输危险废物参照《道路危险货物运输管理规定》（交通部令〔2019〕第 42 号）、《危险货物道路运输规则》［JT 617（所有部分）］以及《汽车运输装卸危险货物作业规程》（JT 618）有关规定执行。公路运输的危险货物运输单位需要具有健全的安全生产管理制度，配备符合要求的从业人员和安全管理人员；从事道路危险货物运输的驾驶人员、装卸管理人员、押运人员应当经所在地区的市级人民政府交通运输主管部门考试合格，并取得相应的从业资格证；从事剧毒化学品、爆炸品道路运输的驾驶人员、装卸管理人员、押运人员，应当经考试合格，取得注明为"剧毒化学品运输"或者"爆炸品运输"类别的从业资格证；同时配备专职安全管理人员。驾驶人员、装卸管理人员和押运人员上岗时应当随身携带从业资格证。道路危险货物运输单位应当要求驾驶人员和押运人员在运输危险货物时，严格遵守有关部门关于危险货物运输线路、时间、速度方面的有关规定，并遵守有关部门关于剧毒、爆炸危险品道路运输车辆在重大节假日通行高速公路的相关规定等。

已申报废弃的危险化学品的运输参照执行《危险化学品安全管理条例》有关运输规定。

危险化学品道路运输企业应当配备经交通运输主管部门考核合格，取得从业资格的专职安全管理人员、驾驶人员、装卸管理人员、押运人员等；应当了解所运输的危险化学品的危险特性及其包装物、容器的使用要求和出现危险情况时的应急处置方法。运输危险化学品，应当根据危险化学品的危险特性采取相应的安全防护措施，并配备必要的防护用品和应急救援器材。用于运输危险化学品的槽罐以及其他容器应当封口严密，防止危险化学品在运输过程中因温度、湿度或者压力的变化发生渗漏、洒漏；槽罐以及其他容器的溢流和泄压装置应当设置准确、起闭灵活。

危险废物铁路运输按照《铁路危险货物运输安全监督管理规定》（交通运输部令 2015 年第 1 号）、《铁路危险货物运输管理规则》（铁总运〔2017〕164 号）中的相关规定执行；危险废物水路运输按照《水路危险货物运输规则》（交通部令〔1996〕第 10 号）中的相关规定执行。危险废物运输时的中转、装卸过程应满足：卸载区的工作人员熟悉废物的危险特性，并配备适当的个人防护装备，装卸剧毒废物应配备特殊的防护装备；卸载区配备必要的消防设备和设施，并设置明显的指示标志；危险废物装卸区应设置隔离设施，液态废物卸载区应设置收集槽和缓冲罐。

思考题

1. 危险废物包装、贮存时，为什么要考虑危险废物间以及危险废物与包装、贮存材料间的相容性？
2. 危险废物贮存时，应采取哪些污染防治措施？

第 **5** 章

危险废物鉴别

危险废物鉴别是确定固体废物性质的关键环节，是推动固体废物合法合规管理的重要一步。了解危险废物危险特性以及危害组分是选择固体废物后续处理处置路径的基础，也是实现固体废物无害化处理的首要前提。危险废物鉴别是指鉴别单位根据《国家危险废物名录》，或者按照国家危险废物鉴别标准及《危险废物鉴别技术规范》（HJ 298—2019）等相关规定，判断待鉴别固体废物是否属于危险废物的过程。危险废物鉴别包括《国家危险废物名录》相符性判断、衍生规则判断（混合后规则、利用处理后规则）以及危险特性鉴别等。

按照鉴别委托主体以及鉴别结论用途，危险废物鉴别可分为环境污染案件涉案废物鉴别与企业委托（自行）鉴别（称为"常规鉴别"）两种，前者往往对于其来源不明确，后者废物则有明确的产生来源。根据《中华人民共和国固体废物污染环境防治法》规定中明确国务院生态环境主管部门制定鉴别单位的管理要求，2021 年生态环境部颁布了"关于加强危险废物鉴别工作的通知"，以规范危险废物鉴别管理工作。

5.1 常规危险废物鉴别

5.1.1 需要鉴别情景及依据

固体废物来源广泛、种类繁多，而工艺差异和原辅材料的不同，均导致固体废物组分的差异。《国家危险废物名录》（2021 年版）罗列了 467 类固体废物；其他固体废物，除部分明显无危害性的固体废物外，需要通过鉴别来确定其属性。工业源的固体废物目前大都在环评阶段确定是否为危险废物，但应明确的是：环评是一项预评价制度，主要根据环评师的经验和类比已有的同类型产品生产过程中的情况定性固体废物，这可能导致与实际属性不符的情形，因此针对环评中的定性问题，依托第三方鉴别单位进行鉴别也时有发生。

危险废物鉴别情景主要包括以下情形。

① 环境影响评价文件规定需要鉴别的固体废物。依据《建设项目危险废物环境影响评价指南》，环评阶段不具备开展危险特性鉴别条件，但可能具有危险特性的固体废物，环境影响报告书（表）中需明确疑似危险废物的名称、种类、可能的有害成分，并暂按危险废物从严管理，待建设项目建成投运后对产生的固体废物开展危险特性鉴别以确定其属性。

② 环境影响评价文件中漏评的固体废物。理论上环境影响评价文件应对可能产生的固体废物进行定性，但由于环境影响评价是预评价，环境影响评价时未预料到等原因而被漏评，比如产生频次较低（几年一次）的固体废物。

③ 因法律法规、标准等变化引起固体废物定性变化，进而导致环境影响评价文件中定性错误的固体废物。

④ 监管部门认为有必要鉴别的固体废物。

生态环境主管部门在日常环境监管工作中认为有必要，且有检测数据或工艺描述等相关材料表明可能具有危险特性的固体废物。比如环境影响评价文件定性为一般工业固体废物，但环境监管部门有理由认为固体废物可能具有危险特性，可开展危险废物鉴别。

⑤ 危险废物利用处置后的固体废物❹。

仅具有易燃性、反应性、腐蚀性中一种或以上危险特性的危险废物利用过程和处置后产生的新固体废物；具有毒性的危险废物利用过程产生新的固体废物。经鉴别，不再具有危险特性的，按照一般固体废物管理。另外，在危险废物利用过程或处置后产生废物的鉴别时，应首先根据被利用或处置的固体废物的危险特性进行判定。

⑥ 危险废物混合后的固体废物❹。

仅具有腐蚀性、易燃性、反应性中一种或以上危险特性的危险废物与其他物质混合，混合后产生的固体废物。经鉴别，不再具有危险特性的，按照一般固体废物管理。危险废物混合后产生的废物的鉴别多适用于环境污染案件；危险废物的日常管理明确要求源头分类、分类收集贮存等。

⑦ 新增加带有"不包括"字样的固体废物。

2016 年版、2021 年版《国家危险废物名录》中新增的关于"不包括"描述的废物，不包括在《国家危险废物名录》中；此类废物虽未列入《国家危险废物名录》，但通常需要根据国家规定的危险废物鉴别标准和鉴别方法认定是否属于危险废物。

⑧ 环境事件涉及固体废物。

环境事件办理以及涉案固体废物后续处置一般需要明确涉案固体废物定性，需要开展危险废物鉴别。当由司法鉴定机构开展环境事件涉及固体废物定性时称为司法鉴定。本章不涉及司法鉴定的内容。

⑨ 其他未列入《国家危险废物名录》，且可能具有一定危害性需要通过鉴别定性的固体废物。

---

❹ 《危险废物鉴别标准 通则》：

6.1 仅具有腐蚀性、易燃性、反应性中一种或一种以上危险特性的危险废物利用过程和处置后产生的固体废物，经鉴别不再具有危险特性的，不属于危险废物。

6.2 具有毒性危险特性的危险废物利用过程产生的固体废物，经鉴别不再具有危险特性的，不属于危险废物。除国家有关法规、标准另有规定的外，具有毒性危险特性的危险废物处置后产生的固体废物，仍属于危险废物。

❹ 《危险废物鉴别标志 通则》：5.2 仅具有腐蚀性、易燃性、反应性中一种或一种以上危险特性的危险废物与其他物质混合，混合后的固体废物经鉴别不再具有危险特性的，不属于危险废物。

常见鉴别情景包括环境影响评价文件中暂定为危险废物的固体废物、环境影响评价文件中漏评的固体废物、法律法规标准变化引起固体废物属性变化的固体废物、定性有异议的固体废物、《国家危险废物名录》中新增"不包括"字样的固体废物以及环境事件涉及的固体废物等情形的危险废物鉴别。

5.1.2 危险废物鉴别程序与鉴别要点

根据《危险废物鉴别标准通则》规定，危险废物鉴别程序如图 5-1 所示：

① 依据法律规定和《固体废物鉴别标准　通则》（GB 34330），判断待鉴别的物品、物质是否属于固体废物，不属于固体废物的，则不属于危险废物。

② 经判断属于固体废物的，则首先依据《国家危险废物名录》鉴别。凡列入《国家危险废物名录》的固体废物，属于危险废物，不需要进行危险特性鉴别。

③ 未列入《国家危险废物名录》，但不排除具有腐蚀性、毒性、易燃性、反应性的固体废物，依据《危险废物鉴别标准　腐蚀性鉴别》（GB 5085.1）、《危险废物鉴别标准　急性毒性初筛》（GB 5085.2）、《危险废物鉴别标准　浸出毒性鉴别》（GB 5085.3）、《危险废物鉴别标准　易燃性鉴别》（GB 5085.4）、《危险废物鉴别标准　反应性鉴别》（GB 5085.5）和《危险废物鉴别标准　毒性物质含量鉴别》（GB 5085.6），以及《危险废物鉴别技术规范》（HJ 298）进行鉴别。凡具有腐蚀性、毒性、易燃性、反应性中一种或一种以上危险特性的固体废物，属于危险废物。

④ 对未列入《国家危险废物名录》且根据危险废物鉴别标准无法鉴别，但可能对人体健康或生态环境造成有害影响的固体废物，由国务院生态环境主管部门组织专家认定。

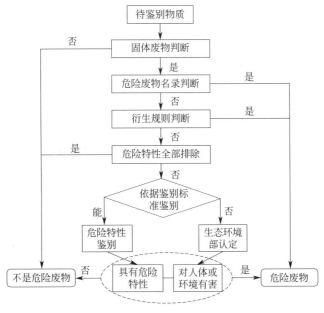

图 5-1　危险废物鉴别程序

危险废物鉴别除应遵守鉴别程序与相关流程外，还应注意以下事项。

（1）明确准确的鉴别对象 ^❸

根据固体废物的产生源、产生工艺环节进行分类，禁止将不同产生源、不同产生环节固体废物混在一起鉴别。因为混合后的固体废物经鉴别不具有危险特性，无法说明混合前所有固体废物均不具有危险特性。例如，废水处理过程中产生的物化污泥和生化污泥，要分开鉴别。

鉴别对象确定原则：①按照产生源分类，禁止将不同产生源的固体废物混合。②产品相同的多条生产线产生的同产生节点的固体废物，可以单条生产线产生的同产生节点的固体废物作为代表。

待鉴别废物鉴别时应严格分类，明确且准确鉴别对象。另外，鉴于一般工业企业产生不止一种固体废物，最好明确待鉴别固体废物的名称、外观性状（形状、气味、颜色等）以及产生工艺与产生环节，以区别于其他固体废物，在鉴别方案与鉴别报告的标题中明确待鉴别废物产生工艺与废物名称。

（2）分析待鉴别废物产生过程

待鉴别废物产生过程分析主要包括原辅材料分析、生产工艺与产污环节分析。鉴别方案中检测指标的确定应以工艺分析为主要手段，综合原辅材料特性、生产工艺、废物产生环节等信息，确定可能具有的危险特性及相应检测指标。

① 原辅材料分析。针对待鉴别废物有关的原辅材料进行毒害性分析，选出满足条件的毒害性物质作为鉴别方案中的检测指标，同时可以排除不可能具有的危险特性。若待鉴别废物含有或沾染少量产品或产品中间体，同样应对产品或中间体进行毒害性物质分析，选出满足条件的毒害性物质作为检测指标。为反映待鉴别废物的真实属性，对于确定具有毒害性但未列入鉴别标准附录等指标范围中的物质，可纳入鉴别方案。若在原辅料及工艺生产过程中未使用或产生酸、碱性物质，基本可以排除待鉴别废物的 pH 腐蚀性（当然，极少数情况下会出现 pH 不超标，但出现 20 号钢材腐蚀速率超标的现象）。

② 生产工艺与产污环节分析。针对待鉴别废物有关的以及可能影响到待鉴别废物定性的生产工艺进行分析。同一生产工艺不同产污环节产生废物的危险特性可能不同，故需分开鉴别废物且明确鉴别对象。另外，还需对生产工艺不同环节是否发生化学反应，发生何种化学反应，生成何种新物质（包括中间产物与产品），新生成物质是否具有毒害性等进行分析，满足条件的毒害性物质应作为检测指标；进行化学反应分析的优势在于可帮助判断相关环节产生的液态物质是废水还是废母液。鉴于部分废母液已明确列入《国家危险废物名录》，可直接判断为危险废物，无需后续鉴别。若整个生产工艺均为物理混合过程，则无需对产品进行毒害性分析。在原辅料与工艺分析时，应着重分析待鉴别废物产生环节及之前相关原辅材料组成与生产工艺。

（3）判断名录相符性

危险废物鉴别的一个重要环节就是《国家危险废物名录》相符性判断，凡列入名录的固体废物属于危险废物，无需再进行危险特性鉴别。名录相符性判断涉及行业来源与行业代码

---

❸ 《危险废物鉴别技术规范》（HJ 298—2019）：

4.1.1 应根据固体废物的产生源进行分类采样，禁止将不同产生源的固体废物混合。

4.1.2 生产原辅料、工艺路线、产品均相同的两个或两个以上生产线，可以采集单条生产线产生的固体废物代表该类固体废物。

确定，行业来源指危险废物产生的行业，行业代码依据《国民经济行业分类》（GB/T 4754—2017）确定。鉴于部分企业规模大，涉及产品类别多，故生产工艺较多，确定行业代码时，应以待鉴别废物的生产工艺来确定，可细化至产生待鉴别废物的工艺环节确定行业代码。禁止简单以企业的主营业务所属行业作为待鉴别废物的产生行业确定行业代码；除查对上述相关行业代码外，还需要查对"非特定行业"，其行业代码为900。危险废物来源广泛，存在同一种废物来源于多个行业的现象。名录中的行业代码指的是该种废物的主要产生行业来源，不是唯一来源。因此，在判定待鉴别废物与名录是否相符以及相应类别时，应该采取以危险废物描述为主，以行业来源为辅的判断原则，当两者发生矛盾或不一致时，应以废物描述作为主要判断依据。

（4）确定鉴别方案

危险特性鉴别方案主要包括最小份样数的确定、可能具有的危险特性以及相关检测指标确定、不具有的危险特性排除、样品采集工作方案与样品检测工作方案、检测结果判断以及相关过程质量保证与质量控制等内容。

① 最小份样数的确定原则：以待鉴别废物的质量确定采样份样数。固体废物分为生产过程中产生的和堆存的，它们的最小份样数的确定方法不同，见表5-1。

表 5-1　固体废物采集最小份样数

固体废物质量以(以 q 表示)/t	最小份样数/个	固体废物质量以(以 q 表示)/t	最小份样数/个
$q \leqslant 5$	5	$90 < q \leqslant 150$	32
$5 < q \leqslant 25$	8	$150 < q \leqslant 500$	50
$25 < q \leqslant 50$	13	$500 < q \leqslant 1000$	80
$50 < q \leqslant 90$	20	$q > 1000$	100

特殊情形最小份样数[14]。

A. 最小份样数不少于 2 个，待鉴别废物分别为：

a. 产品类废物，即丧失原有使用价值产品形成的废物；b. 废弃包装物、容器等；c. 不具备在卸除废物过程中采样条件的封闭式贮存池、不可移动大型容器和槽罐车的液态废物。

---

[14] 《危险废物鉴别技术规范》（HJ 298—2019）：4.2.4　以下情形固体废物的危险特性鉴别可以不根据固体废物的产生量确定采样份样数：

a）鉴别样品为本标准第 4.1.3 条 a）例所规定的物质，可适当减少采样份样数，份样数不少于 2 个。固体废物为4.1.7 条所规定的废弃包装物、容器时，内容物的采样参照本条执行。

b）固体废物为废水处理污泥，如废水处理设施的废水的来源、类别、排放量、污染物含量稳定，可适当减少采样份样数，份样数不少于 5 个。

c）固体废物来源于连续生产工艺，且设施长期运行稳定、原辅材料类别和来源固定，可适当减少采样份样数，份样数不少于 5 个。

d）贮存于贮存池、不可移动大型容器、槽罐车内的液态废物，可适当减少采样份样数。敞口贮存池和不可移动大型容器内液态废物采样份样数不少于 5 个；封闭式贮存池、不可移动大型容器和槽罐车，如不具备在卸除废物过程中采样，采样份样数不少于 2 个。

e）贮存于可移动的小型容器（容积 ≤ 1000L）中的固体废物，当容器数量少于根据表 1 所确定的最小份样数时，可适当减少采样份样数，每个容器采集 1 个固体废物样品。

f）固体废物非法转移、倾倒、贮存、利用、处置等环境事件涉及固体废物的危险特性鉴别，因环境事件处理或应急处置要求，可适当减少采样份样数，每类固体废物的采样份样数不少于 5 个。

g）水体环境、污染地块治理与修复过程产生的，需要按照固体废物进行处理处置的水体沉积物及污染土壤等环境介质，以及突发环境事件及其处理过程中产生的固体废物，如鉴别过程已经根据污染特征进行分类，可适当减少采样份样数，每类固体废物的采样份样数不少于 5 个。

B. 最小份样数不少于 5 个，待鉴别废物的要求：a. 废水处理污泥：废水处理设施的废水来源、类别、排放量、污染物含量稳定；b. 连续生产工艺产生的固体废物：设施长期运行稳定、原辅材料类别和来源固定；c. 贮存于敞口贮存池、不可移动大型容器的液态废物：具备卸除废物过程中采样条件。

C. 份样数不确定：可移动的小型容器（容积≤1000L），当容器数量少于最小份样数时，每个容器采集 1 个固体废物份样。选用特殊情形下最小份样数，要满足《危险废物鉴别技术规范》（HJ 298—2019）4.2.4 的要求，特别是废水处理污泥的稳定性要求等。

② 采样时间与频次取决于待鉴别废物的产生情况与频次。

A. 待鉴别废物连续产生：份样应分次在一个月（或一个产生时段）内等时间间隔采集；每次采样在设备稳定运行的 8 小时（或一个生产班次）内完成。每采集一次，作为 1 个份样。

B. 待鉴别废物间歇产生，根据确定的工艺环节一个月内固体废物的产生次数进行采样：a. 产生次数极少：固体废物产生时间间隔远大于一个月，需要选择一个产生时段采集所需份样数；b. 产生次数多于最小份样数：一个月内固体废物产生次数大于或者等于所需份样数，遵循等时间间隔原则在固体废物产生时段采样，每次采集 1 个份样；c. 月产生次数少于最小份样数：一个月内固体废物产生次数小于所需的份样数，将所需的份样数均匀分配到各产生时段采样。确定鉴别方案时容易忽略待鉴别废物的产生情况与频次，使得采样工作方案可能出现不符合标准规定的情形，导致鉴别工作返工。

③ 危险特性的排除。根据待鉴别废物生产过程使用原辅材料情况、工艺分析、产污环节分析以及待鉴别废物的物理性状等，结合待鉴别废物的全筛检测结果，可以直接排除待鉴别废物不具有的危险特性[45]。例如，废水处理污泥的含水率一般比较高（50%以上），可判断其不具有易燃性；急性毒性可以通过《化学品分类和标签规范　第 18 部分：急性毒性》（GB 30000.18—2013）相关规定估算待鉴别固体废物的急性毒性。估算结果远高于标准值，可以排除。

$$\frac{100}{ATE_{mix}} = \sum_n \frac{C_i}{ATE_I}$$

式中，C_i 为固体废物第 i 种化合物的含量，%；ATE_{mix} 为固体废物的急性毒性预估值；ATE_I 为第 i 种化合物的急性毒性。

④ 危险特性检测指标的确定。根据原辅材料分析、工艺分析、产污环节分析以及主要危害成分等信息可排除不具有的危险特性，不进行检测；可能具有的危险特性及危害性物质相应纳入检测指标。另外，为弥补分析中可能遗漏毒害性物质，建议对待鉴别废物进行全筛检测，全筛检测结果除验证前述分析的正确性，还起到查漏补缺的作用。检测指标包括两部分：原辅材料等分析得出的具有毒害性物质和全筛检测中筛出的可能对危险特性贡献相对偏大的物质。其中原辅材料等分析出的具有毒害性物质尽量纳入危险特性检测指标中。

⑤ 检测结果判断。首先根据检测结果判断检测份样的具体检测指标是否超过相应的标

---

❹ 《危险废物鉴别技术规范》（HJ 298—2019）：

6.1　固体废物危险特性鉴别的检测项目应根据固体废物的产生源特性确定，必要时可向与该固体废物危险特性鉴别工作无直接利害关系的行业专家咨询。经综合分析固体废物产生过程生产工艺、原辅材料、产生环节和主要危害成分，确定不存在的危险特性，不进行检测。固体废物危险特性鉴别使用 GB 5085.1、GB 5085.2、GB 5085.3、GB 5085.4、GB 5085.5 和 GB 5085.6 规定的相应方法和指标限值。

准限值。当检测份样中有一个及以上指标超过相应标准限值，即可判断该检测份样超标，如某份样的 pH 检测结果为 1.6，超过腐蚀性的标准限值（2.0），可判断该份样具有腐蚀性；其次统计所有出现检测指标超标的份样数，进行整体判断。若统计超标份样数大于或等于"超标份样数限值"，则待鉴别废物具有危险特性，属于危险废物；否则不具有危险特性。整体判断依据最小样份数确定情况而定，若最小份样数按照"固体废物采集最小份样数"确定，检测结果判断依据表 5-2 判断：超标份样数大于或等于"超标份样数限值"，待鉴别废物判断为危险废物。如最小份样数为 5 个，其中 2 个及以上份样数超标，即可判断为危险废物；否则待鉴别废物不具有危险特性。若最小份样数按照《危险废物鉴别技术规范》（HJ 298—2019）4.2.4 之规定（特殊情形）确定最小份样数，只需一个份样的检测结果超过相应的标准限值[46]，即可判定为危险废物。如待鉴别废物为废水处理污泥，依据 4.2.4 规定确定的特殊情形采集最小份样数 8 个，对应的超标份样数限值为 1 个，即 8 个份样中有 1 个份样超标，即可判断为危险废物。

危险废物鉴别方案的确定，应与该固体废物危险特性鉴别工作无直接利害关系的行业专家咨询。

表 5-2　检测结果判断方案

份样数	超标份样数限值	份样数	超标份样数限值
5	2	32	8
8	3	50	11
13	4	80	15
20	6	≥100	22

《危险废物鉴别技术规范》（HJ 298—2019）7.2 规定情形的适用[47]，与"4.5.4 堆存状态固体废物采样"中"散状堆积固态、半固态废物"规定情形的匹配问题：当散状堆积固态、半固态废物堆积高度大于 0.5m 时，需要分层采样，这时会出现与采集份样数与表 5-1 中的份样数不符的情况。如分成 2 层，采样点为 3 个，共采集 6 个份样，这时适用于 7.2 条规定的判断，即参照最小份样数为 5 个的超标份样数限值（2 个）判断，6 个份样中 2 个份样超标判断为危险废物；否则，不属于危险废物。

5.1.3　危险废物委托鉴别管理流程

依据"关于加强危险废物鉴别工作的通知"等相关规定，危险废物鉴别单位应在国家危险废物鉴别信息公开服务平台（以下简称"信息平台"）上注册后，方可从事危险废物鉴别。拟开展危险废物鉴别的废物产生单位及相关单位（以下简称鉴别委托方）开展危险废物鉴别前，应在"信息平台"注册，公开拟开展危险废物鉴别情况，并选择"信息平台"上注册的鉴别单位或者自行鉴别；否则，鉴别结论可能不被认可。

鉴别委托方选定鉴别单位后，签订鉴别委托合同，约定双方权利和义务。鉴别委托关系

---

[46]　《危险废物鉴别技术规范》（HJ 298—2019）：7.3　根据本标准第 4.2.4 条采样，采样份样数小于表 1 规定最小份样数时，检测结果超过 GB 5085.1、GB 5085.2、GB 5085.3、GB 5085.4、GB 5085.5 和 GB 5085.6 中相应标准限值的份样数大于或等于 1，即可判定该固体废物具有该种危险特性。

[47]　《危险废物鉴别技术规范》（HJ 298—2019）：7.2　如果采集的固体废物份样数与表 3 中的份样数不符，按照表 3 中与实际份样数最接近的较小份样数进行结果的判断。

成立后，鉴别委托方应向鉴别单位全面、如实提供待鉴废物的资料信息，配合鉴别单位现场勘察以及样品采集等工作，以便鉴别工作顺利开展。鉴别单位应严格依据《国家危险废物名录》和《危险废物鉴别标准》（GB 5085.1~7）、《危险废物鉴别技术规范》（HJ 298）等国家规定的鉴别标准和鉴别方法开展危险废物鉴别，科学合理制定鉴别方案，鉴别方案须经无利害关系的专家评审，有采样资格的人员按照鉴别方案确定的采样工作方案进行样品采集，有危险废物鉴别检测资质（CMA 等）的单位按照精测工作方案进行检测。采样、运输、制样、检测等满足相应标准的质量保证、质量控制要求。鉴别单位应如实出具鉴别报告，对鉴别报告内容和鉴别结论负责并承担相应责任。鉴别方案和鉴别报告见附录。

鉴别工作完成后，鉴别委托方应将危险废物鉴别报告和其他相关资料上传至信息平台并向社会公开（涉及商业秘密的除外），同时告知所在地地市级生态环境主管部门。对鉴别报告存异议，可向省级危险废物鉴别专家委员会（简称省级专委会）提出评估申请，并提供相关异议的理由和有关证明材料。省级专委会对符合条件的评估申请完成评估后，鉴别委托方应将评估意见及修改后的鉴别报告和其他相关资料上传至信息平台，再次向社会公开，同时告知所在地地市级生态环境主管部门。对省级专委会评估意见存在异议，可向国家危险废物鉴别专家委员会（以下简称"国家专委会"）提出评估申请，并提供相关异议的理由和有关证明材料。国家专委会对符合条件的评估申请完成评估后，该评估意见作为危险废物鉴别最终评估意见。鉴别委托方应将最终评估意见及修改后的鉴别报告和其他相关资料上传至信息平台并再次向社会公开。所在地地市级生态环境主管部门依据鉴别结论，发放或修改鉴别委托方的排污许可证等废物管理文件，作为竣工环境保护验收以及日常环境监管、执法检查和环境统计等固体废物环境管理工作的依据。

危险废物鉴别工作流程如图 5-2 所示。

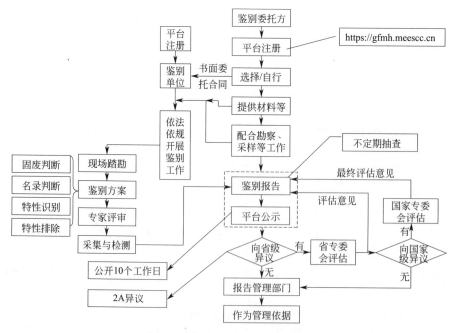

图 5-2　危险废物鉴别工作流程

5.1.4 危险废物鉴别案例分析

危险废物鉴别单位要遵守鉴别程序与要求，在判断待鉴别废物为固体废物的基础上开展工作。本章列举几个固体废物属性鉴别案例以飨读者。案例仅用于说明固体废物危险特性鉴别过程原辅材料、生产工艺、产污环节分析等，不作为相关产品生产参考。

案例一：某公司邻氨基苯磺酸生产过程废水/废液经三效蒸发产生废盐的鉴别

（1）废物产生情况介绍

待鉴别废盐来自邻氨基苯磺酸生产过程中产生的废水/废液，经活性炭吸附脱色后进入三效蒸发器，经预热，逐级进入一级、二级、三级蒸发器处理，含盐结晶浓缩液转至结晶釜，通过抽滤槽过滤、清洗、抽滤后得到含氯化钠废盐（如图5-3所示）。废盐呈白色，含有少量的水，最大月份产生量为54.6t。邻氨基苯磺酸的主要作用为作为活性染料中间体，故邻氨基苯磺酸生产项目属于"染料制造"行业中的"涂料、油墨、颜料及类似产品制造"行业，行业代码为264。

邻氨基苯磺酸生产过程中使用的原辅材料：硫化钠、硫黄、邻硝基氯苯、氯酸钠、催化剂、碱液、氢气、氮气、盐酸等。其中，邻硝基氯苯具有毒性，液碱、盐酸具有腐蚀性等。

图5-3 待鉴别废物——废盐

（2）生产工艺与相关化学反应分析

① 过硫化钠生成。将硫化钠、硫黄和水按比例配置，在一定温度、常压下于反应釜中发生反应，生成过硫化钠溶液。

$$S + Na_2S \longrightarrow Na_2S_2（过硫化钠）$$

②硫联反应。在硫化釜中加入一定数量的水并升温，加入邻硝基氯苯（毒害性：有毒），继续升温，搅拌一定时间使原料充分乳化，然后滴加过硫化钠溶液，在常压、一定温度以及催化剂作用下发生反应，沉淀并进行固液分离，固态部分（硫联料）进入下道氧化工序；液态部分经冷却、沉淀回收催化剂，回收催化剂后的液态物质（废水/废液）经活性炭吸附脱色后进入三效蒸发器除盐。

$$2C_6H_4ClNO_2（邻硝基氯苯）+ Na_2S_2 \longrightarrow C_{12}H_8N_2O_4S_2[双(2-硝基苯基)二硫化物]+ 2NaCl$$

③ 氧化反应。按照比例配制成一定浓度的氯酸钠溶液。将硫联料投入氧化釜，再向氧化釜中加入盐酸，缓慢滴加氯酸钠溶液，滴加完后升温，保温一定时间，得邻硝基苯磺酸溶液，静置沉淀，沉淀的固态物质作为危险废物管理；上层液相中加氢氧化钠中和，经活性炭吸附脱色进入下道还原反应。

主反应：$3C_{12}H_8N_2O_4S_2 + 5NaClO_3 + 3H_2O \longrightarrow 6C_6H_5NO_5S（邻硝基苯磺酸）+ 5NaCl$

副反应：$6HCl + 2NaClO_3 \longrightarrow 2NaCl + 3H_2O + 2Cl_2$

$3C_6H_5NO_4S + 5NaClO_3 \longrightarrow C_{12}H_8N_2O_9S_2 + 5NaCl$

中和反应：$C_6H_5NO_5S + NaOH \longrightarrow C_6H_4NO_5SNa（邻硝基苯磺酸钠）+ H_2O$

④ 加氢还原。将邻硝基苯磺酸溶液泵入还原反应釜，加入水和相关催化剂，将物料加热、升压，赶走反应釜中的空气，通入氢气进行加氢还原反应。通过加氢还原工艺，得到邻

氨基苯磺酸钠溶液；催化剂截留在反应器中直接回用。

还原反应：$C_6H_5NO_5S + 3H_2 \longrightarrow C_6H_7NO_3S(邻氨基苯磺酸) + 2H_2O$

$C_6H_4NO_5SNa + 3H_2 \longrightarrow C_6H_6NO_3SNa(邻氨基苯磺酸钠) + 2H_2O$

⑤ 酸化。还原反应结束后，物料进入酸化釜，降温，加入盐酸酸化，过滤得到微溶性的产物邻氨基苯磺酸溶液。邻氨基苯磺酸溶液经压滤后，固体部分为产品，滤液（废水/废液）经中和、活性炭吸附脱色处理后进入三效蒸发浓缩除盐。

酸化反应：$C_6H_6NO_3SNa(邻氨基苯磺酸钠) + HCl \longrightarrow C_6H_7NO_3S + NaCl$

（3）待鉴别废物产生环节

① 废水/废液产生环节。生产过程产生的废水/废液来自两部分：一部分是硫联料经固液分离，分离出的液态部分（废水/废液）；另一部分来自邻氨基苯磺酸产品溶液经压滤机压滤出的滤液（废水/废液）。根据生产工艺，硫联料经固液分离出的液相回收催化剂后的废水/废液，是在硫联反应过程产生的，而非清洗硫联反应釜等设备清洗废水，属于母液；来自邻氨基苯磺酸产品溶液经压滤的滤液，经活性炭吸附脱色等处理产生的废水/废液是在氧化反应、加氢还原等反应过程中产生的，并非清洗反应釜等设备产生的清洗废水，应判断为母液。

② 废盐产生环节。上述两股含盐废水/废液，经预热，逐级进入一级、二级、三级蒸发器，在负压下强制循环，蒸发气体经冷凝器冷却至储罐，含盐结晶浓缩液至结晶釜，再通过抽滤、清洗，产生主要成分为氯化钠的固体废物（简称废盐，待鉴别废物），固体氯化钠定期转移至废物仓库。

（4）固体废物判断

《中华人民共和国固体废物污染环境防治法》关于固体废物的定义：是指在生产、生活和其他活动中产生的丧失原有利用价值或者虽未丧失利用价值但被抛弃或者放弃的固态、半固态和置于容器中的气态的物品、物质以及法律、行政法规规定纳入固体废物管理的物品、物质。经无害化加工处理，并且符合强制性国家产品质量标准，不会危害公众健康和生态安全，或者根据固体废物鉴别标准和鉴别程序认定为不属于固体废物的除外。

《固体废物鉴别标准通则》（GB 34330—2017）第 4.3 节"环境治理和污染控制过程中产生的物质"规定"水净化和废水处理产生的污泥及其他废物质"属于固体废物。

依据上述规定，待鉴别的邻氨基苯磺酸生产过程废水/废液三效蒸发产生的废盐属于"水净化和废水处理产生的污泥及其他废物质"，且不满足除外性规定。因此，可以判定属于固体废物。

（5）国家危险废物名录相符性判断

属于固体废物的邻氨基苯磺酸生产废水/废液三效蒸发废盐，进一步进行国家危险废物名录相符性判断。邻氨基苯磺酸的生产属于"涂料、油墨、颜料及类似产品制造"（行业代码：264）行业中的"染料制造"行业，对照《国家危险废物名录（2021 年版）》，其中"染料、颜料生产过程中产生的废母液、残渣、废吸附剂和中间体废物（264-011-12）"中的"染料生产过程中产生的废母液"与"邻氨基苯磺酸生产过程重的废水/废液属于母液且废弃"相符，应判定为危险废物，且具有毒性（T）。依据《危险废物鉴别标准通则》中危险废物利用处置后判定规则："除国家有关法规、标准另有规定的外，具有毒性危险特性的危险废物处置后产生的固体废物，仍属于危险废物"的规定，判断为废母液的邻氨基苯磺酸生产中产生的废水/废液经过三效蒸发处置后产生的废盐，满足上述规定，且无除外性规定，故应判断为危险废物。

（6）鉴别结论

综上，在该公司现有的邻氨基苯磺酸生产运营条件下，生产过程中产生的废水/废液经三效蒸发产生的废盐（主要成分为氯化钠）属于危险废物，按照危险废物进行管理。

案例二：某公司汽车尾气净化催化剂生产废水处理物化污泥危险特性鉴别

（1）基本情况介绍

某公司"年产500吨汽车尾气净化催化剂建设项目"，其环评文件及批复文件规定：汽车尾气净化催化剂生产过程中的废水处理物化污泥暂定为危险废物，建成投产后需进行危险特性鉴别。该汽车尾气净化催化剂生产项目属于"专用化学产品制造"中的"化学试剂和助剂制造"行业，行业代码为266。

汽车尾气净化催化剂生产过程中使用的主要原辅材料包括氧化钛、黏土、玻璃纤维、偏钒酸铵、乙醇胺、石蜡油、氨水等。其中偏钒酸铵、乙醇胺等属于危险化学品，氨水等具有腐蚀性。

（2）生产工艺与相关化学反应分析

汽车尾气净化催化剂的生产过程：原辅料经预混捏合、练泥成型、冷冻干燥、切割等工序制成催化剂载体，然后将有效成分附着在催化剂载体上，通过煅烧使得有效成分偏钒酸铵转变成五氧化二钒，生产工艺流程如图5-4所示。

① 预混捏合　原辅料按照比例送入捏合机内，搅拌预混一定时间；捏合机中加入一定浓度的氨水、偏钒酸铵溶液（含有一定浓度的乙醇胺）、脱模剂（稀释后的石蜡油溶液）等，捏合至满足相关要求的泥料进行熟化，进入下一步工序。捏合过程不涉及化学反应。

② 练泥与挤出成型　经预混捏合后的泥料投入练泥机，通过挤压切成小段，然后推送至练泥机末端的模具，形成一定尺寸的泥条。泥条后续被切成需要尺寸的泥胚。处理好的泥胚投入挤出机，挤压破碎后送入真空箱；最后送至挤出机末端的模具，使其初步具有蜂窝状外形。练泥与挤出成型过程不涉及化学反应。

③ 冷冻干燥　冷冻干燥的目的是去除泥胚中的水分。将泥胚装入冻干机内，密闭、抽真空使得使冻干室内真空度达到一定要求；随后使泥胚冷冻到一定的低温，在真空条件下泥胚中的水凝结成冰，然后加热泥胚到一定高温，使泥胚中的冰升华成水蒸气，产生的水蒸气再经冷凝后成水，称为冷冻融化水，收集后进废水处理站处理。

④ 切割与煅烧　根据产品规格分别将干燥后的工件切割成需要的长度。切割后的工件送入煅烧炉。加热至需要的高温对工件进行煅烧，使得工件中的偏钒酸铵分解成五氧化二钒和氨气。煅烧完成后冷却至室温，工件制成催化剂产品。

反应方程式：$2H_4NO_3V \xrightarrow{\text{高温煅烧}} V_2O_5 + H_2O + 2NH_3$

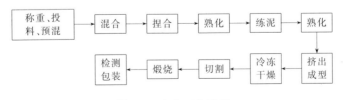

图5-4　生产工艺流程

（3）待鉴别废物产生环节

① 废水产生情况　待鉴别废物为废水处理物化污泥，故需要厘清进入废水处理站的废

水。进入废水处理站的废水有两种：一是冷冻融化废水，来自生产工艺中的冷冻干燥工序产生的冷冻融化过程，该股废水与催化剂的原辅料充分接触，可能含有原辅料组分；二是设备、模具的清洗废水，在生产过程中，需要定期对捏合机、练泥机、挤出机等设备设施以及模具进行清洗，清洗废水可能含有原辅材料组分。

② 废水处理物化污泥　　上述两股废水进入调节池，混匀后进入气浮池，加入絮凝剂，其中的悬浮颗粒物、乳化油类、胶体类的物质形成气浮渣（物化污泥）进入污泥浓缩池；气浮池中的水经厌氧—好氧生物处理后进入沉淀池沉淀，沉淀池出来的污泥（生化污泥）进入污泥浓缩池，上清液达标后纳管排放。污泥浓缩池的污泥经板框压滤机压滤后委外处理。故压滤出来的污泥是物化污泥和生化污泥的混合物，其比例约为 4∶1，污泥的外表颜色呈土色，内里呈黑色，含水率为 70% 左右，无特殊气味，废水处理流程及污泥如图 5-5 所示。

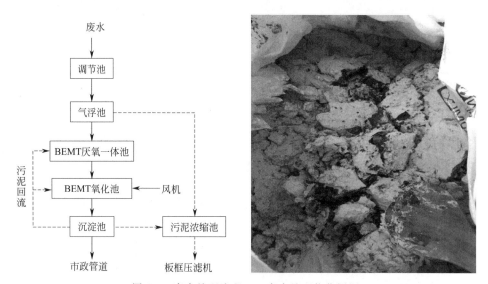

图 5-5　废水处理流程——废水处理物化污泥

依据现行的危险废物鉴别规定，该公司产生的废水处理污泥应按照物化污泥、生化污泥分别进行鉴别，这里仅针对物化污泥开展鉴别。

（4）固体废物判断

《固体废物鉴别标准通则》（GB 34330—2017）第 4.3 节"环境治理和污染控制过程中产生的物质"规定"水净化和废水处理产生的污泥及其他废物质"属于固体废物。依据上述规定，待鉴别物化污泥、生化污泥属于"水净化和废水处理产生的污泥及其他废物质"，且不满足固体废物的除外性规定。因此，可以判定其属于固体废物。

（5）《国家危险废物名录》相符性判断

属于固体废物的物化污泥和生化污泥，进一步进行《国家危险废物名录》相符性判断。汽车尾气净化催化剂生产项目属于"专用化学产品制造"行业中的"化学试剂和助剂制造"行业，行业代码为 266，对照现行《国家危险废物名录》，与"机动车和非道路移动机械尾气净化废催化剂（900-049-50）"相关，但不完全相符，一个是废催化剂、一个是污泥，故待鉴别废物未列入现行《国家危险废物名录》。另外，也不符合《危险废物鉴别标准通则》中"危险废物混合后判定规则""危险废物利用处置后判定规则"的判定条件。故需进行危险特性鉴别。

（6）初筛结果

为确定待鉴别废水处理物化污泥的危险特性，需采集鉴别对象样品进行初步筛查。鉴于物化污泥和生化污泥暂未分开，采集样品为物化污泥和生化污泥的混合样，检测结果反应的是混合物的有害组分。初筛结果显示，在浸出毒性指标中检测出钡、镍以及苯酚，其中占标率最高者苯酚的占标率为 1.7％，故检测数据未显示出浸出毒性；毒性物质含量中有微量的砷、铅、镍、铬、钛以及数量较大的钒（1770mg/kg）。依据添加的原辅材料、工艺分析以及废水产生环节，废水中的污染物成分未发生化学变化，推断为添加的物质，钒推断为偏钒酸铵，检测出的偏钒酸铵含量为 13570mg/kg（干基）；因为物化污泥和生化污泥未分开，通常情况下，物化污泥的毒害性成分高于生化污泥，假设测出的偏钒酸铵均来自物化污泥，则物化污泥的偏钒酸铵含量为 16963mg/kg（干基）。依据欧盟指令 67/548/EEC 附录Ⅲ 的规定，偏钒酸铵属于剧毒物质，表明物化污泥的环境风险较大（参照《危险废物鉴别标准毒性物质含量鉴别》之规定，待鉴别废物中剧毒物质含量≥1‰，判定为危险废物），应按照危险废物进行管理。而生化污泥的毒害性低于物化污泥，建议开展进一步的鉴别以确定其属性。

（7）鉴别结论

该公司现有的汽车尾气净化催化剂生产运营条件（原辅材料、生产工艺、废水处理工艺等）下，废水处理物化污泥应按照危险废物进行管理。

案例三：某公司聚酯多元醇生产过程产生的废水处理生化污泥危险特性鉴别

（1）基本情况介绍

该公司"年产 1000t 聚酯多元醇建设项目"环评文件及批复文件规定：聚酯多元醇生产过程中的废水处理污泥暂定为危险废物，建成投产后需进行危险废物鉴别。聚酯多元醇是指由二元羧酸与二元醇等通过缩聚反应得到的聚酯多元醇，聚酯多元醇是聚酯型聚氨酯的主要原料之一。

所属行业：某公司聚酯多元醇生产项目属于"基础化学原料制造"中的"有机化学原料制造"行业，行业代码为 261。

（2）生产工艺与相关化学反应分析

该项目采用直接酯化工艺，通过二元醇（羟基化合物）和二元羧酸缩聚反应制得，其主链中以 $\left(\begin{array}{c} \text{O} \\ \| \\ -\text{O}-\text{C}- \end{array}\right)$ 为单元进行重复。由于醇酸发生的酯化反应是可逆平衡反应，故须通过不断去除缩聚反应中产生的水，以促进反应向生成聚酯的方向进行。公司采用真空熔融法从羧基、羧基化合物制取线性或略带支链聚酯。聚酯多元醇生产工艺分为两阶段：第一阶段为酯化反应，第二阶段为缩聚反应。

第一阶段酯化反应。按比例称重二元醇和二元酸等，投入反应器，搅拌混合均匀，继续搅拌并加热，排出空气，通过蒸馏除去反应生成的水。原料投加保持醇类组分过量，为生成端羟基聚酯。

第二阶段为缩聚反应。利用除水，使第一阶段生成的酯发生缩聚反应。该项目采用真空熔融法实现除水、加快缩聚反应。真空熔融法将第一阶段生成的酯类混合物保持在一定温度下，逐步降低压力，通过抽真空将过量的二元醇及少量的副产物（低分子醚、醛及酮）与反应中生成的水一起蒸出，以促成缩聚反应进行，直至缩聚物达到预定的酸值、羟值、水率及黏度。

以乙二醇和己二酸生成聚酯多元醇为例的缩聚反应如下：

$$(n+1) \ \text{HO—CH}_2\text{CH}_2\text{—OH} + n \ \text{HOOC—(CH}_2)_4\text{—COOH}$$

$$\longrightarrow \text{HO} \underset{}{\underbrace{\text{—(CH}_2)_2\text{—O—C—(CH}_2)_4\text{—C—O—}}_{}} \text{(CH}_2)_2\text{—OH} + n\text{H}_2\text{O}$$

（聚酯多元醇）

① 酯化反应与蒸馏。按比例将己二酸和二元醇送入反应罐，加热到一定温度，使己二酸热熔解，投加催化剂（含锡化合物）。在催化剂作用下，二元醇与己二酸发生酯化反应。控制反应温度，待蒸馏出水后控制分馏器顶部温度，反应生成水经蒸馏蒸出，蒸馏尾气进行冷凝，冷却水中含有机物，其收集后于废水处理站处理。

② 调整酸价、真空蒸馏与缩聚反应。加入二元醇将上述物料的酸值调整到标准范围。反应釜中抽成真空，控制釜内温度、压力，经真空蒸馏除水和过量的乙二醇，加入三羟甲基丙烷，使物料发生缩聚反应并控制含水率。蒸馏尾气经冷凝产生冷却水，冷却水中含有机物（主要含有乙二醇以及少量低分子醛、酮等），收集后于废水处理站处理。

③ 羟值调整与添加剂。加入二元醇将上述物料的羟值调整到一定范围，加入二叔丁基羟基甲苯抗氧剂等；上述物料冷却、过滤，形成聚酯多元醇产品。

聚酯多元醇生产工艺如图 5-6 所示。

（3）待鉴别废物产生环节

① 废水产生情况。待鉴别废物为废水处理生化污泥，故需厘清进入废水处理站的废水。聚酯多元醇生产过程中有两个环节产生废水：一是酯化反应与蒸馏环节产生的冷凝水，该废水含有少量的有机物，可能含有原辅料组分；二是真空蒸馏与缩聚反应环节产生的冷凝水，该废水含有乙二醇低分子的醚、醛、酮等。除聚酯多元醇生产工艺中产生的工艺废水外，还有车间地面冲洗废水以及生活污水。

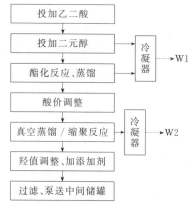

图 5-6　聚酯多元醇生产工艺

② 废水处理生化污泥。上述废水进入场内废水处理系统。鉴于废水中主要含有机污染物，故采用"厌氧水解酸化—曝气活性污泥—生物接触氧化法"处理技术。废水从进水到出水停留时间约为 10 天，经处理后的废水达到排放标准。在沉降环节加入可生物降解絮凝剂，经过"厌氧水解酸化—曝气活性污泥—生物接触氧化法"处理沉淀产生的污泥为生化污泥。废水处理生化污泥为鉴别对象，其外观为棕褐色，土状，无异味，含水率为 86% 左右（如图 5-7 所示）。

（4）固体废物判断

《固体废物鉴别标准通则》（GB 34330—2017）第 4.3 节"环境治理和污染控制过程中产生的物质"规定"水净化和废水处理产生的污泥及其他废物质"属于固体废物。结合固废法关于固体废物的规定，废水处理生化污泥属于"水净化和废水处理产生的污泥及其他废物质"，且不满足固体废物除外性规定。因此，可以判定其属于固体废物。

（5）《国家危险废物名录》相符性判断

图 5-7　废水处理生化污泥

属于固体废物废水处理生化污泥，需进一步进行《国家危险废物名录》相符性判断。聚酯多元醇生产项目属于"基础化学原料制造"中的"有机化学原料制造"行业，行业代码为261。对照现行《国家危险废物名录》，聚酯多元醇的生产过程产生的废水处理生化污泥未列入现行《国家危险废物名录》。

废水处理生化污泥不符合《危险废物鉴别标准通则》中"危险废物混合后判定规则""危险废物利用处置后判定规则"判定条件，故进行危险特性鉴别。

（6）原辅材料分析

聚酯多元醇生产过程中使用的原辅材料包括己二酸、乙二醇等，催化剂为含锡化合物。其中己二酸具有弱酸性，锡及有机锡化合物属于毒性物质含量中的有毒物质。鉴于聚酯多元醇生产过程中会产生少量低分子醛及酮等，结合毒性物质含量中的相关指标，确定甲醛与丙酮作为后续检测指标。

（7）初筛结果

为确定待鉴别污泥危险特性，需采集鉴别对象样品进行初步筛查。初筛结果显示，在浸出毒性指标中检测出铜、镍、锌和总铬，其中占标率最高者镍的占标率为0.2％，故检测数据未显示出浸出毒性；毒性物质含量中有少量的钡（61.6mg/kg）、锌（86.9mg/kg）、锰（37.7mg/kg）、铅（20.2mg/kg）、铬（34.5mg/kg）、锡（0.54mg/kg）等重金属；有机物未筛出。结合原辅材料分析，初筛中筛出除锡外的重金属理应由杂质引入，而锡是由催化剂带入，后续必须进行检测。

（8）危险特性排除

① 易燃性排除。依据《危险废物鉴别易燃性鉴别》的规定，符合下列任何条件之一的固体废物，属于易燃性危险废物：固态易燃性危险废物：在标准温度和压力（25℃、101.3kPa）下因摩擦或自发性燃烧而起火，经点燃后能剧烈而持续地燃烧并产生危害的固态废物。待鉴别污泥含有一定量的水，在标准温度和压力下，不会因摩擦或自发性燃烧而起火，且一般情况下无法点燃，故判定待鉴别废物不具有易燃性。

② 反应性排除。依据《危险废物鉴别反应性鉴别》的规定：符合下列任何条件之一的固体废物，属于反应性危险废物：

A. 具有爆炸性质。

B. 与水或酸接触产生易燃气体或有毒气体：a）与水混合发生剧烈化学反应，并放出大量易燃气体和热量。b）与水混合能产生足以危害人体健康或环境的有毒气体、蒸气或烟雾。c）在酸性条件下，每千克含氰化物废物分解产生≥250mg氰化氢气体，或者每千克含硫化物废物分解产生≥500mg硫化氢气体。

C. 废弃氧化剂或有机过氧化物。从原辅料以及生产工艺分析，待鉴别污泥不含有爆炸性质，也不属于氧化剂或有机过氧化物，故可排除具有爆炸性与氧化性类的反应性。原辅材料分析显示，所有原辅材料均不含有硫化物和氰化物，故可推断在酸性条件下应无硫化氢和氰化氢产生；待鉴别污泥本身含水，未发生剧烈化学反应，也未产生有毒气体、蒸气或烟雾，故可排除"与水或酸接触产生易燃气体或有毒气体"的可能。结合全筛结果，待鉴别污泥不具有反应性。

③ 急性毒性排除。虽然危险废物鉴别标准中未删除《危险废物鉴别标准急性毒性初筛》，保留的目的是解决危险废物分级分类管理的问题。在危险废物鉴别中，若是待鉴别废物具有急性毒性，除在急性毒性显现，也会在浸出毒性或者毒性物质含量中体现。鉴于聚酯

多元醇在生产中使用的原辅材料以及中间产物和产品均无明显强急性毒性物质，故排除待鉴别污泥具有急性毒性。

（9）检测方案

① 检测指标。结合原辅料分析、生产工艺分析以及全筛结果，选取如下检测指标进一步检测：腐蚀性——pH；浸出毒性——镍、总铬；毒性物质含量——锡、铅、铬（六价）、钡、甲醛、丙酮。

② 份样数：废水处理污泥的最大月产生量为5t，依据《危险废物鉴别技术规范》，采集5个样品。

③ 其他。采样工作方案以及检测工作方案参照《危险废物鉴别技术规范》《工业固体废物采样制样技术规范》以及相关的检测标准方法的要求，不再赘述。采样工作方案和检测工作方案重均包含之质量保证和质量控制内容。

（10）检测结果分析

① 腐蚀性结果分析。pH检测结果为6.8～8.1，依据《危险废物鉴别标准腐蚀性鉴别》，不具有腐蚀性。

② 浸出毒性结果分析。浸出毒性为：总铬0.018～0.102mg/L，镍0.017～0.032mg/L。依据《危险废物鉴别标准浸出毒性鉴别》，样品不具有浸出毒性。

③ 毒性物质含量检测结果分析。5个样品的各毒性物质含量最大值分别为4.04mg/kg（锡）、63.8mg/kg（钡）、23.3mg/kg（铅），铬（六价）、甲醛、丙酮均低于检测限。各单项检测指标的换算值以及累计值均未超过《危险废物鉴别标准毒性物质含量鉴别》规定的限制，样品不具有该项毒性。

④ 检测结果判断。检测结果表明，5个样品中超标份样数为零，低于《危险废物鉴别技术规范》中结果判断方案规定的5个样品超标份样数下限为2的要求。

（11）鉴别结论

在该公司聚酯多元醇现有生产运营条件（原辅材料、生产工艺、废水处理工艺等）下，废水处理生化污泥不具有易燃性、反应性、腐蚀性和毒性等危险特性，不属于危险废物。

案例四：某公司碳素产品生产尺寸加工环节产生边角料危险特性鉴别

（1）基本情况介绍

某公司主要从事高纯度碳素纤维制品生产，产品包括用于高温真空工业炉窑的碳素纤维隔热板和圆筒以及用作高温工业炉窑衬垫的碳绳。企业生产属于"石墨及其他非金属矿物制品制造"行业中的"石墨及碳素制品制造"，行业代码为309。环评文件及批复文件规定：某公司生产过程中产生的碳素纤维边角料为危险废物。

（2）生产工艺分析

生产工艺流程如图5-8所示。

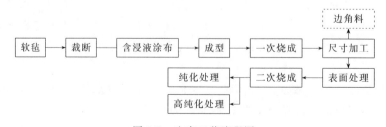

图5-8　生产工艺流程图

外购的碳素纤维毛毡经裁切成需要的尺寸后，先用含浸液涂布，涂布后的碳素纤维毛毡和石墨片等用黏结剂黏结在一起，在一定的外力下压制成基本形状，然后进入烧成炉进行第一次高温煅烧，可把黏结剂等物质分解掉，并石墨化；经烧成后的板或者筒进行加工整形，在圆筒上完成孔、凹孔、多角形等的加工，修整成需要的尺寸与形状。根据需求，一部分满足尺寸与形状的板或者筒经检查合格后，作为产品出售；一部分满足尺寸与形状的板或者筒需进行 OS 涂布、贴碳素纤维布等，然后进行二次高温煅烧，烧成后的板或者筒经检查合格后，作为产品出售。结合生产工艺，分析可能发生的化学变化：含浸液、黏结剂和石墨片中的有机物在第一次高温煅烧时，理论上会被分解；在第二次高温煅烧时，水性 OS 被覆剂中的有机物理论上也会被分解。经过一次烧成和二次烧成后，理论上不存在有机物类的污染物。建议首次开展此类废物危险特性鉴别时，对相关指标进行检测以便验证。

（3）待鉴别废物产生环节

碳素纤维隔热板、圆筒等碳素产品生产过程中尺寸加工环节产生块状碳素纤维边角料（包括同环节产生的粉状碳素纤维废料，如图 5-9 所示）为鉴别对象。待鉴别废物呈黑色、块状，有气味。

（4）固体废物判断

《固体废物鉴别标准通则》（GB 34330—2017）第 4.2
节"生产过程中产生的副产物，包括以下种类"规定"产品加工和制造过程中产生的下脚料、边角料、残余物等"属于固体废物。碳素纤维边角料属于"产品加工和制造过程中产生的下脚料、边角料、残余物等"，且不满足除外性规定。因此，可以判定其属于固体废物。

图 5-9　待鉴别废物——块状
碳素纤维边角料

（5）《国家危险废物名录》相符性判断

属于固体废物的碳素纤维边角料，进一步进行《国家危险废物名录》相符性判断。依据《国民经济行业分类》
（GB/T 4754—2017）确定该企业生产属于"石墨及碳素制品制造"行业，行业代码为 309，外加"非特定"行业，行业代码为 900。按照 309 和 900 两个行业代码查对《国家危险废物名录》，碳素纤维边角料未列入《国家危险废物名录》。

碳素纤维边角料不符合《危险废物鉴别标准通则》中"危险废物混合后判定规则""危险废物利用处置后判定规则"的判定条件，故需要进行危险特性鉴别。

（6）原辅料分析

主要原料为碳素纤维毛毡，其他辅料有含浸液、石墨片、黏结剂、碳素纤维布、石墨纸、水性 OS 被覆剂等，根据企业提供原辅料的 MSDS，碳素纤维毛毡是从石油系原料油中经过一系列加工制成的，其中包括碳素化烧成工艺，故仅残留微量的重金属，如 Cr 不大于 0.1μg/g，Ni 不大于 0.27μg/g，Cu 不大于 0.4μg/g，Zn 不大于 0.78μg/g，可能含有少量石油溶剂；含浸液主要含有酚醛树脂、少量的水合肼；黏结剂主要含有酚醛树脂、少量的甲醇；石墨纸主要含有碳、酚醛树脂。其中酚醛树脂由苯酚、甲醛合成，可能存在苯酚、甲醛的残余。列入《危险废物鉴别标准毒性物质含量鉴别》的指标有苯酚、甲醛；另外水合肼、甲醇等物质均具有一定的毒性，可以列入检测指标。

（7）初筛结果

为确定待鉴别废物的危险特性，需采集鉴别对象样品进行初步筛查。初筛结果显示，在浸出毒性指标中检测出锌、钡，其中占标率最高者钡的占标率为 0.23%，故检测数据未显示出浸出毒性；毒性物质含量中有微量的重金属以及石油溶剂（345mg/kg）。结合原辅料分析，初筛中筛出重金属理应由杂质引入。

（8）危险特性排除

① 易燃性排除。依据《危险废物鉴别易燃性鉴别》的规定：符合下列任何条件之一的固体废物，属于易燃性危险废物固态易燃性危险废物：在标准温度和压力（25℃，101.3kPa）下因摩擦或自发性燃烧而起火，经点燃后能剧烈而持续地燃烧并产生危害的固态废物。待鉴别废物已经经过高温煅烧过，可燃成分已经被烧掉，剩余的组分均不易燃烧，故判定其不具有易燃性。

② 反应性排除。依据《危险废物鉴别反应性鉴别》规定：符合下列任何条件之一的固体废物，属于反应性危险废物：

A. 具有爆炸性质；

B. 与水或酸接触产生易燃气体或有毒气体：a）与水混合发生剧烈化学反应，并放出大量易燃气体和热量。b）与水混合能产生足以危害人体健康或环境的有毒气体、蒸气或烟雾。c）在酸性条件下，每千克含氰化物废物分解产生≥250mg 氰化氢气体，或者每千克含硫化物废物分解产生≥500mg 硫化氢气体。

C. 废弃氧化剂或有机过氧化物。从原辅材料以及生产工艺分析，待鉴别废物不含有爆炸性质，也不含有氧化剂或有机过氧化物，故可以排除具有爆炸性与氧化性类的反应性。原辅材料分析显示，所有原辅材料均不含有硫化物和氰化物，故可推断在酸性条件下应无硫化氢和氰化氢产生；另外，待鉴别废物本身不含与水发生反应的物质组分，故可排除"与水或酸接触产生易燃气体或有毒气体"的可能。结合全筛结果，待鉴别废物不具有反应性。

③ 腐蚀性排除。依据《危险废物鉴别标准腐蚀性鉴别》的规定，按照《固体废物　腐蚀性测定　玻璃电极法》（GB/T 15555.12—1995）制备的浸出液 pH≥12.5 或者 pH≤2 时，判定具有腐蚀性的危险特性。使用的原辅材料中无腐蚀性物质，故待鉴别废物不具有腐蚀性。

④ 急性毒性排除。鉴于碳素纤维隔热板、圆筒和碳绳在生产中使用的原辅材料均无具有强急性毒性的物质，故排除待鉴别废物具有急性毒性。

（9）检测方案

① 检测指标。结合原辅料分析、生产工艺分析以及全筛结果，选取如下检测指标进一步检测：浸出毒性——钡、锌；毒性物质含量——石油溶剂、苯酚、甲醛、甲醇。

② 份样数：碳素纤维边角料的最大月产生量为 3.5 吨，依据《危险废物鉴别技术规范》，采集 5 个样品。

③ 其他。采样工作方案以及检测工作方案参照《危险废物鉴别技术规范》《工业固体废物采样制样技术规范》以及相关的检测标准方法的要求，不再赘述。采样工作方案和检测工作方案中均包含质量保证和质量控制内容。

（10）检测结果分析

① 浸出毒性结果分析。5 个样品的浸出毒性：钡为 0.33～0.65mg/L，锌为 0.23～1.0mg/L。依据《危险废物鉴别标准浸出毒性鉴别》，样品不具有浸出毒性。

② 毒性物质含量检测结果分析。5 个样品的毒性物质含量中石油溶剂最大值为 682mg/kg，苯酚的最大值为 0.23mg/kg；甲醛、甲醇均低于检测限。各单项检测指标数值以及累计值均未超过《危险废物鉴别标准毒性物质含量鉴别》规定的限制，样品不具有该项毒性。

③ 检测结果判断。检测结果表明，5个样品中超标份样数为零，低于《危险废物鉴别技术规范》判断方案中规定的5个样品超标份样数下限为2的要求。

（11）鉴别结论

该公司碳素产品尺寸加工环节产生的碳素纤维边角料（包括同环节产生的粉状碳素纤维废料），在现有生产运营条件（原辅材料、生产工艺等）下，不具有易燃性、反应性、腐蚀性和毒性等危险特性，属于一般工业固体废物。

5.2 环境污染案件涉案废物鉴别

涉固体废物污染环境案件的报道数量居环境污染案件之首，涉案固体废物的属性一定程度上决定了污染环境案件的性质，故涉案固体废物属性判断是污染环境案件办理的重中之重。为此，"两高"《关于办理环境污染刑事案件适用法律若干问题的解释》（法释〔2016〕29号，以下简称"解释"）、《关于印发〈环境保护行政执法与刑事司法衔接工作办法〉的通知》（环环监〔2017〕17号）等相关法律政策相继实施，为涉案环境污染案件的实施提供了基础和指导。由于环境污染案件具有复杂性，涉案废物定性一般由环境损害司法鉴定机构完成。鉴于司法鉴定的周期长、费用高，也会选择授权危险废物鉴别机构承担。环境污染案件涉案废物鉴别目的是解决案件性质，其次是解决后续处理处置问题。本节所称涉案废物均指固体废物，危险废物鉴别而非司法鉴定。

5.2.1 涉固体废物环境污染案件特点

涉固体废物环境污染案件特点：一是涉案废物种类繁多。涉案废物可能来自各行各业，故其种类繁多、性状复杂，可以是固态、液态、半固态，甚至是置于容器中的气态物质；可能含一种或多种危害成分；可能含重金属类或有机类污染物，甚至可能同时含有以上两种污染物。二是案件现场情景复杂。涉案废物可能被填埋于地下，上面覆盖混凝土或建有建筑物；可能被倾倒于沟渠内、河道边、水塘中，特别是液态废物被严重稀释后难以发现；可能被集中倾倒于一处或被分散倾倒至多处；可能是一"人"一次倾倒或多"人"多次倾倒于同一地点等。三是涉案现场涉案废物可能失真。涉嫌非法排放、倾倒、处置废物的案件被发现时多具有时间上的滞后性，废物中的挥发性、半挥发性物质可能已部分或全部挥发，或遇降雨导致有毒害性物质被稀释，或渗入地下污染土壤、地下水等，使得案发现场残余废物很难如实反映原废物的真实属性。四是涉案废物鉴别慎重性。基于"解释"的实施，涉案废物的定性决定了行为人是否涉及刑事犯罪的问题，故鉴别结论需要慎之又慎。五是鉴别时间紧迫性。由于公安机关传唤、拘留等强制措施有严格的时间限制，决定了环境污染案件涉案废物鉴别周期较短。

5.2.2 涉案废物鉴别困境

鉴于环境污染案件涉案废物种类繁多、性状复杂、场景多样，准确鉴别涉案废物较为困难，特别是涉案废物样品现场采集困难。能采集到代表原废物真实性质的样品是涉案物鉴别结论正确的前提，但也存在以下问题：

① 涉案现场采集涉案废物样品困难。在多数情况下，涉案废物样品采集环境、采集条件不同于企业委托鉴别，涉案现场情景复杂，使得样品采集本身极为困难。如部分环境污染案件中涉案液态废物直接倾倒于河道内，涉案半固态废物被丢弃到水塘中，涉案污泥直接填埋在水泥地下等，这都给现场样品采集带来了极大挑战。

② 现场采集反应涉案废物真实性质样品困难。鉴于案件通常发现滞后、涉案现场情景复杂，可能导致涉案废物的危害物质成分挥发、稀释或浓缩等现象，使得案发现场残余废物很难如实反映原废物的真实性质，所以必须在环境污染案件发现的第一时间进行取样、封存，即使这样也可能出现采集到的样品与涉案废物的真实性质相差较大，甚至完全失真。在无溯源的情况下，原本属于危险废物的涉案废物，经涉案现场采集样品、检测鉴别，可能得出与真实性质完全相悖的结论。这种现象使得追溯涉案废物的来源变得十分必要。为避免出现错误，仅在涉案现场采集涉案废物样品且检测结果不超标的情况下，不一定得出涉案废物不属于危险废物的结论，这是不同于企业委托鉴别之处。

③ 案件侦破与鉴别过程相悖。一般情况下，环境污染案件发现后，由环境执法人员进行初步查办，鉴于环境执法人员的措施和手段有限，查清涉案废物来源难度大，导致准确定性难；而拥有更多强制措施和手段的公安机关更愿意在涉案废物明确为危险废物时介入。依据《危险废物鉴别技术规范》规定，对于产生来源不明确的固体废物，应采集能够代表固废组成特性样品，通过分析固体废物主要物质组成和污染特性反推固体废物的产生工艺；根据产生工艺进行《国家危险废物名录》相符性判断与后续鉴别。

事实上，鉴于涉固体废物环境污染案件特点，这种反推极其困难，也难保推论准确。因此，优选是借助公安机关力量，通过现有线索，追踪到涉案废物产生源头，即涉案废物来自何企业、所属行业类别、生产工艺、产废环节等相关信息。这要求案件发现时环境执法与公安机关同时介入。但事实上，对于未引起公众关注或媒体报道的环境污染案件，案件发现时，公安机关介入意愿不强，导致查明涉案废物来源困难，不查明涉案废物来源，准确定性涉案废物更难；无明确的涉案废物属于危险废物结论公安机关不愿介入调查，形成死循环。另外，在保证鉴别程序正当的前提下，对同一废物，来源明确与否，可能得到两种相悖的结论：来源清楚，查对《国家危险废物名录》，可能属于危险废物；若来源不清，只能跳过《国家危险废物名录》查对环节，根据检测结果判断，可能得出一般固体废物的结论，这是环境污染案件涉案废物鉴别之最大困境。总之，鉴于涉固体废物环境污染案件具有涉案废物种类繁多、定性慎重以及涉案现场情景复杂、案件发现具有滞后性和鉴别具有紧迫性等特点，短时间准确判断涉案废物属性较为困难。

5.2.3 环境污染案件涉案废物鉴别要点

环境污染案件涉案废物鉴别需要收集相关材料与信息，比如现场检查笔录、现场照片、摄像等音像资料类的直接证据以及涉及行为人供述、证人证言询问笔录等，这些信息有助于还原案件现场场景与涉案废物。溯源到产废单位源头，还应收集涉案废物产生情况的材料，如产生涉案废物的工艺、原辅材料、产废环节等资料。

（1）同源性分析

为反映环境污染案件涉案废物真实性质，结合危险废物鉴别程序要求，对废物来源清楚的，优先查对《国家危险废物名录》。溯源是鉴别过程中非常重要的一环，但由于种种原因，在涉案废物鉴别环节能溯源成功的案件占少数。溯源成功后需调查涉案废物来源企业的行业、生产工艺、原辅材料、产污环节以及产生固体废物信息等，同时进行涉案废物与来源单位产生的同种废物间的同源性分析。结合询问笔录等，同源性分析时不仅要比对特征指标，同时比对特征污染指标，两者的两类指标均一致，同源性得以确认。如涉案废物为废弃的含硅氧烷的纸张隔离剂，在同源性分析时既要比对两者是否均含有硅氧烷特征指标，也要比对两者是否均含有苯系物等特征污染指标，因为苯系物是硅氧烷的纸张隔离剂的特征污染指标。

（2）明确且准确的鉴别对象

"失之毫厘，谬以千里"，环境污染案件涉案废物鉴别对象和鉴别结论之间亦是如此。在环境污染案件涉案废物鉴别时，首先要有明确的鉴别对象，其次鉴别对象要准确，确保鉴别对象是行为人非法排放、倾倒、处置的废物，既非案件发生前涉案现场原有的其他废物，更非被非法排放、倾倒、处置废物污染的物质、土壤等。案件发生前涉案现场原有的废物无论危害性多大、数量多多，都不可作为涉案废物的鉴别对象，因为原有废物并非本次违法行为人的行为对象；被涉案废物污染的物质、土壤，不论其危害性大小，不作为鉴别对象，因为污染土壤仅是违法行为的后果，只能间接表明鉴别对象的危害性。鉴别对象明确与准确，是涉案废物鉴别的基本原则。

（3）采集典型样品

鉴于环境污染案件复杂性和涉案现场废物可能具有失真性等，采集具有代表性的典型性样品是涉案废物鉴别的重点，采集到不失真或者少失真的样品则是关键。要解决该问题，目前更多地依靠经验，以现场快速检测仪器为辅助。根据案件现场以及涉案废物的特点，结合废物外包装以及废物外观颜色、气味、形态、粒径等感官判断，配合现场快速检测仪器数据的变化，依据经验进行样品的采集，以尽量做到采集到的样品具有典型性。当案发现场为涉案废物填埋场景，涉案废物样品采集时应避免掺杂填埋废物周围的土壤；当案发现场为涉案废液倾倒入河道场景，废液已被不同程度稀释，采集到真实样品非常困难。根据废液在水体中被分散的特点，外围稀释程度高、倾倒点稀释程度低，应采集倾倒中心处的样品，以尽量减少样品失真。

（4）合理的鉴别方案

溯源成功的涉案废物的鉴别方案确定相对容易，结合原辅材料分析、生产工艺分析以及废物产生环节等要素确定。对于鉴别阶段未溯源涉案废物的鉴别方案确定起来相对困难。此时依据经验初步判断废物的大致类别与可能存在的毒害性物质，借助现场快速检测仪器等手段确定相关检测指标，比如现场用 pH 试纸确定是否具有腐蚀性等。若检测结果具有危险特性，涉案废物属于危险废物；若检测结果未显示危险特性，则不排除涉案废物不具有危险特性；要进一步检测排除其他的危险特性。例如，涉案现场涉案废物为油脂状，可能属于废矿物油类，可以对苯系物、苯并芘、汞等浸出毒性指标以及石油溶剂等毒性物质含量指标进行检测。对于无明显特征的涉案废物，建议取代表性样品进行全筛分析，根据全筛分析结果确定其他样品检测方案。鉴别方案应经无利害关系的专家论证后采用。

5.2.4　环境污染案件涉案废物鉴别技术要求

《危险废物鉴别技术规范》规定了环境事件涉及固体废物属性鉴别要求。鉴于环境污案件复杂，涉案废物鉴别参照《危险废物鉴别技术规范》部分要求。根据收集到环境污染案件现场固体废物的外观形态、有效标识、询问笔录等相关资料，以及现场可采用的检测手段的检测结果，识别固体废物组成和种类，分类开展鉴别。

（1）产生来源明确的固体废物属性鉴别要求

开展产生来源明确的固体废物属性鉴别，应进行《国家危险废物名录》相符性判断；其次对未列入名录的固体废物，使用"危险废物混合后判定规则""危险废物利用处置后判定规则"判断；最后，仍不能判断属于危险废物，但可能具有危险特性的，应优先按相关要求在产生该类固体废物的生产工艺节点采样；若生产过程已终止，则采集企业贮存的同类固体废物，采集的样品按进行相关要求进行检测和判断。

对未列入名录且衍生规则无法判断属性的固体废物，根据固体废物的物质迁移、转化特征，以及环境污染案件现场的污染现状，综合分析固体废物的危险特性在违法转移、倾倒、贮存、利用、处置过程中是否发生变化。若危险特性未发生变化，或变化不足以对检测结果的判断造成影响，可直接采集环境污染案件涉案现场废物的具有代表性典型样品，进行相应的检测和判断；若无法排除危险特性是否发生变化，且对检测结果的判断可能造成影响，应采集产生该类固体废物的生产工艺节点采样；若生产过程已终止，则采集企业贮存的同类固体废物，开展检测和判断。如此才能反映非法排放、倾倒、处置时的废物性质。若能够明确涉案现场废物未被其他污染影响，且涉案废物的检测结果表明具有危险特性，可判定为危险废物。

若仅为解决环境污染案件涉案废物的应急处理处置问题，可采集涉案现场固体废物，或依据《突发环境事件应急管理办法》已应急清理暂存的固体废物作为样品开展鉴别。

（2）产生来源不明确的固体废物性质鉴别要求

开展产生来源不明确的固体废物性质鉴别，在检测结果显示出危险特性时判断为危险废物。鉴别时，首先采集能够代表固体废物特性的典型样品，通过分析固体废物的主要物质组成和污染特性确定固体废物的产生工艺，即反推产生工艺。反推出产生工艺的，进行名录相符性判断，未列入名录的，按照衍生规则判断，仍不能判断属性的，应采集涉案现场固体废物典型样品开展鉴别。未反推出产生工艺的，只能采集涉案现场固体废物典型性样品开展鉴别。若能够排除涉案现场废物未被其他污染，且涉案现场废物典型性样品的检测结果表明具有危险特性，可判定为危险废物。

若仅为解决环境污染案件涉案废物的应急处理处置，可采集涉案现场固体废物，或依据《突发环境事件应急管理办法》已应急清理暂存的固体废物作为样品开展鉴别。

5.2.5 环境污染案件涉案废物鉴别案例

案例一：产生来源明确的固体废物危险特性鉴别

（1）案情简介

2019 年 ×× 月，某生态环境局接到中央环保督察信访件，举报辖区内某公司于 20××年 5 月将一定数量的有刺激性气味的化工原料埋在厂区东侧围墙处。某区生态环境局立即对涉案企业开展调查，同时调运挖掘机在该公司厂区内东侧信访件反映的区域进行开挖（如图5-10所示）。在紧靠厂区东边围墙内侧的中间段处开挖出填埋废物。挖掘现场有刺激性气味；挖出的填埋废物用编织袋等包装，部分完整编织袋内装有白色的细粒状废物；部分编织袋已破，填埋废物有结块现象，呈块状或团块状，部分颜色为白色；填埋废物被地下水浸泡严重。开挖基坑面积长约6m，宽约2m，深约2m，共开挖出11t废物，部分混有被污染的土壤。执法人员对挖出的废物用pH试纸测试，填埋废物呈强酸性（如图5-11所示）。

（2）涉案公司简介

填埋点位于涉案公司厂区内，结合询问笔录，确定填埋废物来自该公司。涉案公司是国内最早生产聚酯帘子布的企业之一，主要生产尼龙帘子布、高模低缩帘子布、尼龙切片改性塑料等产品。据询问笔录上记载，涉案公司负责人交代：20××年兄弟公司库房重新装修时将一批化学原料运至涉案公司贮存，鉴于不再使用，被填埋在厂区内东侧围墙处草坪下。依据固体废物的定义，可知被填埋的化工原料属于固体废物。

（3）样品采集与检测

从挖掘出的废物外观分析，结合询问笔录，填埋废物属于一类，可以按照一类废物鉴别。鉴于非法填埋点仅填埋一种废物，该废物未被污染，某区生态环境局环境监测站对挖掘出的包装内填埋废物进行样品采集，选择5个不同包装袋，在每个包装袋内分别采集样品，共采集5个样品。结合现场快速检测发现涉案废物具有腐蚀性，确定了pH作为检测指标。样品的检测由具有CMA资质按照《危险废物鉴别标准　腐蚀性鉴别》的检测单位完成。

（4）检测结果与判断

检测结果显示，5个样品的pH值为1.79~1.95，超过《危险废物鉴别标准　腐蚀性鉴别》（GB 5085.1—2007）规定的标准限值（≤2.0）。根据《危险废物鉴别技术规范》（GB 5085.1—2007）的规定，开挖出固体废物的超标份样数超过了规定的超标份样数下限（5个样品中1个超标），故判定该案件填埋废物属于危险废物。

图5-10　开挖现场与填埋废物性状

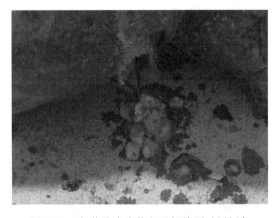

图5-11　包装袋中废物与现场检测试纸颜色

案例二：产生来源不明的固体废物危险特性鉴别

（1）案情简介

20××年6月，某生态环境局接举报称××村××号发现非法倾倒的渣状废物。接到举报后，该局执法人员立即到非法倾倒的现场检查，非法倾倒地点位于一片空地，周围不远处有农田以及地表水体。倾倒现场共有三处渣状废物倾倒点，倾倒的渣状废物呈黑色，部分废物黑色中泛着浅黄绿色，现场有强烈刺激性气味，渣状废物上残存有少量废液，大部分废液已渗入土壤；紧挨着倾倒废物周围的杂草已经枯死，如图5-12和图5-13所示。执法人员现场对废液进行pH试纸测试，废液呈强酸性，如图5-14所示。

（2）样品采集与检测

开展鉴别时未追溯到废物产生单位。为确定倾倒废物属性，以便案件移交公安部门，在未追溯到源头的情况下，开展涉案废物鉴别。环境局委托有CMA资质的检测单位对三处倾倒点的废物分别进行取样，其中在东侧倾倒点（数量最大的点）的不同部位采了3个废渣样品（1号、2号和3号）、1个废液样品，在西北侧倾倒点采集1个废渣样品（4号），在西南侧倾倒点采集了1个废渣样品（5号），共计采集废渣样品5个，废液样品1个，具体采样点如图5-15所示。采集的样品带回、检测。

依据倾倒现场废物的性状，结合pH试纸检测结果以及经验，确定检测指标为：腐蚀性指标——pH，浸出毒性中的与苯有关的指标，包括苯、甲苯、乙苯、二甲苯、氯苯；毒性物质含量中检测石油溶剂指标。

（3）检测结果与判断

倾倒现场渣状废物的检测结果表明：样品中均检测出氯苯、石油溶剂等有毒有害物质。其中，5个样品的pH值为1.6～1.9，超过《危险废物鉴别标准腐蚀性鉴别》规定的标准限值（≤2.0）；氯苯浸出浓度为167～230mg/L之间，超过《危险废物鉴别标准浸出毒性鉴别》规定的标准限值（2mg/L）。根据《危险废物鉴别技术规范》的规定，倾倒现场渣状废物样品的超标份样数超过了规定的超标份样数下限（5个样品中1个超标）。故判断××村××号非法倾倒的渣状废物属于危险废物。

图5-12　非法倾倒现场与废物一

图5-13　非法倾倒现场与废物二

图5-14　现场检测试纸颜色图

图5-15　倾倒废物现场总览以及取样点

思考题

1. 简述常规鉴别与环境污染案件涉案废物鉴别的区别与联系。
2. 常规危险废物鉴别的要点有哪些?
3. 常规鉴别中危险特性检测指标如何确定?
4. 环境污染案件涉案废物鉴别难点有哪些?

第 **6** 章

危险废物的焚烧处理

焚烧是一种常用的危险废物处理处置方法，某种意义上焚烧能力建设是反映某地危险废物处置托底能力高低最重要指标之一。焚烧适合处理有机成分多、热值高的危险废物，其形态可为固态、液态和气态。通过高温焚烧，能够最大限度地实现废物的减量化和无害化，是当前危险废物处置最成熟且最有效方法。

危险废物焚烧工艺与城市垃圾和一般工业废物焚烧相近，但管理法规和标准更为严格。焚烧设施通常包括前处理系统、尾气净化系统、报警系统和应急处理装置。危险废物焚烧时产生的残渣、烟气处理过程中产生的飞灰，需按危险废物进行填埋处置。特殊危险废物，比如医院临床废物因其传染性强、毒性大或含多氯联苯等持久性有机污染成分，应在专门焚烧设施中焚烧。《危险废物焚烧污染控制标准》（GB 18484—2020）中规定了危险废物焚烧设施的选址、运行、监测和废物贮存、配伍及焚烧处置过程的生态环境保护要求，以及实施与监督等内容。《危险废物集中焚烧处置工程建设技术规范》（HJ/T 176—2005）规定了以焚烧方法集中处置危险废物的新建、改建和扩建工程及企业自建的危险废物焚烧处置工程的焚烧厂总体规划，危险废物接收、分析鉴别与贮存以及配套工程等的需求。为提升危险废物焚烧运行水平，生态环境部固体废物与化学品管理技术中心组织了《危险废物焚烧处置单位危险废物环境管理指南》的编制，有利于提升危险废物环境监管能力、利用处置能力和环境风险防范能力。

6.1 可焚烧危险废物

危险废物焚烧适用于具有生物危害性、难以生物降解且在环境中持久性强、熔点低于40℃、不可安全填埋的废物及含有卤素、重金属、氮、磷或硫的有机废物等的处理。根据是否需要添加辅助燃料可将危险废物分为两类：本身热值比较高，无需辅助燃料即可焚烧；或者本身热值低，需要添加辅助燃料才能焚烧，如含氰废物。危险废物种类主要包括废油、油乳化物和油混合物；塑料、橡胶和胶乳化物；废有机溶剂；医疗废物；农药废物；制药废物；精炼废物，如酸渣焦油和废黏土；含酚废物；油脂和蜡废物；含磷、硫、卤素、氮化合物的有机废物；被有害化学物质污染的固体废物，如含油土壤、含多氯联苯（PCBs）电容器等。含汞废物不适宜采用焚烧技术处置，爆炸性废物必须经过合适的预处理消除其反应性后再进行焚烧，或者采用专门设计的焚烧炉进行处置。焚烧炉的控制温度和烟气停留时间与危险废物的种类密切相关，具体见表 6-1。

表 6-1　不同危险废物的焚烧温度与烟气停留控制时间

废物类型	焚烧炉温度/℃	烟气停留控制时间/s	依据标准
医疗废物	≥850	≥2	《医疗废物处理处置污染控制标准》（GB 39707—2020）
一般危险废物	≥1100	≥2	《危险废物焚烧污染控制标准》（GB 18484—2020）
多氯联苯	≥1200	≥2	《含多氯联苯废物污染控制标准》（GB 13015—2017）

烟气处理系统与投料组分密切相关，含氮、磷、硫或卤素的废物，相对于仅含碳、氢、氧的废物烟气处理需要更复杂的技术，除尘系统只能处理含有碳、氢、氧的废物，当投料中含油或含卤素废物，特别是 Br、F、Cl 等组分，则需要在源头有效配伍基础上，配备良好的除酸设施及二噁英控制设施。废物热值是保证焚烧效果的重要前提，焚烧处理的固态、液态、气态危险废物热值一般需大于 7000、10500～12800、18500kJ/kg。固体物料的粒径和液体物料的黏度等也是决定焚烧效果好坏的关键，焚烧效果与粒径大小、雾化效果等直接相关。

6.2　焚烧系统构成

危险废物焚烧系统，需要在考虑毒性分解指标、重金属去除指标、环境污染指标、安全管理指标的基础上，兼顾减容减量指标、热能回收指标、资源回收指标、热能利用指标、经济效益及其他类经济技术指标。针对不同危险废物及其处理要求，设计的焚烧炉及其运行管理要有特殊的处理功能或专门适应性，特别是针对气、液、固等不同相态物质，需要对其投料口、投料比、投料方式和位置做出明确规定，同时需要确定其预处理方法。焚烧处理系统主要包括前处理、焚烧、余热利用、烟气净化、灰渣处理、废水处理、自动控制等子系统（如图 6-1 所示）。

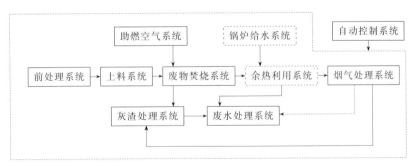

图 6-1　危险废物焚烧厂的系统构成

6.2.1　前处理系统

与普通垃圾焚烧系统的前处理工艺不同，危险废物前处理系统不能采用敞开式、自然堆放式、人手接触式以及设备混用式工艺，而是在操作过程中以包装袋、包装箱或集装箱为基本单位，不打开、不混合，并对包装体进行严格检查和防护，杜绝任何污染扩散的现象。

常用前处理技术包括以下几种。

① 分选、归类、混合：对于固态的焚烧物料，通常需要进行分选归类，经过合理配伍并混合后再入料坑，最大限度地提升焚烧工况。

② 沉淀：对于一些化学试剂可先加入沉淀剂使其沉淀，然后再进入焚烧炉，从而减少焚烧体积，提高危险废物的低位热值，节约助燃剂的用量，降低对焚烧设备的腐蚀，延长设备使用寿命。

③ 烘干、破碎：一些含水量高的有机污泥、泥渣等，在进入储料坑前应进行烘干，避免大量的液体进入储料坑；大块的漆渣则先破碎，以增大燃烧面积，提高燃烧效率。

④ 分类、混配、过滤：混配一般是针对有机溶剂而言，有机溶剂之间反应常常伴有散热、升华、结晶等，为了不堵塞进窑管道，降低有机溶剂处置的风险，必须经过分类，再根据兼容性原则配伍，过滤除去混合过程产生的絮凝物，才能进入废液进料系统。

⑤ 破碎 混合 过滤 泵送 体化（SMP）工艺：SMP 系统对危险废物预处理过程中的多个关键工艺流程进行有机整合，使破碎机、混合机、渣浆泵和气体保护装置等设施协调工作，实现进料系统的自动化、均质化、均量化。同时整个 SMP 系统均处于防爆保护中，适合于易燃易爆物料破碎与混合处理，对精馏残渣等难处置废物有强大消化能力，并能最大限度保护操作人员和设备的安全。

6.2.2 焚烧系统

危险废物焚烧在密闭焚烧炉内进行，一个焚烧炉至少有两个或两个以上焚烧室，通过多次焚烧实现有毒有害物质分解和去除。焚烧炉型有回转窑式、液体喷射式、流化床式、固定床式、热解焚烧式、熔渣式等，表 6-2 列出了主要焚烧炉炉型处理危险废物的种类及其焚烧参数。

表 6-2 焚烧炉炉型及适合的焚烧特性

焚烧炉型	处理危险废物种类	温度范围/℃	停留时间
回转窑式炉	低熔点废物、含易燃分有机废物、有机蒸汽、含卤化芳烃废物、高浓度有机废液、液态有机废物、均匀粒状废物、非均匀松散废物、未经处理的粗大散装废物、有机污泥等	820～1600	液体及气体：1～3s；固体：30～120min
液体喷射式炉	有机蒸汽、低熔点废物、高浓度有机废液、液态有机废物、含卤化芳烃废物等	650～1600	液体：0.1～2s
流化床式炉	粉状危险废物、块状废物及废液等	450～980	液体及气体：1～2s；固体：10～60min
固定床式炉	低熔点废物、含易燃组分有机废物、有机蒸汽、均匀粒状废物、非均匀松散废物等	480～820	液体及气体：1～2s；固体：30～120min

6.2.3 余热利用系统

焚烧过程中产生大量热量，温度一般要求在 1000℃ 左右，而烟气净化系统允许温度为250℃ 左右。在条件允许时，应进行余热回收利用，余热利用方式包括热水热能利用、蒸汽热能回收、预热空气热能利用、废热蒸汽发电等。

6.2.4　烟气净化系统

烟气净化系统的功能是去除焚烧烟气中的飞灰颗粒，分解、吸附或洗涤有毒有机气体，脱除烟气中的 H_2S、HCl、SO_3、SO_2 和 NO_x 等无机气体，使烟气中污染物浓度达标排放。对于二噁英类剧毒物质，尽量在焚烧前剔除二噁英前驱物，或对烟气增加辅助燃烧或高温强辐射，充分分解残余的这类物质，以及在净化系统中采用吸附脱除手段，以降低该类物质排放。危险废物焚烧烟气中还常混杂一些低沸点重金属物质，如汞、铅、砷等，需经吸附或洗涤专门脱除。

6.2.5　炉渣处理系统

炉渣包括从焚烧炉排掉下来的渣和烟气除尘器、余热锅炉等收集的物料，主要为不可燃无机物以及部分未燃尽可燃有机物，包括一些金属或非金属氧化物组分。灰渣中含有重金属成分及吸附的有毒有机物，需稳定化处理后进入填埋系统，图 6-2 所示为灰渣冷/热固化处理流程。

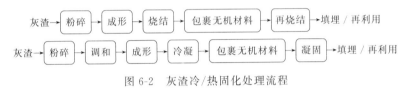

图 6-2　灰渣冷/热固化处理流程

6.2.6　废水处理系统

危险废物焚烧烟气净化工艺需要消耗大量水溶液进行洗涤、脱除或降温，会产生大量含重金属、有毒有害有机物、病毒源的严重危害性废水，以及含灰尘颗粒和常规污染的一般危害性废水。需要设计专门废水处理系统，基本流程如图 6-3 所示。

废水→病毒消毒→过滤→脱除有机物→脱除重金属→常规处理

图 6-3　废水处理流程

6.2.7　自动控制系统

危险废物焚烧系统及其配套设备的安全运行，须依靠自动控制系统。其自动控制系统主要包括进料、进风、排烟检测和调节，焚烧温度、排烟温度检测和调节，进水、蒸汽温度控制，压力、流量检测和调节，烟气排放污染检测和调节，安全保护控制等子系统。

6.3　危险废物焚烧过程控制

6.3.1　焚烧基本特性

（1）发热量

在绝热条件下，单位质量废物在完全燃烧时产生的热量为废物的发热量，发热量可以分为干基发热量、高位发热量和低位发热量。干基发热量是废物中不包含水分干基部分的实际发热量；燃烧生成的水为液体状态，包含了水蒸气的冷凝潜热，称为高位发热量，热量计测得值为高位发热量；如果燃烧生成的水为蒸汽状态，则其热量称为低位发热量。高位发热量与低位发热量之差值，为燃烧生成蒸汽凝结成水所释放的汽化潜热。

干基发热量、高位发热量和低位发热量三者关系式如下：

$$H_d = \frac{H_h}{1-W} \tag{6-1}$$

$$H_l = H_d - 2500(9H + W) \tag{6-2}$$

式中，W 为废物的水分含量；H 为废物湿基元素组分氢的含量；H_d 为干基发热量，kJ/kg；H_h 为高位发热量，kJ/kg；H_l 为低位发热量，kJ/kg。

常用的发热量计算公式有 Dulong 公式(式 6-3)、Scheurer-Kestner 公式(式 6-4)、Steuer 公式(式 6-5) 和化学便览公式(式 6-6)。

$$H_h(kJ/kg) = 34000C + 143000\left(H - \frac{O}{8}\right) + 10500S \tag{6-3}$$

$$H_h(kJ/kg) = 34000\left(C - \frac{3}{4}O\right) + 143000H + 9400S + 23800 \times \frac{3}{4}O \tag{6-4}$$

$$H_h(kJ/kg) = 34000\left(C - \frac{3}{8}O\right) + 23800 \times \frac{3}{8}O + 144200\left(H - \frac{O}{16}\right) + 10500S \tag{6-5}$$

$$H_h(kJ/kg) = 34000C + 143000\left(H - \frac{O}{2}\right) + 9300S \tag{6-6}$$

式中，C、H、O、S 分别为废物湿基碳、氢、氧、硫元素组成。

（2）烟气停留时间

烟气停留时间是指燃烧所生成烟气在燃烧室内与空气的接触时间。

$$\theta = \int_0^V dV / q \tag{6-7}$$

式中，θ 为气体平均停留时间，s；V 为燃烧室容积，m^3；q 为气体的炉温状况下的风量，m^3/s。

（3）燃烧室容积热负荷

燃烧室容积热负荷 (Q_v) 是指燃烧室单位时间、单位容积所承受的热量负荷，等于正常运转下燃烧室单位容积在单位时间内由废物燃烧产生的低位热值。

$$Q_v = \frac{F_f \times H_{fl} + F_w \times [H_{wl} + AC_{pk}(t_k - t_0)]}{V} \tag{6-8}$$

式中，F_f 为辅助燃料消耗量，kg/h；H_{fl} 为辅助燃料的低位发热量，kJ/kg；F_w 为单位时间的废物焚烧量，kg/h；H_{wl} 为废物的低位发热量，kJ/kg；A 为实际供给单位辅助燃料与废物的平均助燃空气量，kJ/kg；C_{pk} 为空气的平均比热容，kJ/(kg·℃)；t_k 为空气预热温度，℃；t_0 为大气温度，℃；V 为燃烧室容积，m^3。

（4）燃烧温度

对于单一的废物燃烧，可以根据化学反应式及各废物比热容，借助精细的化学反应平衡方程计算焚烧温度。但焚烧废物组成复杂，多采用估算法或半经验法。工程估算法包括不考虑热平衡条件的计算方法和精确热平衡法，而半经验法则兼顾了经验和热平衡计算等方法，包括美国和日本的方法。

① 工程估算法。在不考虑热平衡条件下，若已知废物的元素组成，计算获得废物低位发热量，近似的理论燃烧温度可用式(6-9) 计算：

$$H_1 = V_g C_{pg}(t_g - t_0) \tag{6-9}$$

式中，H_1 为废物的低位发热量，kJ/kg；t_0 为大气温度，℃；t_g 为燃烧烟气温度，℃；C_{pg} 为烟气在 t_g 和 t_0 之间的平均比热容，kJ/(kg·℃)；V_g 为燃烧场中的烟气体积（标准状态），m^3。

此法仅用低位发热量来估算燃烧温度，结果往往偏高。

若采用较精确的热平衡计算，则可提高计算结果的准确度。精确热平衡法是假设助燃空气没有预热，热平衡方程简化为

$$C_{pg}[G_0 + (\alpha - 1)A_0]F_w t_g = \eta F_w H_1(1 - \sigma) + C_w F_w t_w + C_{pk}\alpha A_0 F_w t_0 \tag{6-10}$$

式中，F_w 为单位时间的废物焚烧量，kg/h；H_1 为废物的低位发热量，kJ/kg；A_0 为废物燃烧所需的理论空气量，m^3/kg；α 为过量空气系数；G_0 为废物理论焚烧烟气产生量，m^3/kg；C_{pg} 为焚烧烟气的平均比热容，kJ/(m^3·℃)；C_w 为废物的平均比热容，kJ/(kg·℃)；C_{pk} 为空气的平均比热容，kJ/(m^3·℃)；σ 为辐射比率，%；t_g 为焚烧温度，℃；t_w 为废物的最初温度，℃；t_0 为大气温度，℃；η 为燃烧效率，%。

燃烧温度可按式(6-11) 计算

$$t_g(℃) = \frac{\eta H_1(1 - \sigma) + C_w t_w + C_{pk}\alpha A_0 t_0}{C_{pg}[G_0 + (\alpha - 1)A_0]} \tag{6-11}$$

式中，燃烧烟气的平均比热容为 1.30～1.46kJ/(m^3·℃)；废物的平均比热容 C_w 按式(6-12) 计算。

$$C_w[kJ/(m^3 · ℃)] = 1.05(A + B) + 4.2W \tag{6-12}$$

式中，A 为灰分含量，%；B 为可燃分含量，%；W 为水分含量，%。

② 半经验法。半经验法包括美国和日本所选用的两种方法。美国大型垃圾焚烧厂燃烧温度的回归方程见式(6-13)：

$$t_g(℃) = 0.0258H_h + 1926\beta - 2.524W + 0.59(t_k - 25) - 177 \tag{6-13}$$

式中，H_h 为高位发热量，kJ/kg；β 为等值比；W 为垃圾水分含量，%；t_k 为空气预热温度，℃。

日本采用了空气预热和不预热的两种情况：

不考虑空气预热时

$$t_g(℃) = \frac{H_1 + 0.102W}{0.847\alpha(1 - W/100) + 0.491W/100} \tag{6-14}$$

考虑空气预热时，

$$t_g(℃) = \frac{H_1 + 0.102W + 0.800t_k\alpha(1 - W/100)}{0.847\alpha(1 - W/100) + 0.491W/100} \tag{6-15}$$

6.3.2 焚烧过程平衡分析

在危险废物的焚烧处理过程中，平衡分析计算包括焚烧化学反应分析计算、输入输出的质量平衡计算、热量（能量）平衡计算。

（1）能量平衡分析计算

根据热工原理，一般情况下，焚烧过程中物质能量可以分为物理内能、潜热能（即相变热能）以及化学反应热能等三部分。在焚烧过程中，各物质的能量项如下。

① 焚烧废物的能量 Q_w。

$$Q_w = H_f + Q_{nl} = m_f C_{pf} t_f + m_f Q_{fdw} \tag{6-16}$$

式中，H_f 为物料的物理焓能，kJ/h 或 kJ/s；Q_{nl} 为燃烧反应的发热量，kJ/h 或 kJ/s；m_f 为物料的质量流量，kg/h 或 kg/s；C_{pf} 为物料的比热容，kJ/(kg·℃)；t_f 为物料的温度，℃；Q_{fdw} 为低热值发热量，kJ/kg。

② 焚烧辅助燃料的加热量 Q_r。

$$Q_r = H_r + Q_{nl} = m_r C_{pr} t_r + m_r Q_{nlw} \tag{6-17}$$

式中，H_r 为燃料的物理焓能，kJ/h 或 kJ/s；Q_{nl} 为燃烧反应的发热量，kJ/h 或 kJ/s；m_r 为燃料的质量流量，kg/h 或 kg/s；C_{pr} 为燃料的比热容，kJ/(kg·℃)；t_r 为燃料的温度，℃；Q_{nlw} 为低热值发热量，kJ/kg。

在实际应用中，辅助燃料不一定是燃油，也有可能是固体粉末、固液混合体或气体，例如煤粉、煤浆、焦屑、尾气、高炉气以及其他可燃气体，分析计算过程也应考虑。

固体燃料：$Q_r = H_r + Q_{nl} = m_r C_{pr} t_r + m_r Q_{nlw}$

液体燃料：$Q_{rl} = H_{rl} + Q_{nll} = m_{rl} C_{pr} t_r + m_{rl} Q_{nlw}$

气体燃料：$Q_{rg} = H_{rg} + Q_{nlg} = m_{rg} C_{pr} t_r + m_{rg} Q_{nlw}$

其中 m_{rl} 和 m_{rg} 分别为液体和气体的流量，常用计算式如下：

$$m_{rl} = \rho V \tag{6-18}$$

$$m_{rg} = \rho G = \frac{\rho_0 G_0 T p}{T_0 p_0} \tag{6-19}$$

式中，ρ 为密度，液体单位为 kg/m³，气体单位为 kg/m³ 或 kg/kmol；V 为气体的体积流量，m³/s；G 为液体体积流量，m³/s；T 和 p 分别为流体的温度和压力，下标"0"表示标准状态。

③ 进风的物理热焓 H_1。

$$H_1 = \sum m_{1i} C_{p1i} t_{1i} \quad (i=1,\cdots,n) \tag{6-20}$$

式中，H_1 为空气的物理焓能，kJ/h 或 kJ/s；m_{1i} 为空气的质量流量，kg/h 或 kg/s；C_{p1i} 为空气的比热容，kJ/(kg·℃)；t_{1i} 为空气的温度，℃。

进风的布置与焚烧炉结构、物料特性以及流动要求有关，对于危险废物，一般至少设置三道进风（$n=3$），即燃烧室中布置一次和二次进风，而在第二焚烧室再布置进风。为了提高燃烧分解效率，经常利用余热或废热对进风进行预热，一般预热的温度（t_{1i}）为 150～350℃。

④ 排烟物理热焓 H_2。

$$H_2 = \sum g_i C_{p2i} t_2 + m_2 g_{H_2O} r + m_{2p} C_{pp} t_2 \quad (i=1,\cdots,m) \tag{6-21}$$

式中，H_2 为烟气的物理焓能，kJ/h 或 kJ/s；g_i 为烟气各组分的质量百分数，%；C_{p2i} 为烟气各组分的比热容，kJ/(kg·℃)；t_2 为烟气的温度，℃；m_2 为烟气总质量流量，kg/h 或 kg/s；g_{H_2O} 为水蒸气的质量百分数，%；r 为水蒸气的潜热，kJ/kg；m_{2p} 为烟气中灰尘的含量，kg/h 或 kg/s；C_{pp} 为烟气中灰尘的比热容，kJ/kg℃；t_2 为烟气中灰尘的温度，℃。

⑤ 排渣的物理热焓 H_s。

$$H_s = m_s C_{ps} t_s + m_s Q_{sdw} \tag{6-22}$$

式中，H_s 为废渣的物理焓能，kJ/h 或 kJ/s；m_s 为废渣质量流量，kg/h 或 kg/s；C_{ps} 为废渣的比热容，kJ/kg℃；t_s 为废渣的温度，℃；Q_{sdw} 为废渣残余发热值，kJ/kg。

⑥ 炉墙散热量 Q_λ。

$$Q_\lambda = \sum A_i (t_{1i} - t_{2i}) / r_i \, (i = 1, \cdots, n) \tag{6-23}$$

式中，A_i 为某处散热炉墙的面积，m²；t_{1i} 为炉墙内壁面温度，℃；t_{2i} 为炉墙外壁面温度，℃；r_i 为炉墙的导热热阻，m² · ℃/J。

对于平壁炉墙，导热热阻 $r_i = \sigma_i / \lambda_i$，$\sigma_i$ 和 λ_i 分别为炉墙的厚度和导热系数。对于圆柱壁面，导热热阻 $r_i = \ln(d_2 / d_1) / (2\pi\lambda L)$，其中 d_2 / d_1 为圆柱壁面外内直径的比值，λ 和 L 分别壁面导热系数和壁面厚度。

⑦ 漏风物理焓 H_{1x}。

$$H_{1x} = \sum m_{1xi} C_{p1xi} t_{1xi} \, (i = 1, \cdots, m) \tag{6-24}$$

式中，H_{1x} 为泄漏空气的物理焓能，kJ/h 或 kJ/s；m_{1xi} 为泄漏空气的质量流量，kg/h 或 kg/s；C_{p1xi} 为泄漏空气的比热容，kJ/kg℃；t_{1xi} 为泄漏空气的温度，℃。

采用上述定义式，很难计算实际漏风热能量，工程上采用以下方法估算：

$$H_{1x} = k Q_\lambda \tag{6-25}$$

式中，k 为经验系数。

经验系数 k 取值：密封性较差的工业焚烧炉，$k = 0.1 \sim 0.2$；有明显漏风或开孔的焚烧炉，$k = 0.3 \sim 0.5$；对密封性好的危险废物焚烧炉，$k = 0.01 \sim 0.1$。

实际工程中，因为进入冷空气温的度很低，很可能引起漏风位置焚烧区域温度的明显下降，从而影响化学反应的正常进行。

⑧ 进口冷却介质物理热焓 H_{1w}。

$$H_{1w} = \sum m_{1wi} C_{p1wi} t_{1wi} \, (i = 1, \cdots, n) \tag{6-26}$$

式中，H_{1w} 为初始进入时冷却介质的物理焓能，kJ/h 或 kJ/s；m_{1wi} 为初始进入时冷却介质的质量流量，kg/h 或 kg/s；C_{p1wi} 为初始进入时冷却介质的比热容，kJ/(kg · ℃)；t_{1wi} 为初始进入时冷却介质的温度，℃。

⑨ 出口冷却介质物理热焓 H_{2w}。

$$H_{2w} = \sum m_{2wi} C_{p2wi} t_{2wi} \, (i = 1, \cdots, n) \tag{6-27}$$

式中，H_{2w} 为出口处冷却介质的物理焓能，kJ/h 或 kJ/s；m_{2wi} 为出口处冷却介质的质量流量，kg/h 或 kg/s；C_{p2wi} 为出口处冷却介质的比热容，kJ/(kg · ℃)；t_{2wi} 为出口处冷却介质的温度，℃。

⑩ 动力机械耗功等转化为热能输入系统 Q_p。

$$Q_p = \sum Q_{pi} \, (i = 1, \cdots, n) \tag{6-28}$$

式中，Q_p 为各动力机械对焚烧炉系统的耗功 Q_{pi} 的总和，kW。

动力机械对焚烧炉系统的耗功，包括风机送风的机械做功、送水泵的做功以及辅助燃烧设备的机械做功等部分。一般情况下，该部分的能量数值较小，可以忽略不计。危险废物焚烧炉能量平衡关系如图 6-4 所示，其各项能量应满足能量关系式。

$$Q_w + Q_r + Q_p + H_{1w} + H_1 + H_{1x} = H_s + H_2 + Q_\lambda + H_{2w} \tag{6-29}$$

在危险废物焚烧的设计或操作管理过程中，废物的热值、水分、工业分析和元素分析、燃烧特性、烟气的物理特性、烟气成分、灰尘特性、排渣特性以及炉体的散热和漏风特性均难以准确测定，需根据经验或实验获得。

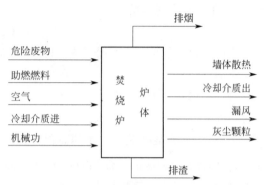

图 6-4　危险废物焚烧炉能量平衡关系

（2）焚烧过程化学平衡。

焚烧过程受到可燃物、着火温度和氧化剂三者的共同影响。可燃物达到可燃温度，在氧化剂作用下，可发生化学燃烧反应。完全的氧化燃烧反应，可将所有的有机物分解为 CO_2、H_2O、HCl、HF、SO_2、SO_3 及无机盐类物质，同时也生成一些残余有机物，甚至一些剧毒有机物。为确保焚烧过程完全和有机毒物的彻底焚毁，焚烧过程必须严格按照焚烧废物的数量和物性进行调控，包括空气分配和布置方式、炉排结构及其操作管理、反应温度及焚烧时间等。在进行燃烧过程的各种设计或操作以前，需要测定给定焚烧废物的成分，如元素组分，工业分析得到灰分、水分、热值以及挥发分，毒性分析等。

测量分析成分包括 C^y（碳），H^y（氢），O^y（氧），N^y（氮），S^y（硫），P^y（磷），Q_{dw}（发热值），A^y（灰分），W^y（水分），V^y（挥发分）。根据获得结果形成表观分子式，完成理论的化学反应：

$$C_m H_n S_i P_j O_k N_h = a H_2O + b CO_2 + c SO_2 + d PO_2 + e N_2 - Q \qquad (6-30)$$

式中，Q 是反应过程中的放热热焓。燃烧过程理论空气量是指在已知废物元素成分下，按照化学反应的方程式，在理想条件下燃烧所需的空气量。燃烧过程的化学反应计算，还包括反应前后热能变化计算及其平衡计算。

单位重量废物在理想条件下，进行完全燃烧所需氧气体积数 V_{O_2} 和空气体积数 V_a 分别为：

$$V_{O_2} = (1.866C^y + 5.56H^y + 0.07S^y + 0.07P^y - 0.07O^y)/100 \qquad (6-31)$$

$$V_a = V_{O_2}/0.21 = 0.0889C^y + 0.265H^y + 0.0333S^y + 0.0333P^y - 0.0333O^y \qquad (6-32)$$

式中，空气中的含氧量按 21% 计算，V_{O_2} 和 V_a 的单位为 m^3/kg。如果换算成为单位重量废物焚烧所需空气的重量数，则上式可以按如下公式换算：

$$V_a = \frac{29}{22.4}V_{O_2}/0.21 = 0.115C^y + 0.342H^y + 0.043S^y + 0.043P^y - 0.043O^y \qquad (6-33)$$

式中，V_a 的单位为 kg/kg。

实际过程中，进行焚烧反应需要增加空气量，实际空气量为 V：

$$V = \alpha V_a \qquad (6-34)$$

在过量空气系数为 $\alpha = 1.0$ 时，焚烧过程产生的烟气量（含水蒸气）G_0 的计算公式为：

$$G_0(m^3/kg) = 0.79V_a + 1.866C^y + 0.7S^y + 0.7P^y + 0.631Cl^y + 0.8N^y + 11.2H' + 1.244W^y$$

$$G_0(kg/kg) = 0.77V_a + 3.67 + 2S^y + 2P^y + 1.03Cl^y + N^y + 9H'W^y \qquad (6-35)$$

式中 $H' = H - Cl/35.5$。上述烟气中去除了水蒸气以后的烟气部分为进行理论燃烧时的干烟气，即分别去除 $1.244W^y$ 和 W^y 二项以后的剩余部分，计算得到的烟气为干烟气。

在过量空气系数 $\alpha \neq 1.0$ 时，烟气量 G 的计算式如下：

$$G = G_0 + (\alpha - 1)V_a \tag{6-36}$$

6.3.3 焚烧效果衡量指标

危险废物焚烧效果通过热灼减率、燃烧效率和焚毁去除率等进行评价。

（1）热灼减率

热灼减率（loss on ignition）是焚烧残渣在 $600℃ \pm 25℃$ 下灼烧，减少的质量与原焚烧残渣质量的百分比。根据式(6-37)计算：

$$P = \frac{A-B}{A} \times 100\% \tag{6-37}$$

式中，P 为热灼减率，%；A 为 $105℃ \pm 25℃$ 干燥 1h 后的原始焚烧残渣在室温下的质量，g；B 为焚烧残渣经 $600℃ \pm 25℃$ 灼烧 3h 后冷却至室温的质量，g。

（2）燃烧效率

燃烧效率（CE，combustion efficiency）为焚烧厂烟道排出气体中 CO_2 浓度与 CO_2 和 CO 浓度之和的百分比。根据式(6-38)计算：

$$CE = \frac{C_{CO_2}}{C_{CO_2} + C_{CO}} \times 100\% \tag{6-38}$$

式中，C_{CO_2} 为燃烧后排气中 CO_2 的浓度；C_{CO} 为燃烧后排气中 CO 的浓度。

（3）焚毁去除率

焚毁去除率（destruction removal efficiency，DRE）是被焚烧的特征有机化合物与残留在排放烟气中的该化合物质量之差与被焚烧的该化合物质量的百分比。根据式(6-39)计算：

$$DRE = \frac{W_i - W_o}{W_i} \times 100\% \tag{6-39}$$

式中，W_i 为单位时间内被焚烧的特征有机化合物的质量，kg/h；W_o 为单位时间内随烟气排出的与 W_i 相应的特征有机化合物的质量，kg/h。

6.4 危险废物焚烧工艺

常用危险废物焚烧设备包括回转窑、液体喷射炉、固定床和流化床。无论选用何种焚烧设备，废物的化学和热动力学性质决定了燃烧室的尺寸、运行条件（温度、过量空气、流速）、后续的烟气处理系统和灰渣处理系统。废物主要成分和含水率决定了化学计量燃烧空气需求量和燃烧时的气体流速和成分。这些参数对于决定燃烧温度、停留时间、废物/燃料/空气混合效率及烟气净化装置的类型和尺寸等也是非常重要的。在选择危险废物焚烧系统和设计时，要充分分析和考虑废物的类型和性质，合理选用高效经济的炉型和烟气处理装置，保证危险废物焚烧时的稳定和效率。危险废物焚烧处置通用工艺流程及污染物产生和控制措施如图 6-5 所示。

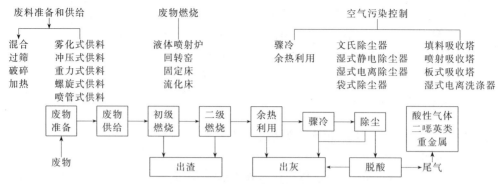

图 6-5 危险废物焚烧处置通用工艺流程及污染物产生和控制措施

注：有的工艺除尘和脱酸在同一工艺环节完成

危险废物焚烧处置是一个系统工程，对于其技术应用和管理，既考虑焚烧主体设备适用性，还要从焚烧全过程考虑相关配套技术应用、污染控制技术选择等，促进废物无害化处置。在污染控制措施方面，二噁英是重点关注物质，通过燃烧过程的"3T"控制，可抑制二噁英源头产生；通过急冷减少烟气在250～350℃温度区停留时间，能减少二噁英的重新合成；烟气中残余二噁英，通过活性炭吸附和催化氧化方法去除。重金属在烟气中主要以烟尘形式存在，可以通过电除尘、袋式除尘和湿式除尘的方式去除。SO_2通过湿式除尘（碱洗）方式去除。NO_x的控制一般通过氧气浓度控制来实现，最终通过SNCR和SCR等方法去除。

6.4.1 回转窑焚烧体系

（1）回转窑焚烧炉

回转窑焚烧炉具有密封性好、燃烧温度高、安全等优点，可同时处理固、液、气态危险化学品废物，如氯化有机溶剂（氯仿、过氯乙烯）、氧化溶剂（丙酮、丁醇、乙基醋酸等）、碳氢化合物溶剂（苯、己烷、甲苯等）、混合溶剂、废油、废杀虫剂及含杀虫剂的废料、废除草剂及含除草剂的废料、含多氯联苯的固体废物、黏着剂、乳胶及油漆、过期的有机化合物，是危险化学品废物处理的最常用炉型。

由于结构简单、坚固，炉内没有移动部件，外设的机械传动装置不受高温影响，回转窑焚烧炉寿命相对较长，维护方便。回转窑焚烧炉系统由供料输送装置、破碎机、浆料槽、管道、泵、计量装置、转窑炉、后燃烧室、预冷却器、洗气器和排气烟囱组成。回转窑焚烧炉的主体是可旋转圆筒形炉体，内有耐火衬里，依靠传动轮进行低速旋转。

回转窑炉以卧式倾斜放置，入料口高、出渣口低。典型回转窑焚烧炉的示意图如

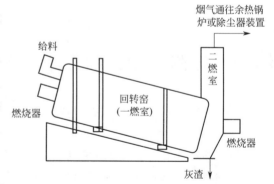

图 6-6 典型转窑焚烧炉的示意图

图6-6所示，这种焚烧炉可以用来处理夹带液体的大块固体废物。废物可先在干燥区蒸发水分和挥发有机物，蒸发物绕过回转窑，进入后燃烧室燃烧并送入气体洗涤器；凝聚态物质通

过引燃炉箅，点燃后进入回转窑燃烧，燃烧残余物主要为灰渣和不燃的金属物，冷却后排出处理系统。

回转窑焚烧炉需设置后燃烧室、除尘器或洗气器，以完全燃烧焚烧物，减少固体排放物和净化排放气体。在机械构造上，要求转筒的转动和固定部件之间具有高温密封性。

（2）回转窑操作方式

回转窑按其内气、固流动方向的不同，可分为顺流式回转窑和逆流式回转窑，如图6-7所示。顺流式回转窑焚烧炉更适于危险废物处理。

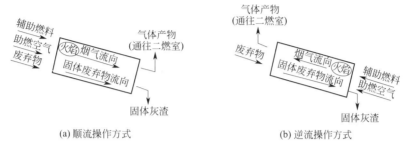

(a) 顺流操作方式　　　　　　　　(b) 逆流操作方式

图6-7　回转窑顺、逆流操作方式示意图

在顺流操作方式下，危险废物在窑内预热、燃烧以及燃尽阶段较为明显，进料、进风及辅助燃烧器的布置简便，操作维护方便，有利于废物的进料及前置处理，同时烟气停留时间较长。在逆流操作模式下，回转窑可提供较佳的气、固混合及接触，传热效率高，可增加其燃烧速度。但上料系统和除渣系统比较复杂，成本高；同时，由于气固相对速度大，烟气带走的粉尘量相对较高，回转窑内燃烧状况和烟气停留时间不易控制。

（3）回转窑燃烧模式

根据回转窑内燃烧后灰渣状态和炉内温度不同，可将回转窑分为熔渣式回转窑和非熔渣式回转窑，其中非熔渣式又称"灰渣式"。非熔渣式回转窑，在处理危险废物领域较熔渣式更为经济实用，工程应用更广泛。而熔渣式回转窑温度要求高，对于回转窑耐火材料、保温材料要求较高，进料系统和助燃系统材料成本高且运行寿命短；运行过程中辅材消耗大、价格昂贵；烟气中重金属和NO_x含量高，提升了后续烟气处理成本。虽然熔渣式回转窑熔渣热灼减率低，焚烧彻底，但运行成本高、使用寿命短等问题，并不占优势。

（4）焚烧炉的设计

危险废物焚烧处理回转窑设计时要考虑以下要素。

① 回转窑尺寸和运转方式的设计。回转窑尺寸须根据处理规模和容积热负荷参数确定。一般先根据危险废物成分计算出废物热值，再根据处理量确定废物单位时间在回转窑内燃烧所产生热量，然后根据选定的容积热负荷，确定回转窑容积，最后结合回转窑长径比，确定回转窑尺寸。回转窑容积热负荷参数，关系到炉内燃烧状况的好坏，回转窑容积热负荷范围为 $(4.2\sim104.5)\times10^4 kJ/(m^3 \cdot h)$，典型的长径比值为3～5。

对于回转窑运转方式，回转窑的倾斜角度一般在1°～3°，转速为0.2～5r/min，回转窑的转动方向应结合进料方式和助燃方式确定。难焚烧的危险废物，可采用大长径比与低转速回转窑来处理；而热值较高、易焚烧危险废物其所需时间较短，采用较大倾斜角与较高转速回转窑来处理。

② 回转窑耐火材料设计。回转窑的耐火砖需要根据待焚烧物特点确定，主要有莫来石

刚玉砖、高铝砖等。耐火材料是决定焚烧炉使用寿命的关键，选用原则包括：良好的化学稳定性，能抵抗炉内化学物质的侵蚀；良好的热稳定性，能抵抗炉温的变化对材料的破坏；高致密性，通透气孔率小，能降低酸性气体侵入钢制外壳发生酸性腐蚀的概率；良好的耐磨性，能抵抗固体物料的磨损和热气流的冲刷；合适的耐火度选择，经济耐用。

工程设计中，耐火层采用致密高铝耐火材料，隔热层则可采用轻质高铝耐火材料，两种材料压制成一体，经高温烧结后线性变化系数几乎相同，其厚度一般为300mm。复合高铝砖可使回转窑筒体表面温度在180℃左右，能避开HCl气体低温（<150℃）和高温（>360℃）腐蚀区，保证窑体使用寿命。

③ 预处理系统设计。危险废物中含有部分易燃物质，为防止危险废物破碎过程中引发火灾或爆炸，破碎机系统应配置注N_2控氧系统，破碎机插板阀前后配置氧含量在线检测仪。一旦氧含量高于6%，系统自动关闭上下液压闸门，启动按钮系统完成注N_2、氧含量检测、排料等功能。同时为保证插板阀的可靠运行，应在破碎机系统进出口设置液压插板门，进行双重保护。

④ 进料密封问题及处理。回转窑的窑头进料系统很容易引起回转窑窑头回火，有必要设计双液压翻板门来保证运行时的安全。进料时，两级液压门不能同时打开，上部进料斗料位到达设定值时，上部液压门自动打开，下部液压门关闭；落料完毕后，上部液压门关闭，下部液压门打开，危险废物通过溜槽进入回转窑。入料溜槽和两个液压门之间的中间料斗采用软水冷却。整个进料过程在密封和冷却状态下运行，确保安全运行。

⑤ 焚烧系统设计。焚烧系统通常采用"3T"原则进行燃烧控制，包括合适的燃烧温度（temperature）、足够长的烟气停留时间（time）和足够大的湍流度（turbulence），以及适宜的过量空气系数（excess air coefficient），确保危险废物有害成分充分分解，从源头上控制酸性气体、有害气体（二噁英类物质）的生成。

燃烧温度是保证焚烧炉彻底破坏危险废物的最重要因素，一般回转窑（一燃室）的运行温度为850～1000℃。二燃室正常运行温度为1100℃。二燃室的高温设计，有助于将回转窑中未燃尽部分物质充分焚毁。

停留时间是另一重要因素，危险废物在回转窑内的停留时间为30～120min；烟气在回转窑内的流速一般控制在3～4.5m/s，停留时间需控制在2s以上，烟气在二燃室的流速一般控制在2～6m/s，保证停留时间大于2s。

足量氧气和适量的搅拌是保证危险废物在高温下快速高效氧化的基础。在工程中，主要利用供风和辅助燃烧器来增加扰动。回转窑的过量空气系数通常取1.1～1.3，回转窑与二燃室总过量空气系数取1.7～2.0。

⑥ 焚烧系统的安全监控设计。回转窑焚烧系统需要监控的参数主要包括焚烧温度、窑内压力和烟气中的氧含量等。另外，观察孔和高温摄像装置可用于观察和监视窑内废物焚烧状况。烟气温度一般比较稳定，在回转窑的尾端设置多个热电偶温度计监测点，即可利用各温度计的平均温度来反映回转窑的焚烧温度。

回转窑压力是焚烧系统正常运行的重要参数。通过烟气处理部分引风机的抽力作用，维持窑内压力为-100Pa左右。负压过大，系统漏风风险增加，引风机电耗高；负压过小，燃烧工况波动时，窑内气体可能溢出窑外。可以通过在回转窑尾部端板安装差压变送器，将回转窑内压力实时传入中控室监控系统，参与焚烧控制与报警。当回转窑压力过高时，控制系统发出报警；当高于高限设定值时，控制系统将自动停止进料，焚烧系统进入"待料"状态。

烟气中含氧浓度必须控制在 6%～10% 范围内，二燃室出口烟道设有氧含量检测仪。二燃室出口处烟气氧含量和温度需与进料系统实现连锁控制。只有当温度、氧含量高于设定最低限值时，才允许进料，从而保证危险废物燃烧充分，降低颗粒物带出量，延长耐火材料使用寿命。

⑦ 回转窑结焦问题及处理。窑体内结焦主要是待处理物中低熔点盐类物质容易导致结焦。回转窑的燃烧机安装在窑头，燃烧温度很高，当入料中含有低熔点盐类的废料时，灰渣易变成熔融态，这些灰渣接近窑尾时，燃烧温度较低，熔融的灰渣容易黏结在耐火材料上。结焦问题可以通过设计优化和运行调控进行改善。

在设计优化方面，可将回转窑尾部插入二燃室，和二燃室共享一个出渣口，二燃室底部设置大开口出渣，便于大颗粒渣块落渣；同时在二燃室底部设置多组分燃烧机，保证二燃室的燃烧温度高于 1100℃，同时将窑尾温度提升至 1000℃ 以上，保证熔融的灰渣直接落到底部的水封捞渣机内。

在运行调控方面，应在废料进炉焚烧前，对各种废料进行化验，对含有低熔点盐类的废料，必须进行掺合方可入炉；运行时，一旦从窑尾观察镜观测到结焦现象，立即更换热值高、不含低熔点盐类的废物进行焚烧，提高窑尾温度将结焦融化。

⑧ 锅炉积灰腐蚀问题及处理。余热锅炉积灰和受热面腐蚀是危险废物焚烧中常见的问题，常见余热锅炉布置方式有卧式余热锅炉和立式余热锅炉，卧式布置的余热锅炉易积灰和腐蚀。可以选用自然循环立式水管锅炉，不设对流蒸发面和省煤器，以防止锅炉积灰。吹灰方式可以采用蒸汽吹灰，能有效去除积灰。设计时，进入过热器的烟气温度不超过 650℃，保证过热器管壁温度低于 450℃，避免过热器高温氯腐蚀。同时，在长期运行中，二燃室温度要控制在 1200℃ 以下，避免超温运行导致过热器腐蚀。

6.4.2 液体喷射炉焚烧体系

液体喷射炉可用于处理黏度低于 $2 \times 10^{-3} m^2/s$ 的泵送危险废物，如流动性的废液、污泥及泥浆等，重金属及水分含量高的危险废物、无机卤液及惰性液体则不适于在液体喷射炉内焚烧。液体喷射焚烧炉通常由一燃室和二燃室组成，一燃室有一个燃烧喷嘴，用以燃烧喷入的可燃液体和气体危险废物，不易燃烧的液体和气体危险废物通常不经过喷嘴，从后部进入二燃室。

液体喷射焚烧炉通常有立式和水平式两种，水分含量高、热值低、灰渣含量低的废液，多由水平式液体喷射焚烧炉处理，但水平式焚烧炉易于堆积灰渣，且不易清除；无机盐类含量高的废液及固体悬浮物多的污泥应以立式焚烧炉处理。两段式焚烧炉应用范围广，但投资费用高。两段立式液体喷射焚

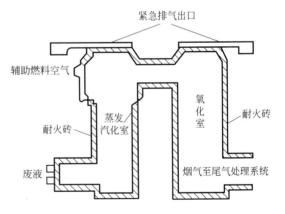

图 6-8 两段立式液体喷射焚烧炉

烧炉（如图 6-8 所示）由蒸发室和燃烧室两部分组成，废液从蒸发室下端进入炉内，在炉内蒸发、汽化后，由氧化室下端排出。气体在炉内曲折式流动，与氧气接触面大、混合度高，

焚烧效果较好。

　　喷嘴式液体喷射焚烧炉的核心部分是雾化设备，危险废物燃烧情况与所选用的喷嘴形式密切相关，表 6-3 列出各种雾化设备的雾化原理及特点。采用常规燃烧喷嘴的焚烧炉的放热速率为 $3.8 \times 10^5 \sim 1.14 \times 10^6 kJ/(m^3 \cdot h)$，配备涡流喷嘴的焚烧炉的放热速率可以达到 $1.5 \times 10^6 \sim 3.8 \times 10^6 kJ/(m^3 \cdot h)$；液体废物的焚烧一般需配备涡流喷嘴。

表 6-3　各种雾化设备的雾化原理及特点

喷嘴类型	雾化原理	雾化特点	适用废液	适用炉型
转杯式机械雾化废液喷嘴	借助转杯高速旋转产生的离心力将废液雾化	无需雾化介质，废液压力要求低；炉前管路系统简单	处理废液量一般小于 200kg/h，最大不超过 1000kg/h	—
涡流式废液喷嘴	废液利用自身的压力流经喷嘴内的旋流芯，在芯中高速旋转再由喷嘴中心小孔呈细雾状旋转流股喷入炉内	废液喷出扩散角小，流股狭长	处理废液量大，可以处理略含细微杂质的废液	细长（或细高）的炉型
蝶形涡流式废液喷嘴	废液从切线进入喷嘴腔内，利用废液自身压力在腔内产生涡流，经喷嘴头部小孔沿蝶形帽喷洒出去	喷洒面积大，雾化效果较差，液滴较大	废碱液	废碱液焚烧炉
加压机械雾化片式喷嘴	原理与机械雾化喷油喷嘴相同	要求废液压力为 $1.5 \sim 2.5MPa$，废液黏度为 $(1.2 \sim 3.5) \times 10^{-5} m^2/s$	不含固体及其他聚合物质的低黏度废液或废油	—
蒸汽雾化废液喷嘴	利用有压力的蒸汽作为雾化介质，在喷嘴内依靠多段高速蒸汽将废液打碎，使之雾化	需要消耗蒸汽，对低沸点的废液或废油会产生汽化问题	黏度较高的废液，废液黏度范围为 $(5 \sim 20) \times 10^{-5} m^2/s$，甚至可以达到 $4 \times 10^{-4} m^2/s$	—
高压空气雾化式喷嘴	原理与高压空气雾化燃油喷嘴相同	雾化压力大于 $0.3MPa$，废液黏度为 $(5 \sim 15) \times 10^{-5} m^2/s$，雾化空气量为理论空气量的 $10\% \sim 40\%$	废液处理量每小时几十千克到 2000kg	各种废液焚烧炉
低压空气雾化废液喷嘴	原理与低压燃油喷嘴相同	雾化介质为助燃空气，雾化能力差，要求废液黏度范围为 $(2.5 \sim 9) \times 10^{-5} m^2/s$	适用于与废油黏度相近的可燃有机废液，不能处理含固体微粒及有聚合物废液，处理量一般小于 1000kg/h，最大不超过 300kg/h	—
组合式喷嘴	废液喷嘴与补充的燃料喷嘴合为一体	喷嘴结构紧凑	废液热值较高	—

　　液体喷射焚烧炉的优势在于可焚毁各种不同成分的液体危险废物，处理量可调整的幅度较大，温度调节速率快，炉内中空，无移动的机械组件，维护费用和投资费用较低。但也存在一些缺点：无法处理难以雾化的液体危险废物，必须配置不同喷雾方式的燃烧器和喷雾器，难以处理各种黏度及固体悬浮物含量高的废液。

6.4.3　流化床焚烧体系

　　流化床焚烧炉多用于处理有机废液、黑液及下水道污泥等废物。废液及污泥可直接喷入炉内焚烧，废物须先经切割、破碎成直径小于 2～3cm 小块后，才可送入炉中。含钠、钾等碱金属盐类及低熔点物质含量高的废物不宜送入炉中，以免熔融物质附着炉壁，产生过热现象，或形成大块物体，积累于炉底，产生沟渠状的空气通道，妨碍燃烧反应的进行。

流化床炉内固体在空气带动下不停地翻滚或流动，气体和固体燃料或废物接触面积大，传热效率高，温度分配非常均匀，不仅可以完全燃烧，所需焚烧销毁温度也可适当降低。炉内温度通常控制在850℃左右，部分流化床在600℃左右也可运转。

流化床分为气泡式和循环式两种。气泡式炉早已普遍使用，而循环式炉的发展较慢，目前仅限于小量废物处理。气泡式流化床焚烧炉具有一个直立长方式或圆筒形燃烧室，燃烧室内充满粒状惰性固体，作为传热介质并维持固体存量的稳定（砂为最常用的介质）。空气由床底的分配器平均进入炉内，当空气速度高于固体最低流动速度时，固体床会悬浮起来，由于空气通过固体床时产生气泡，所以此类设计被称为气泡式。循环式流化床是利用高速空气带动固体物质在燃烧回路中循环反应。空气速度为3.5～15m/s。在这种速度下，几乎所有粒状固体物质可被气体带走。由于搅拌程度高，空气与固体物质接触面积大，相互混合程度佳，传热速率及燃烧速率较气泡式炉快。循环床炉适合于被有机物污染的土壤等粒状物质的焚烧。

流化床焚烧炉的优点包括燃烧室构造简单，内部没有移动的机械组件，维护费用低；燃烧效率高，单位体积的放热速率大，为其他焚烧炉的5～10倍；温度较低，过剩空气量小，燃料费用低；排气量较少，氮氧化物含量低，不需酸气去除洗涤塔，因此排气处理投资低；炉内温度分配均匀，炉内保持固定的热容量，所以受进料变化的影响小；废物中的卤素及硫分可以直接喷入炉内中和。但是流化床焚烧炉仅能直接处理液态、污泥或粒状固体物，块状及大形固体必须经过前处理；控制系统复杂，运转时必须小心，以维持炉压、温度的分配，灰渣排除及固体进料管道易受堵塞，运转费高；排气中粉尘含量高。

6.5　危险废物的水泥窑协同处置

6.5.1　水泥窑处理危险废物的优势

利用水泥窑将危险废物无害化、资源化的方法有两种：一是将固废作为替代燃料，二是将不可燃烧的部分作为水泥原料使用，可以将固废中有毒有害的物质固定在水泥中，而且以一定比例混入水泥原料中并不会使水泥质量明显下降。利用的水泥窑协同焚烧危险废物，具有以下三方面的优势。

（1）无害化优势

废物在水泥窑内焚烧后的残渣，某些重金属被部分固熔在水泥熟料的晶格中不再逸出或析出，减少了二次污染隐患。同时由于水泥原料呈碱性，可以在一定程度上抑制酸性气体的生成与排放。另外，水泥窑中温度高，停留时间长，可以将物料充分燃烧，避免残余有机物排放造成的环境污染。

水泥窑废气处理效果好。水泥烧成系统和废气处理系统，较长的废气路径、良好的冷却和收尘设备，对废气有着较高的吸附、沉降和收尘作用，收集的粉尘经过输送系统返回原料制备系统可以重新利用。

（2）技术优势

水泥窑内最高温度约1600℃，处理温度高，焚烧空间大，停留时间长；水泥窑系统是负压状态，能减少有害气体及粉尘外溢；可选择不同温度点投加废物，减少能耗；水泥窑热容量大、工作状态稳定，可消纳的危险废物种类多，处理量大，适用范围广。

（3）成本优势

水泥窑协同处置技术依附于水泥生产设备，不需要额外建设焚烧炉，只需要建设原料预处理系统以及改造尾气和收尘系统即可，设备投资少；水泥窑协同处置可以将部分不可燃危险固体废物充分利用，转化成水泥生产的原料，进一步节约了成本。

6.5.2 协同处置危险废物的水泥窑的要求

（1）水泥窑工艺及流程

我国普遍采用的是新型干法水泥窑，与老式干法水泥窑相比，采用了悬浮预热和预分解为核心的生产设备，具有传热速率高、热效率明显的特点，其工艺流程如图6-9所示。

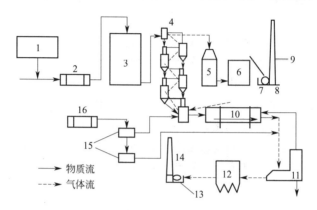

图6-9　新型干法水泥窑工艺流程

1—生料；2—生料磨；3—生料均化库；4—预热器；5—增湿塔；6、12—除尘器；
7、13—风机；8、14—烟囱；9—尾气采样台；10—旋转窑；11—冷却机；15—细煤泵；16—煤磨

水泥生料进入生料磨并经过预热、预分解之后再进入水泥回转窑烧成水泥熟料，通过冷却机的机床使熟料进一步冷却、破碎并卸到链斗输送机。整个系统可分为生料预热与分解（窑尾烧成）、窑头至分解炉热风管道（三次风管）、熟料煅烧（烧成窑内）、熟料冷却破碎（烧成窑头）四大部分。

（2）协同处置危险废物的水泥窑的要求

作为协同处置危险废物的水泥窑，其要求包括：水泥窑协同处置危险废物应选择新型干法水泥窑，且单线设计熟料生产规模不小于2000t/d（最好不小于4000t/d）；水泥窑工艺采用窑磨一体机模式，窑尾采用高效布袋除尘器作为烟气除尘设施并配备在线监测设备。

6.5.3 入窑危险废物的种类控制

水泥窑与专业危险废物焚烧炉相比，没有完整的烟气处理系统，不适用于所有的废物。对水泥窑协同处置的废物种类和特征进行控制至关重要，《水泥窑协同处置固体废物环境保护技术规范》（HJ 662—2013）规定了不允许进入水泥窑协同处置的黑名单，即放射性废物，爆炸物及反应性废物，未经拆解的废电池、废家用电器和电子产品，含汞的温度计、血压计、荧光灯管和开关，铬渣，未知特性和未经鉴定的废物等；但没有一个详细的清单对可

被处理的废物进行参考和比对，针对危险废物的参考热值、含水率、粒度等与协同处置相关的信息明显不足，需要进行试验后才能实现其处理的可行性。

6.5.4 入窑危险废物的预处理

对危险废物的预处理是为了满足协同处置的入窑（磨）要求，包括对废物进行干燥、破碎、筛分、中和、搅拌、混合、配伍、预烧的过程，通常根据危险废物特性以及参照兼容原理对其进行选择性预处理。预处理后的危险废物应满足水泥窑对原料以及燃料成分的要求；理化性质均匀，能够满足水泥窑工况的持续稳定运行，以及协同处置设施输送、投加的基本要求。

非挥发性固态危险废物形态各异、大小不一，为方便混合和焚烧，预处理方式主要是采用齿辊式破碎机进行破碎，经齿辊式破碎机破碎至小于 30mm 粒径，再经过磁选将铁粉、铁块分离出去。经过上述处理，就可以将非挥发性固态危险废物转移至水泥窑进行协同处置。挥发性固态危险废物需要用密封的运输车辆直接将其送至预热器旁的密闭式废料仓，液体危险废物在处置前要在中和均质罐中进行合理配比的混匀，罐材使用钢衬 FRP（玻璃钢），内部配置相应的搅拌设备，混匀的目的是调整液态危险废物的热值和酸碱性，混匀后的混合液经过滤后存于混合液储罐或吨桶中。按照危险废物的形态，一般分为以下六种预处理工艺。

（1）废液类危险废物

废液预处理的主要设施包括带有搅拌机的废酸液罐、废碱液罐、废有机液储罐和 2 个备用应急储罐，并设置有用于中和调质的酸、碱、混凝剂、助凝剂等添加装置。废液类危险废物预处理流程如图 6-10 所示。

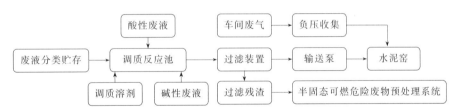

图 6-10　废液类危险废物预处理流程

应根据储存废物的物性分别向液态废物调质反应池内添加调和液，在确保没有不良反应及其他废物产生的情况下，进行废液之间的相互混合，保证处理后的废液酸碱度、热值等与水泥窑焚烧工况相适应。调质后的废液从废物调质反应池出来进入过滤装置，经过滤后由压缩空气输送泵喷枪雾化废液射入水泥生产线窑头、窑尾进行焚烧处置，过滤渣送至半固态处置系统。也可根据废液的毒性成分和酸碱度，分别使用耐酸碱泵将废液直接喷至窑头进行焚烧处理。

（2）低水分可燃危险废物

低水分可燃危险废物包括废包装物、废药品、废化学品等。由于其含水率较低，经破碎后，在分解炉或窑尾烟室高温带直接进行焚烧处理，其流程如图 6-11 所示。

图 6-11　低水分可燃危险废物预处理流程

（3）固态可燃危险废物

固态可燃危险废物包括医药废物、废药品、农药废物、木材防腐废物、精馏残渣、印染废物、有机树脂类废物等各种有机固态废物。此类废物经粉碎后，在分解炉或窑尾烟室高温带直接进行焚烧处理，其流程如图 6-12 所示。

图 6-12　固态可燃危险废物预处理流程

（4）半固态可燃危险废物

这类危险废物的物理特性表现为泥状、膏状等，黏度差异较大。一般采用"破碎—混合—泵送"工艺进行预处理，通过提升机或抓斗送至破碎机，经破碎后，进入混合器进行混合搅拌，以调整其均匀性。搅拌后的物料经过泵送装置泵送至水泥生产线分解炉进行高温焚烧处理，其流程如图 6-13 所示。

图 6-13　半固态可燃危险废物预处理流程

（5）非挥发性生料配料类危险废物

非挥发性生料配料类危险废物经运输车运入厂区，卸入非挥发性危险废物专用储存库内，通过卸料斗和计量设备后，经输送机送入原料磨，与其他生料一起配料粉磨，然后送入生料储库内贮存，其预处理流程如图 6-14 所示。

图 6-14　非挥发性生料配料类危险废物预处理流程

为满足储存及工艺要求，避免对水泥生产产生不利影响，入磨处置的非挥发性固体废物含水率需低于 40%，必要时需要单独配置破碎或粉碎装置。

（6）飞灰类危险废物

垃圾焚烧发电厂产生的飞灰（HW772-002-18）和危险废物焚烧厂产生的飞灰（HW772-003-18），在含氧量合适的情况下，可以直接进入水泥窑窑头焚烧处置。根据计算的 Cl 投加限量，投加少量的飞灰类危险废物，不会对水泥生产线和熟料质量造成明显影响。

飞灰类危险废物的预处理流程如图 6-15 所示，飞灰类危险废物经专用运输车运入厂区，泵入专用储存仓内，计量后经喷射进入窑头焚烧。该工艺要求飞灰类危险废物的含水率在 5% 以下。

图 6-15　飞灰类危险废物的预处理流程

6.5.5　入窑危险废物的配伍

危险废物在入窑前应经过适当的配伍来确保窑内燃烧的安全性与稳定性，具有以下性质的危险废物应极力避免进行配伍：①危险废物与容器材料不相容；②发生剧烈的化学反应；

大量产热、起火、爆炸或产生大量高温高压气体；③产生易燃、有毒有害等危险气体。

危险废物在进行配伍时应符合以下一般原则。

（1）合适的热值

在维持窑内燃烧温度的前提下，确保烟气量增加很少，不破坏窑内平衡，《水泥窑协同处置工业废物设计规范》（GB 50634—2010）要求入窑废物的热值不低于 11MJ/kg。

（2）控制入窑酸性物质含量

酸性物质的存在主要会带来三个问题：腐蚀水泥窑；使生成的高温物料结皮并堵塞预热器；影响尾气的达标排放处理。SO_3 和 Cl^- 含量是对结皮堵塞影响最大的组分，少量氯化物（$CaCl_2$ 和 KCl）在 $850 \sim 950℃$ 时可以黏结 19 倍质量的 $CaSO_4$。《水泥窑协同处置工业废物环境保护技术规范》（HJ 662—2013）规定：入窑物料中氟元素含量不应大于 0.5%，氯元素含量不应大于 0.04%；通过配料系统投加的物料中硫化物硫与有机硫总含量不应大于 0.014%；从窑头、窑尾高温区投加的全硫与配料系统投加的硫酸盐硫总投加量不应大于 3000mg/kg（入窑物料）。

（3）控制入窑重金属含量

一些对环境危害性较大的重金属，包括 As、Cd、Pb、Mn、Cu、Ni、V 等，必须控制其在入窑废物中的含量。《水泥窑协同处置工业废物环境保护技术规范》（HJ 662—2013）规定：入窑物料中 Hg、（Tl+Cd+Pb+15As）和（Be+Cr+10Sn+50Sb+Cu+Mn+Ni+V）最大允许投加量分别为 0.23mg/kg、230mg/kg 和 1150mg/kg。

（4）控制入窑碱金属含量

碱金属氧化物在一定温度下会发生冷凝沉积作用，从而对水泥窑的管道造成堵塞，一般要求入窑碱金属含量在 0.1% 以内。

（5）保持焚烧的稳定性

碱金属和卤素含量高的危险废物通过适当比例混合，以及高热值与低热值的危险废物的混合，降低含水率，都可以提高处置过程当中的稳定性。

6.5.6　入窑危险废物投加

（1）危险废物的投加特征

投加过程是水泥窑协同处置过程中的关键环节，危险废物具有种类多、成分复杂等特点，不同的危险废物对系统的投加位置是有区别的，需要根据危险废物特性选择科学合理的投加点，降低处置过程对窑况及产品质量的影响。新型干法水泥窑的固体废物投加点主要有窑头的主燃烧器、窑门罩、分解炉、窑尾烟室和生料磨这五个部位，每个部位适合投加的危险废物见表 6-4。

表 6-4　水泥窑投加部位对投加危险废物的要求

水泥窑投加部位	适合投加的危险废物
窑头主燃烧器	液态或易于气力输送的小粒径固态废物； 含 POPs 物质或高毒、难降解有机物的废物； 热值高、含水率低的有机废物
窑门罩	不适于在窑头主燃烧器投加的液体废物，如各种低热值液态废物； 易于气力输送的小粒径固态废物

水泥窑投加部位	适合投加的危险废物
分解炉	所有废物
窑尾烟室	受物理特性限制无法从窑头投加的高毒、难降解有机物； 不可燃，有机质含量低
生料磨	不含有机物（有机质含量<0.5%，二噁英含量小于10ngTEQ/kg（TEQ指毒性当量），其他特征有机物含量<常规水泥生料中相应的有机物含量）和氰化物（CN含量<0.01mg/kg）的固态废物

根据表 6-4，危险废物的投加要求：

① 非挥发性的固体危险废物：须满足含水率低、不含有机质（<0.5%）和氰化物（<0.01mg/kg）的要求，并在配料端进料。用抓斗将破碎物料投送至进料斗，混合后再利用废物起重机搬运至输送卡车，运送至水泥生产配料库，经螺旋输送机直接送至原料磨粉磨，与生料粉等一道投加到窑中焚烧处置，起到替代原料效果。

② 挥发性固体危险废物：在窑尾进料，投加点设置范围除了窑尾烟室还包括分解炉和上升烟道。因为考虑到挥发性固体废物的特点，所以需要将其在窑体内较高温段加入。将危险废物按计量均匀送入提升设备，投加到回转窑窑尾烟室，经窑内高温焚烧处理，去除有害物质，形成水泥熟料。

③ 液态危险废物：窑头进料，通过传送泵将液体废物从中和均质罐输送至废液喷枪，经窑头多通道燃烧器喷入窑内进行焚烧处置。

④ 含重金属危险废物：可以投加的位置除了生料磨、窑尾烟室外，还有生料均化库、窑尾预热系统和熟料磨等，具体取决于所含重金属种类和含量的高低。例如，砷的化合物易挥发，投加位置应为窑尾烟室；含铅、镉污染的土壤，其成分和黏土相似，根据其粒径分布，投加位置可为生料磨或均化库；含砷、铅、镉的火法冶炼废渣，因其已经过火法煅烧，可直接送熟料磨作为水泥配料使用。

⑤ 飞灰：含有大量二噁英和可溶性金属，属于《国家危险废物名录》中的 HW18 类危险废物。对飞灰的预处理即水洗沉淀能够分离出其中的大量重金属，而通过水泥窑处理的主要是二噁英物质，投加过程是首先经过箅冷机余热烟气进行烘干处理，然后通过气力输送至窑尾烟室进行处理。

（2）危险废物投加量的计算

根据水泥厂的本底值和严控指标，按照各类危险废物的含量和每天的进料量，采用加权平均法计算出每天不同危险废物的配伍量，加权平均后的 S、Cl、F、K、Na 及 As、Pb、Cd、Cr、Cu、Ni、Zn、Mn 等重金属含量应满足水泥质量的要求。

① 测量水泥厂的本底值：采集水泥厂所有的原材料、混合材以及煤灰样品，测量其本底的 S、Cl、F、K、Na 及 As、Pb、Cd、Cr、Cu、Ni、Zn、Mn 等重金属含量。

② 检测危险废物中的含量：检测每类危险废物中的 S、Cl、F、K、Na 及 As、Pb、Cd、Cr、Cu、Ni、Zn、Mn 等重金属含量，按照每类元素的高中低含量将危险废物划为不同类别，列出严格控制的元素指标（严控指标）。

③ 限值计算：按照配伍计划，按式（6-40）计算出每天的入窑掺量。

$$入窑掺量 = \frac{生料量 \times (国标值 - 本底值)}{实测值 - 国标值} \tag{6-40}$$

6.6 危险废物的焚烧运营

6.6.1 危险废物的接收与贮存

（1）危险废物的预接收

① 危险废物预接收的流程。按照《危险废物经营单位记录和报告经营情况指南》（环境保护部公告 2009 年第 55 号）的规定，危险废物预接收流程如下：收到每批危险废物时，在决定接收之前，应当对危险废物进行检查，必要时进行分析，以确认所接收危险废物与转移联单、经营合同或其他运输档案所列危险废物是否一致。对以下情况，接收前应重新进行详细分析：a）有理由相信所接收危险废物的产生工艺发生变化；b）在对所接收的危险废物进行检查时，发现与转移联单或其他运输文件所列的危险废物不一致。

危险废物的预接收对象分为专类废物与非专类废物。专类废物一般比较稳定（经长时间接收分析后确定），比对相关数据并目测检验即可接受；非专类废物一般先进行指纹分析，指纹分析合格的方可接受（详细分析资料参照厂外分析数据），非专类废物需定期进行详细分析。

指纹分析是指根据特定危险废物成分表中某成分的固有化学特征的图形（谱），通过分析与对比来鉴别对象物是不是目标废物，根据特定成分的鉴别可以快速鉴别危险废物是否与转移联单相吻合，防止接收目标范围外的废物。例如矿物油具有特定的化合物组成，其色谱信息和光谱特征即是矿物油特征的油指纹，不同品种油的油指纹不同，受其他烃类污染源污染后油指纹会发生不同程度的变化。通过对油样的油指纹与签约时的油指纹进行对比，可确认废物是否为签约废物。

② 危险废物预接收的取样与分析。为保证危险废物符合焚烧炉的进料要求，在焚烧危险废物前，对危险废物的热值、含氯量、含硫量、重金属含量等相关参数进行分析。危险废物采样和特性分析应符合《工业固体废物采样制样技术规范》（HJ/T 20—1998）和《危险废物鉴别标准》（GB 5085.1～3—2007）中的有关规定。

（2）危险废物的接收

危险废物接收以后，根据《危险废物经营单位记录和报告经营情况指南》（环境保护部公告 2009 年第 55 号）的要求，应当对所接收的各危险废物以及在利用处置危险废物过程中新产生的危险废物进行物理化学分析，应跟踪记录其在经营单位内部运转的整个流程，确保经营单位随时掌握各危险废物的储存数量和储存地点，利用和处置数量、时间以及方式等情况。具体要求如下：

① 危险废物接收应认真执行危险废物转移联单制度。

② 危险废物现场交接时应认真核对危险废物的数量、种类、标识等，并确认与危险废物转移联单是否相符。

③ 焚烧厂均设有进场危险废物计量设施，计量系统应具有称重、记录、传输、打印与数据处理功能。危险废物接收是应当记录所接收的每批危险废物及新产生危险废物的种类、数量及储存、利用或处置的地点、数量、方式和时间。

④ 为跟踪危险废物在经营单位内部运转的整个流程，危险废物经营单位应对所接收的每批危险废物及每批新产生危险废物确定唯一的内部序号，如按接收日期加 3 位流水号确定

序号，例 2008-08-12-001；同时对所接收的各危险废物及各新产生危险废物确定唯一的内部编号，如按废物的来源，包括产生单位或产生工艺、性质、利用处置方式等进行编号。

⑤ 焚烧车间应设置一套储存系统，根据各物料的特殊性分别设置不同的储存区。储存区必须设有专用标志，并设有隔离间隔断。

⑥ 焚烧厂有责任协助运输单位在包装发生破裂、泄漏或其他事故时对危险废物进行处理。

（3）危险废物的贮存

危险废物的贮存场所和设施必须符合《危险废物集中焚烧处置工程建设技术规范》（HJ/T 176—2005）的相关规定，危险废物的贮存方法需符合《危险废物储存污染控制标准》（GB 18597—2001）中的以下规定：

① 应建造专用的危险废物贮存设施，也可利用原有构筑物改建成危险废物贮存设施。

② 在常温常压下易爆、易燃及排出有毒气体的危险废物必须进行预处理，使之稳定后贮存；否则，应按易爆、易燃危险品储存。

③ 禁止不兼容（相互反应）的危险废物在同一容器内混装。

④ 装载液体、半固体危险废物的容器内顶部与液体表面之间必须保留 100mm 以上的空间。

⑤ 在常温常压下不水解、不挥发的固体危险废物可在贮存设施内分别堆放。

⑥ 危险废物必须装入容器内，无法装入常用容器的危险废物可用防漏胶袋等盛装。

⑦ 盛装危险废物的容器上必须粘贴符合标准的标签。

6.6.2 危险废物的预处理

危险废物在焚烧处置前应对其进行预处理或特殊处理，达到进炉要求，以利于危险废物在炉内充分燃烧。废物的尺寸和物理、化学特性不适合直接进入焚烧炉焚烧时，须对废物进行破碎、调配等操作，使入炉的废物在尺寸和热值、化学成分上均符合焚烧炉的设计要求。

（1）常见预处理对象及方法

危险废物焚烧系统所配置的预处理生产线主要包括固态物料筛分预处理、硬质固态物料破碎预处理、污泥干化预处理、废液过滤预处理、精蒸馏残渣废物热融和过滤预处理。常见的预处理对象及方法见表 6-5。

表 6-5　常见的预处理对象及方法

对象	预处理方法或目的
粉状固体废物	防止扬尘和防泄漏
块状固体废物	破碎
半固体	搅拌及提高流动性或装桶(连桶一起焚烧)
酸、碱类废物	中和或(和)防腐蚀措施
液态废物	如废液中含有杂质,在废液进入喷嘴前必须经过预处理,去除废液中的固体物质,使之适合于泵的输送和喷嘴的雾化;同时废液应充分考虑其腐蚀性,必要时调节 pH
含水率高的废物	适当进行脱水处理,以降低焚烧能耗

（2）预处理流程

危险废物的预处理流程包括接收后的入库、配伍、入坑、破碎、混合、上料入窑等。

① 配伍：危险废物入炉前，依其成分、热值等参数进行调配，以保障废物入炉时热值和成分稳定。配伍有利于焚烧炉的稳定运行和降低焚烧残渣的热灼减率。

② 破碎：对大件的废物，需要破碎后再送入焚烧炉。

③ 混合：在焚烧前应将各种不同热值的固体、半固体废物进行搭配，用行车抓斗搅拌均匀后入炉焚烧；黏性较大的半固体与固体一起搅拌。

④ 其他：半固体的危险废物和酸、碱类废物需经预处理后或分离后再进行下一步处理。

废液中含有杂质会影响废液雾化质量，造成喷嘴堵塞，缩短喷嘴的使用寿命。所以，在废液进入喷嘴前必须经过预处理，去除废液中的固体物质，使之适合于泵输送和喷嘴雾化。

（3）预处理的作用

危险废物接收入焚烧厂以后，按照贮存的标准要求，计量后分别进入各车间。适合焚烧的废物经过破碎和调配等预处理，使其形态尺寸、有害成分含量、热值等满足焚烧炉要求后，送入焚烧炉。

① 使废物的形态尺寸满足焚烧炉的要求。焚烧炉的设计对废物的形态和尺寸有要求。尺寸过大会破坏进料系统或者炉体，需要经过破碎后才能送入焚烧炉。油漆渣等膏状废物不适合直接进炉焚烧，应当掺拌粉状料后，以抓斗等固体废物进料通道直接进料，粉状料可以是熟石灰、干木屑或其他需焚烧粉体料，混合及贮存过程中需注意避免扬尘。

② 控制废物的有害成分使其满足焚烧要求。危险废物种类多、来源复杂，有的含有特殊成分和有害成分。而焚烧炉及其烟气排放系统都是事先针对特定的废物组分和有害组分的浓度来设计的，尤其是烟气净化系统是针对一定的 Cl、F、S 浓度和重金属的含量来设计计算投入药剂量和设备流通量的，以保证烟气排放达标。某些有害成分含量高（重金属、Cl、F、S 等）废物突然进入焚烧炉时，造成烟气短时间超标、腐蚀热锅炉或者炉子本体；有些废物含有易爆易燃成分和腐蚀性，均不适合直接进入炉焚烧。为确保焚烧炉的安全、烟气达标排放，废物需经鉴别分析、排查不合适的成分和调配等处理步骤后，才能送入焚烧炉。

③ 使废物的热值满足焚烧要求。焚烧炉的设计一般是针对特定的热值废物，热值过低不能满足焚烧的温度要求时，需要消耗过多的助燃材料；而热值过高则会因为过温保护使焚烧炉达不到设计的焚烧容量。预处理可通过高、低热值物料配伍的手段，使入炉的废物热值在焚烧炉设计的热值范围内，实现稳定、安全、经济的焚烧处置。

④ 使废物的焦渣特性满足焚烧炉的要求。焦渣特性是指危险废物热分解以后剩余物质的形状。如果危险废物的灰熔点异常，加热后会黏壁，造成窑径缩小或者出渣堵塞等后果；如果废物含灰量过多，会使大量的灰渣覆盖在未燃物表面影响烧透、燃尽。为保障焚烧炉的安全和残渣的热灼减率满足相关标准的要求（<5%），需要采用预处理手段避免特殊化学组分入炉或者进行调配后入炉。

⑤ 满足其他运行要求。例如对含水量高的物料进行脱水处理以节省能耗。

6.6.3 危险废物的物料配伍

危险废物焚烧除了要关注一般焚烧的热值和"3T＋1E"外，还需要关注焚烧物质之间的兼容性等。因此，在危险废物焚烧前，对焚烧物质进行良好的配伍和积累相应的数据库非常重要。配伍的目的主要是保证焚烧处置的安全性、满足热值要求、降低过程污染控制、方便进料和延长焚烧炉寿命等。

物料配伍，是结合各拟焚烧物料热值、挥发分、硫氯含量、灰渣特性、包装等物理及化学性质，合理地对物料进行形态、热值、成分等均质化处理，以达到入窑焚烧成分稳定可控、燃烧均匀平衡的目的。

（1）按兼容性配伍

危险废物配伍的首要目的是保证焚烧处置的安全性，其次是保持焚烧的持续性和稳定性。两种以上危险废物混合，特别是废液，应避免产生大量的热量或高压、火焰、爆炸、易燃、有毒气体，以及剧烈的聚合反应；必须保证废物与容器、料仓及炉衬之间的安全性。

对于危险废液，入炉前须先了解废液的特性和性能。最主要的特性参数包括黏度、热值、水分、卤素（氯、氟、溴、碘等）含量、金属盐类、硫化物、环形或多环有机化合物及固体悬浮物的含量。进料调配时，首先要考虑废液的兼容性，以避免发生化学反应，导致有毒有害气体产生，甚至发生爆炸。

（2）按热值配伍

一般要求进炉危险废物的热值尽可能在焚烧炉设计的热值范围内，热值太低，需要添加辅助燃料，造成运行费用增加；热值太高，需要用惰性物质（过量空气、水等）限制炉温，同时使处理能力下降。此外，入炉废物的热值要保持稳定，使燃烧室热负荷控制在设计规定的范围，保证系统运行的经济可靠。

废液不能与固体混合，将废液按热值混合至 $18900 \sim 25600 kJ/kg$，可利用喷枪送入炉内焚烧，没有可配废液时，可将低热值的废液（$<18700 kJ/kg$）雾化后喷入第一燃烧室进行焚烧处理，将高热废液（$>18700 kJ/kg$）喷入二燃室燃烧。

（3）按特殊物质成分配伍

① 酸性污染物。应控制酸性物质含量，以减轻对焚烧设备的腐蚀，保证尾气达标排放。卤化有机物不仅影响废物的热值，也影响燃烧后烟气中酸性气体含量和烟气处理系统的运行效果。磷主要是有机磷化物，焚烧产生的 P_2O_5 在 $400 \sim 700℃$ 会加速金属和耐火材料的腐蚀，如果不控制好磷的含量，会大大缩短余热锅炉的使用寿命。入炉酸性物质含量一般宜控制在：Cl<1%，P、F<0.2%，S<1%。

② 环链或多环有机物。环链（含苯环物质）及多环（两个苯环以上）物质比直链物质稳定，难以分解。如环状物质含量高，必须提高焚烧温度，延长停留时间。

③ 金属盐类。碱性金属（钠、钾）盐类容易和其他金属盐类形成低熔点物质，导致结渣和腐蚀，需要和其他种类的废物混合，降低其入炉浓度。通常碱金属 K、Na、Mg 等物质含量宜控制在 0.1% 以下。

④ 重金属类。某些危险废物还含有较高的重金属汞（Hg）、镉（Cd）、铬（Cr）、铅（Pb）、砷（As）、锌（Zn）等，直接入炉将超过烟气净化系统的设计容量。为确保焚烧过程稳定、废物有效处置和烟气达标排放，经配伍后总体入炉的重金属含量应在设计值范围以内。

（4）按形状配伍

危险废物的形状不一，有膏状、液体、粉状、大块等，调配时要注意混匀、搭配焚烧。固态废物以桶装、散装形式最为常见，一般而言，投入进料口的固体废物长宽高均不宜超过40cm，最佳粒度为 10cm×10cm×20cm，对于类似轻抛物料等尺寸较大的废物需进行破碎预处理。散装固体废物在料坑内通过吊车抓斗混匀；不宜与包装桶分离的废物通过桶装提升机进料。

液态废物以直接焚烧和转包后焚烧两种形式为主。当不同液体混合时需要逐包装进行兼容性测试，避免发热、沉淀、产气等，废液区一般应设置高热值、低热值、高黏度及高硫氯等四类废液贮罐，作业时应避免喷烧性质差异大的废液，注意废液进料速率，避免引起炉内工况的大幅波动。

粉状物料在其混合及贮存的过程中需要控制扬尘，当粉末浓度在回转窑内过高时，易产生不完全燃烧及爆燃现象，在实际操作中常采用小桶、小袋等容器将膏状及粉状的物质分批、均匀地加入焚烧炉中。

6.6.4 焚烧系统关键工艺参数的调整

（1）温度的调整

对于难燃的物料可以控制二燃室温度不低于1100℃，窑尾温度不低于900℃；对于易燃尽的废物，焚烧温度可以适当降低，但必须保证焚烧物料在炉膛内保持稳定的火焰和燃尽率。炉膛的焚烧温度是依靠燃烧器的自动点火灭火实现的，炉膛温度的调整主要是指回转窑和二燃室自动控温点的设定，设定以上两个温度测点的上限和下限。回转窑和二燃室出口温度的调节要求分别见表6-6和表6-7。

过热蒸汽出口温度的调节方法：通过设定温度回馈信号控制减温器冷却水调节阀（手动阀）连锁，调节进入减温器的水流量，使温度保持恒定。

表6-6 回转窑出口温度的调节要求

序号	固废热值	废液热值	焚烧物种类	出口温度控制方式
1	较低	较低	窑内需要固体废物、废液、辅助燃料同时焚烧才能满足温度要求	通过回转窑出口温度与辅助燃料燃烧器的辅助燃料流量连锁，自动调节辅助燃料流量，从而保持回转窑出口温度满足要求并恒定
2	较低	较高	窑内同时焚烧固体废物、废液就能满足温度要求，不需辅助燃料	通过调节固体废物焚烧量使回转窑出口温度满足要求并保持恒定
3	较高	较高	窑内单独焚烧固体废物或废液就能满足温度要求，不需辅助燃料	仅焚烧废液时，根据其热值手动调节废液管路阀门，使回转窑出口温度满足要求并保持恒定；仅焚烧固体废物时，通过调节固体废物焚烧量，使回转窑出口温度满足要求并保持恒定
4	较高	较低	窑内同时焚烧固体废物、废液就能满足温度要求，不需辅助燃料	根据手动调节废液管路阀门，使处理固体废物、废液的综合处理能力满足设计要求，再通过调节固体废物焚烧量使回转窑出口温度满足要求并保持恒定

注：如果回转窑温度持续超过950℃至10min，必须停止进料。

表6-7 二燃室出口温度控制方式

序号	废液热值	焚烧物种类	出口温度控制方式
1	较低	二燃室内需要废液、辅助燃料同时焚烧才能满足温度要求	通过二燃室出口温度与辅助燃料燃烧器的辅助燃料流量连锁，通过设定温度回馈信号调节辅助燃料流量，自动调节二燃室出口温度，使其保持恒定
2	较高	二燃室内仅焚烧废液就能满足温度要求，不需辅助燃料	手动调节废液管路阀门，必要时调节固体废物焚烧量，使二燃室出口温度满足要求并保持恒定

注：如果二燃室出口温度持续超过1200℃至10min，必须停止进料。

急冷塔出口温度为180～200℃，其调节方法：通过设定温度回馈信号控制急冷泵后管路电动调节阀，调节急冷塔喷水量，使温度保持恒定。

布袋前进口温度约为 180℃，其调节方法：通过设定温度回馈信号控制雾化喷水泵变频，调节急冷塔喷水量使温度保持恒定。如果布袋前温度超过布袋能耐受的安全温度，则要求开启急排。同时减少炉子的焚烧负荷。

（2）压力的调整

系统焚烧压力的调整包括系统负压的保证和袋式除尘器前后压差的调整，为了防止焚烧系统运行时烟气外溢，必须保持整套系统在一定的负压下运行。系统中设有微差压变送器，用来监测窑头或窑尾的负压，并通过变频器控制引风机的转速（引风量）。

系统的负压测点设在回转窑尾和二燃室出口上，主体设备的负压从回转窑到湿式脱酸塔依次递增，如果系统的负压过大，必然会增加系统的耗油量（在焚烧相同物料情况下），负压过小会造成系统烟气外溢，影响操作环境，所以在保证系统烟气不外溢的前提下，应尽可能减小负压设定值。该设定值通过引风机变频器内部调整。

（3）含氧量的调整

系统含氧量一般以二燃室出口氧量为准，二燃室含氧量为 6%～10%（体积分数），通过设定二燃室出口氧含量回馈信号控制二次鼓风机变频，调整供风量，使二燃室出口氧含量保持恒定。

6.6.5 危险废物焚烧的烟气净化

危险废物经过焚烧处理以后，会产生大量的烟气，其中常含有灰尘、酸性气体、有机有毒气体、无机有害污染物以及重金属气体等物质。常见的污染物按照其物理化学性质可以分为颗粒物（即灰尘）、酸性气体（NO_x、HCl、HS、SO_2、SO_3、HF、HBr 等）、重金属污染物、不完全燃烧产物（CO、C、$C_m H_n O_i Cl_j N_k$ 等）和有毒有机物（PCDDs、PCDFs、TCDDs 等）。

烟道气离开二燃室时的温度为 1000～1200℃，其热量必须去除或回用，处理方式有两种：热量回收；热量不回收，冷却或淬熄烟道气。烟气净化系统通常具有温度调节、除去酸性气体和收集颗粒物的功能，按照最终是否有污水从系统中排出，分为干法、半干法和湿法系统。干法系统是用固体碱性粉末来吸收酸性气体，后接收尘装置；湿法是用碱液洗涤烟气，有废水排出，一般颗粒物在洗涤前收集以免形成大量污泥；半干法是在碱液雾化后喷入烟气洗涤塔，烟气水分在高温下被完全蒸发，反应后的产物以固态收集。三种系统的比较见表 6-8。

表 6-8 干法、半干法和湿法系统的比较

项目	干法	半干法	湿法
系统组成	料仓,管道式反应器或文丘里混合器＋布袋除尘器,粉末输送装置	浆液备料系统,喷雾系统,反应塔＋布袋除尘器	浆液制备、补充和循环系统,收尘装置,湿式洗涤塔,除沫器,污水处理装置
酸性气体的去除	效率低;石灰与酸性气体的化学量比为 2 时,HCl 去除率可达 90%,SO_x 去除率可达 85%	效率适中;石灰与酸性气体的化学量比为 1.9～2.2 时,酸性气体去除率为 92%～97%	效率高;石灰与酸性气体的化学量比为 1 时,HCl 去除率在 98% 以上,SO_x 去除率在 90% 以上
颗粒物的收集	可同时进行	可同时进行	可同时进行,但需要在反应器前设除尘器
重金属的去除	不能	部分能	能同时去除

总体来说，干法净化工艺是将干式吸收剂粉末喷入炉内或烟道内，使之与酸性气态污染物反应，然后进行气固分离，其组合形式一般为"干法管道喷射—除尘"。危险废物焚烧产生的烟气经降温后，与烟气管道内的吸收剂粉末充分混合并发生化学反应，反应产物和未反应的吸收剂随后进入后续的除尘器而被捕获，以干态的形式排出，净化后的烟气经烟囱排入大气。干法通常不能满足排放要求，目前多与半干法组合使用，典型的半干法（旋转喷雾反应塔）＋干法（碳酸氢钠喷射＋活性炭）＋袋式除尘器组合工艺如图 6-16 所示。

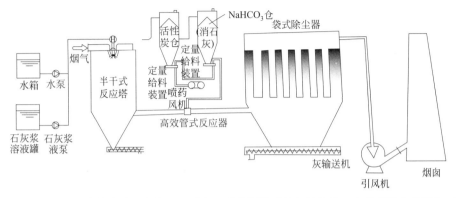

图 6-16　半干法（旋转喷雾反应塔）＋干法（碳酸氢钠喷射＋活性炭）＋袋式除尘器组合工艺

半干法净化工艺是利用 CaO 加水制成的 $Ca(OH)_2$ 悬浮液与烟气接触反应，去除烟气中的酸性气态污染物的方法，其组合形式一般为"喷雾干燥吸收塔—除尘器"，传统的半干法烟气净化工艺如图 6-17 所示。石灰经磨碎后形成粉末状吸收剂，加入一定量的水形成石灰浆液，以喷雾的形式在反应器内完成对气态污染物的净化过程。

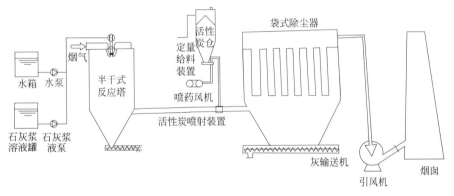

图 6-17　传统的半干法烟气净化工艺

湿式净化工艺污染物去除效率高，技术成熟，目前应用广泛，其系统组成和各组成部分的功能见表 6-9。但湿法排放的洗涤液吸收了大量水溶性重金属组分以及其他污染物，为此必须对其进行处理，增加了设备投资；而且湿法工艺流程较为复杂，一次性投资高，耗电量和耗水量较大，普遍存在腐蚀、结垢、阻塞、风机带水以及污水需净化处理等问题。

表 6-9　湿法烟气处理系统的组成部分与功能

组成部分	功能
急冷塔	将烟气温度降至合适范围以内，以便于后续处理，同时避免二噁英类物质的再合成

组成部分	功能
脱酸塔	去除烟气中的酸性气体
除尘器	去除烟气中的粉尘以及凝附于活性炭上的重金属、二噁英
辅助设施	配备石灰、活性炭及输送管线、泵、阀等
烟囱	烟气最终排放

烟气处理系统有时还会配备除 Hg 反应器、De-NO$_x$ 装置等，具体可根据焚烧对象和规模，配备部分或全部装置。

6.7 危险废物焚烧发展趋势

截至 2020 年年底，我国危险废物焚烧处置单位数量达到 308 家，危险废物焚烧设施核准焚烧规模达到 715 万吨/年。危险废物焚烧运行水平有待提高，需在环境质量改善、设施运行能力提升和推动行业规范规模化三个层面加强推进。

6.7.1 完善污染物控制要求，实现环境质量改善

随着环境质量改善要求的日益提高，围绕大气污染防治攻坚战和区域环境质量改善的要求，我国已对多个行业加严了大气污染物排放限值指标，需要进一步完善危险废物焚烧设施污染控制标准，以适应环境质量改善的新需求。如《危险废物焚烧污染控制标准》（GB 18484—2020）规定危险废物焚烧设施的氮氧化物（以 NO$_2$ 计）、汞及其化合物的排放浓度限值分别为 300mg/m^3 和 0.05mg/m^3，依然远高于《火电厂大气污染物排放标准》（GB 13223—2011）规定的火力发电燃煤锅炉氮氧化物（以 NO$_2$ 计）、汞及其化合物的 100mg/m^3 和 0.03mg/m^3。

6.7.2 促进技术发展，保障设施运行能力提升

我国危险废物焚烧设施无论是系统技术集成，还是设施处置规模，都取得了长足的发展，但仍有部分设施在新技术应用和运行能力发挥方面存在不足，需要完善标准来促进老旧设施改造、新技术应用和规范新设施建设。

6.7.3 提升环境管理水平，推动行业规范化规模化发展

国家针对危险废物处置行业颁布了各项政策规划，对行业发展提出了更高的要求，需要通过标准的要求提高危险废物处置行业整体环境管理水平，以期推动行业规范化规模化发展，补齐危险废物处置能力短板。

思考题

1. 简述焚烧法处置危险废物的要求、特点及机理。

2. 简述危险废物焚烧预处理和配伍的主要内容及相关规定。

3. 简述危险废物焚烧处置设备的类型及特点。

4. 简述回转窑焚烧炉的操作方式和焚烧模式，以及焚烧过程中的主要问题。

5. 简述炉排焚烧炉的工作方式和焚烧特点。

6. 简述危险废物焚烧工艺流程及控制要求。

7. 简述如何控制危险废物焚烧尾气污染。

第 **7** 章

危险废物的固化/稳定化技术

为方便危险废物运输、贮存以及处置，通常会采取一些措施来降低物品的流动性、逸散性和危害性。固化/稳定化（solidification/stabilization）是常用的方法，通过将危险废物中的污染组分呈现化学惰性或被包容起来，延迟有毒有害物质向外界环境渗透。该技术起源于20世纪50年代的放射性废物的处理，目前已经成功应用于放射性废物、疏浚底泥、工业污泥和危险废物的无害化和资源化处理过程。

7.1 概述

7.1.1 基本定义

固化是一种利用添加剂（惰性基材）改变废物工程特性（如渗透性、可压缩性和机械强度等）的过程，而稳定化是一种将污染物全部或部分固定于用作介质、黏结剂或其他形式添加剂中的方法。固化可以看作一种特定的稳定化过程。美国环境保护局（US EPA）规定：固化·（solidification）是添加固化剂于废物中，不管废物与固化剂间是否产生化学结合，均使其转变为不可流动性或形成固体的过程；稳定化（stabilization）是指将有害污染物转变成低毒性、低溶解性及低移动性的物质，以降低有害物质潜在污染的技术。

7.1.2 固化/稳定化应用场景

固化/稳定化处理主要应用场景如下。

① 具有毒性或强反应性等特征的废物，不符合直接填埋的要求，需要进行固化/稳定化后进行填埋。《危险废物安全填埋处置工程建设技术要求》规定：对不能直接入场填埋的危险废物必须在填埋前进行固化/稳定化处理，并建相应设施；重金属类废物应在确定重金属的种类后，采用硫代硫酸钠、硫化钠或重金属稳定剂进行稳定化处理，并酌情加入一定比例的水泥进行固化。

② 其他处理过程所产生的有毒有害残渣，特别是危险废物处理过程中产生的飞灰和灰渣等进行最终处置时，需要进行固化/稳定化处理后填埋。例如生活垃圾焚烧飞灰中有部分有毒物质的积累以及二噁英等物质的生成，需要稳定化处理。

③ 部分量大、污染较为严重的土壤，某种意义上也属于危险废物，可以通过固化/稳定化处理，来降低土壤污染物毒性。但是如何通过给料和混合的方法，将药剂与待处理土壤有效混合等，是个极大的技术难题。

7.1.3 固化/稳定化处理的基本要求

判断固化/稳定化处理效果，需要综合考虑经济、稳定度、出路等问题，其基本要求包括：①固化体应具有良好的抗渗透性、抗浸出性、抗干湿性、抗冻融性及足够的机械强度等。最好能作为资源加以利用，如作建筑基础和路基材料等。②最终产品中有毒有害物质的水分或其他指定浸提剂所浸析出的量，不能超过容许水平（或浸出毒性标准）。③固化过程所需材料少，能耗低，增容比小。④固化工艺简单、便于操作，减少有害物质逸出。⑤固化剂来源丰富、价廉易得。⑥处理费用低。当然现实中没有一种固化/稳定化方法产品，可以完全满足这些要求，最重要的是固化后产品的稳定性和增容比。

7.2 固化/稳定化技术工艺

固化/稳定化技术效果主要取决于固化基材选择及固化反应过程。根据基材选择和反应过程的不同，常用的固化/稳定化方法包括：①水泥固化；②石灰固化；③塑性材料固化；④有机聚合物固化；⑤自胶结固化；⑥熔融固化（玻璃固化）；⑦化学药剂稳定法。方法的选择需要根据待处理物质的特性来决定，自胶结固化更适用于处理无机危险废物，尤其是一些含阳离子的危险废物；有机危险废物及无机阴离子危险废物则更适宜采用无机危险废物包封法处理；《危险废物安全填埋处置工程建设技术要求》规定：焚烧飞灰可采用重金属稳定剂或水泥进行稳定化/固化处理，而酸碱污泥则可使用中和方法进行处理；含氰污泥需用稳定化剂或氧化剂处理；散落的石棉废物可采用水泥进行固化；大量含包装的石棉废物可采用聚合物包裹处理。水泥基固化法，因为成本较低，操作简单，强度高，目前应用最为广泛。表 7-1 为各种固化/稳定化技术的适用范围和优缺点。

7.2.1 水泥固化技术

（1）水泥固化技术原理及过程

表 7-1 固化/稳定化技术的适用对象和优缺点

技术	适用对象	优点	缺点
水泥固化法	重金属、废酸、氧化物	能适应废物性质的变动； 处理成本低，无需特殊设备； 通过控制比例来控制结构强度和不透水性	废物含盐类会造成固化体破裂； 有机物分解造成破裂，降低结构强度； 消耗大量水泥，增加处置物体积和质量

技术	适用对象	优点	缺点
石灰固化法	重金属、废酸、氧化物	物料价格便宜、容易购得；操作不需特殊设备及技术；可维持波索来反应	固化体强度低、养护时间长；体积膨胀率大，增加清运处置量
塑性固化法	部分非极性有机物、废酸、重金属	固化体渗透性较其他固化法低；对水溶液有良好的阻隔性	需要特殊设备和专业技术人员；不适用含氧化剂或挥发性物质废污水；废物需先干燥、破碎
自胶结法	含有大量硫酸钙和亚硫酸钙的废物	烧结体性质稳定、结构强度高；烧结体不具有生物反应性和易燃性	应用范围窄；需要特殊设备和专业人员
熔融固化法	不挥发的高危害性废物、核废料	玻璃体可确保长期的高稳定性；可以利用废玻璃进行固化；对核废料处理技术成熟	不适用可燃或挥发性废物；高温、能耗大；需要特殊设备及专业技术人员；设施投入和处理成本高
化学药剂稳定法	重金属、氧化剂、还原剂	技术成熟、有多种化学药剂可选用；重金属稳定化效果好；增容增重少，处理成本低	对不同废物需要研制不同配方；废物成分发生变化时，会影响稳定化效果

水泥固化是指以水泥作为主要胶凝材料的固化技术，作为一种无机胶结材料，经过水化反应后可以生成坚硬的水泥固化体。最常用的水泥是普通硅酸盐水泥（波特兰水泥），也可以根据不同需求掺入少量的诸如飞灰、硅酸钠、膨润土或专利产品等活性剂，以强化反应过程和固化效果。主要流程：从废物储料区或飞灰储罐中抽取将要处理的危险废物试样，根据其化学成分，结合固化剂、药剂和水等在化验室进行配比实验；检测形成固化体的抗压强度、凝结时间、重金属浸出浓度等参数，找出最佳配比，如药剂品种、配方、消耗指标及工艺操作参数等。水泥固化过程中的化学反应主要包括水化反应和碳酸盐化反应，其中起主要作用的是水化反应。

① 水泥固化的水化反应。水泥的水化反应所产生的结构与其贡献强度是固化主要考虑要素。水泥在水化反应过程中，可将有害微粒包容，逐渐硬化直至形成固化体，从而达到稳定化、无害化的处理要求。当危险废物与水泥比例超过一定值时，水泥的水化反应将会中毒。水泥与水混合后会在较短时间内在水泥颗粒表面生成一层胶体，之后其他水化产物继续生成。胶体层一般是可渗透性的，Fe 和 Al 等可以透过胶体层，生成更多的水化产物；当有危险废物存在时，通常会发生络合反应或沉淀反应使胶体层变得不可渗透，影响水化反应过程。

水泥的水化反应是一个十分复杂的过程，其主要矿物组成在水化过程中的反应包括以下几种。

硅酸三钙的水合反应

$$3CaO \cdot SiO_2 + x H_2O \longrightarrow 2CaO \cdot SiO_2 \cdot y H_2O + Ca(OH)_2$$
$$\longrightarrow CaO \cdot SiO_2 \cdot m H_2O + 2Ca(OH)_2$$
$$2(3Ca \cdot SiO_2) + x H_2O \longrightarrow 3CaO \cdot 2SiO_2 \cdot y H_2O + 3Ca(OH)_2$$
$$\longrightarrow 2(CaO \cdot SiO_2 \cdot m H_2O) + 4Ca(OH)_2$$

硅酸二钙的水合反应

$$2CaO \cdot SiO_2 + x H_2O \longrightarrow 2CaO \cdot SiO_2 \cdot x H_2O$$

$$\longrightarrow CaO \cdot SiO_2 \cdot mH_2O + Ca(OH)_2$$
$$2(2Ca \cdot SiO_2) + xH_2O \longrightarrow 3CaO \cdot 2SiO_2 \cdot yH_2O + Ca(OH)_2$$
$$\longrightarrow 2(CaO \cdot SiO_2 \cdot mH_2O) + 2Ca(OH)_2$$

铝酸三钙的水合反应

$$3CaO \cdot Al_2O_3 + xH_2O \longrightarrow 3CaO \cdot Al_2O_3 \cdot xH_2O$$

如有 $[Ca(OH)_2]$ 存在，则为

$$3CaO \cdot Al_2O_3 + xH_2O + Ca(OH)_2 \longrightarrow 4CaO \cdot Al_2O_3 \cdot mH_2O$$

铝酸四钙的水合反应

$$4CaO \cdot Al_2O_3 + xH_2O + Fe_2O_3 \longrightarrow 3CaO \cdot Al_2O_3 \cdot mH_2O + CaO \cdot Fe_2O_3 \cdot nH_2O$$

普通硅酸盐水泥的水化过程主要反应如图 7-1 所示，最终生成硅铝酸盐胶体的系列反应速率较慢，在保证固化体足够强度下，需要在有足够水分的条件下维持很长的时间对水化的混凝土养护。而铝酸三钙反应最为迅速，该反应确定了普通硅酸盐水泥的初始状态。

$$3CaO \cdot Al_2O_3 + 6H_2O \longrightarrow 3CaO \cdot Al_2O_3 \cdot 6H_2O + 热量$$

有机物对水泥基固化效果会产生影响：有机酸的加入能降低孔隙溶液的 pH，阻碍水化反应中二次反应发生；石油与不混溶的碳氢化合物会因包裹在水泥颗粒表面，而推迟水化反应的发生，但不会降低固化产物的最终强度；金属硝酸盐对水泥水化反应影响很大，可使水化反应程度降低 50% 左右。

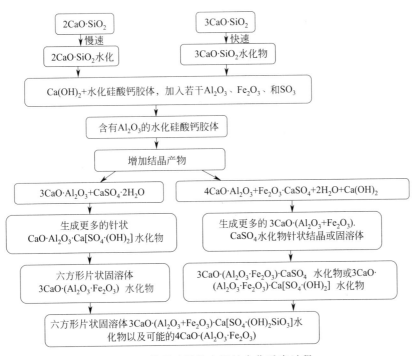

图 7-1　普通硅酸盐水泥的水化反应过程

② 碳酸盐化反应。碳酸盐化反应，即含碳酸的水溶液使原生硅酸盐矿物分解、破坏，并产生新的矿物和碳酸盐类的反应。该过程对固化产物重金属的浸出行为影响不大，但水泥碳酸盐化反应可以诱发凝结作用，并明显提高其抗压强度，而危险废物重金属可提高其碳酸盐化作用的敏感性。碳酸盐化反应影响固化效果主要体现为：水化硅酸钙（CSH）是固定

有害废物的重要组分，但是污泥等废物的存在严重影响了 CSH 产生，碳酸盐化作用可以改变 CSH 胶体的离子交换能力，随着 OH^- 和 Ca^{2+} 的不断消耗，胶体的聚合程度不断加深。钙矾石（AFt）/水化单硫铝酸钙（AFm）、氢氧钙石（CH）和 CSH 胶体都可发生碳酸盐化反应，CSH 胶体碳酸盐化作用生成硅胶和 $CaCO_3$，钙矾石的碳酸盐化反应为

$$3CaO \cdot Al_2O_3 \cdot CaSO_4 \cdot 32H_2O + 6CO_2$$
$$\longrightarrow 3CaCO_3 + 3(CaSO_4 \cdot 2H_2O) + Al_2O_3 \cdot xH_2O + (26-x)H_2O$$

钙矾石在水泥材料样品中大量存在，其与 CO_2 的反应生成方解石，可以填充多孔材料，使材料更加致密并增强其结构完整性。

（2）混合方法及设备

水化过程的混合方法需要充分考虑废物特性，包括外部混合法、容器内混合法和注入法等。

① 外部混合法。外部混合法是将废物、水泥、添加剂和水在单独混合器中混合，充分搅拌后再注入处置容器中（如图 7-2 所示）。该方法所需设备较少，但批量处理生产后混合器需要洗涤，会产生二次污染。

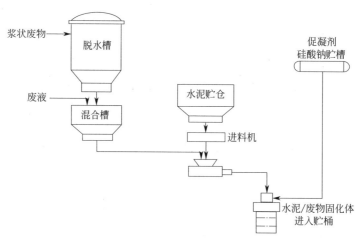

图 7-2 外部混合法

② 容器内混合法。容器内混合法是直接将需混合的废物、水泥及其他添加剂加入最终处置使用容器内，然后用可移动的搅拌装置混合（如图 7-3 所示）。其优点是不产生二次污染物，但由于处置所用的容器体积有限（通常所用为 200L 的桶），充分搅拌困难，且空间利用率低，大规模应用时，操作控制较困难。该法适合于处置危害性大但数量少的废物，例如放射性废物，也适合危险废物的地下贮存过程。

③ 注入法。对于粒度较大或粒度不均匀、不便搅拌的危险废物，可以先将废物置于桶内，然后再将制备好的水泥浆料注入，液态废物可同时注入。为混合均匀，可将容器密闭后放置在以滚动或摆动方式运动的台架上。应充分考虑物料搅拌可能产生气体或放热，从而增加容器压力，因此需要控制容器内物料体积。

（3）影响因素

影响水泥固化效果的因素，主要包括 pH 值、水—水泥—废物配比、凝固时间以及影响水泥性能的添加剂等。

① pH 值。pH 值影响溶液中溶质沉淀性能和溶液离子强度等。危险废物中金属离子的

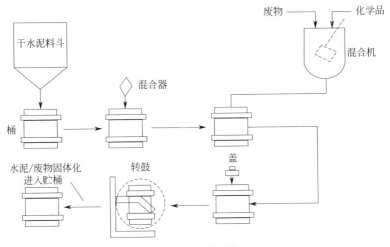

图 7-3　容器内混合法

固化，一般采用高 pH 值，金属离子大都会以氢氧化物形式沉淀，也有利于生成碳酸盐沉淀；但过高的 pH 值，则又容易形成带负电荷的金属离子羟基络合物，促进金属离子的溶出，如铜（pH＞9 时）、Pb（pH＞9.3 时）、Zn（pH＞9.2 时）、Cd（pH＞11.1 时）、Ni（pH＞10.2 时），都会形成金属络合物，造成溶解度增加。

② 水—水泥—废物配比。水—水泥—废物配比对水泥固化效果影响很大，水分过少，则无法保证水泥充分水合作用；水分过多会出现泌水现象，影响固化块的强度。水—水泥—废物配比需用试验方法确定，常用水固比可取 1∶3 或 1∶4。

③ 凝固时间。初凝和终凝时间控制是确保水泥与废物混合浆料混合后，有足够时间进行输送、装桶或者浇注的关键。通常初凝时间大于 2h，终凝时间在 48h 以内，加入促凝剂（偏铝酸钠、氯化钙、氢氧化铁等无机盐）或缓凝剂（有机物、泥沙、硼酸钠等）则可调控凝结时间。危险废物中的重金属组分对初凝和终凝时间影响较大，Cd 会减少初凝时间，Pb 会使初凝终凝时间延长，并降低水泥样品抗压强度 30%，Zn 可以引起水泥的速凝，Cr 则对水泥的凝结时间影响不大。

④ 其他添加剂。不同添加剂对于水泥水化过程影响较大，适量沸石或蛭石可消耗一定的硫酸盐，避免固化体因含有过多的硫酸盐而导致固化体的膨胀和破裂；在电镀污泥的固化过程中，沸石的加入虽然会降低水泥固化产物的抗压强度，但沸石的吸附和水泥水化共同作用会使重金属浸出浓度远低于单独水泥固化样品。氯化钙可以使水泥的水化初凝提前，显著提高固化体的早期强度；少量的硫化物有助于固定重金属离子，降低重金属离子浸出速率；天然胶乳聚合物改性普通水泥可提高水泥浆颗粒和废物间键合力，同时聚合物可以填充固化块中小孔隙和毛细管，从而降低重金属的浸出。

（4）水泥固化应用场景

水泥固化适用于金属含量的表面处理污泥、石棉、硫化物、焚烧灰、矿渣以及其他适合固化的物料等。以 425 号普通硅酸盐水泥为固化材料处理电镀污泥为例，当水/水泥质量比为 0.47～0.88、水泥/废物质量比为 0.67～4.00 时，固化体的抗压抗压强度可以达到 6～30MPa。固化体的浸出试验结果表明：Pb^{2+}、Cd^{2+}、Cr^{6+} 的浸出浓度均远远低于相应的浸出毒性鉴别标准。

7.2.2　玻璃固化技术

玻璃固化技术也称为熔融固化，是通过将待处理的危险废物与细小的玻璃质（如玻璃屑、玻璃粉）混合，经造粒成型后，在1500℃高温熔融下形成玻璃固化体，借助玻璃体的致密结晶结构，确保固化体的稳定。污染物经过玻璃固化作用后，有机污染物将发生热解，或转化为气体逸出，而其中放射性物质和重金属元素则固定于熔融体内。熔融固化技术优点：①玻璃化产物化学性质稳定，抗酸淋滤作用强，能有效防止二次污染；②固态污染物质经过玻璃化技术处理后体积变小，处置更为方便；③玻璃化产物可作为建筑材料被用于地基、路基等建筑行业。

玻璃固化体的主要成分是硅酸盐复盐，是一种无规则结构的非晶态固体，其固化过程受玻璃体内各种氧化物作用影响明显，玻璃体中主要氧化物包括 SiO_2、CaO、MgO、Fe_2O_3、FeO、K_2O、Na_2O 等。

① SiO_2：SiO_2 是玻璃固化体最主要成分，是玻璃的"骨架"，能增加玻璃液的黏度，降低结晶倾向，提高化学稳定性和热稳定性，一般要求混合料中其含量在40%以上。

② CaO 与 MgO：CaO 与 MgO 成分增加会导致熔融体黏度的降低，提高流动性，并加快混合料融化与结晶速率，一般 CaO 含量不宜超过12%，MgO 含量不宜超过10%。

③ Al_2O_3：Al_2O_3 对玻璃液黏度的影响较 SiO_2 大，其在混合料中的适宜含量范围为9%～20%。若含量过低，熔融体的黏度很小，结晶速率很快，产品易于老化；若含量过高，则容易产生玻璃相，从而导致较大的内应力而引起破裂。

④ Fe_2O_3＋FeO：Fe_2O_3 和 FeO 含量对于熔融体性质影响很大。增加 FeO 含量，会降低熔融体黏度和融化温度，加快结晶速率。提高 Fe_2O_3 量却会提高熔融体的黏度，其作用与 Al_2O_3 相似。当这两种物质的含量同时在一定范围内增加时，会提高熔融体的结晶性能和机械强度。

⑤ K_2O＋Na_2O：K_2O 与 Na_2O 能起助溶剂的作用，可以大大降低熔融体的黏度，但过量会导致残余玻璃相增加，从而影响熔融体的耐腐蚀性和热稳定性。

玻璃固化过程可根据主要原料成分最佳配比，外加添加剂进行调整，如用石灰岩提高氧化钙含量、用菱镁矿或滑石提高氧化镁的含量等。将配置好的炉料混合以后，即可进行熔融处理。为保证炉料的正常熔化，温度应控制在比炉料熔点温度高出50℃左右。炉料的粒度应达到所使用炉型的要求。一般在使用窑炉时，粒度可控制在40～100mm；在使用电炉时，为增加炉料与电极之间的接触，其粒度应在5mm以下。经过熔融的流体可以浇注成各种形式的构件，再经过结晶、冷却、退火等过程，即可作为建筑材料使用。

现场玻璃固化技术，是利用电流通过土壤产生1600～2000℃的高温，将污染物变成熔融态物质。熔融过程中，随着温度的升高，有机物开始挥发，在缺氧条件下裂解成一些小分子有机物，产生的气体会慢慢穿过熔融的废物达到表面。在有氧情况下挥发性有机物会燃烧，剩余的无机污染物发生熔融以玻璃态形式出现。尽管土壤的性质变化范围很大，但土壤熔融后容积减少率可以达到27%～50%。玻璃化技术既可处理危险废物，也可生产道路建设用骨料等有价产品。

玻璃化技术主要用于含重金属、挥发性有机污染物（VOCs）、半挥发性有机污染物（SVOCs）、多氯联苯（PCBs）或二噁英等危险废物熔融固化处理。在电镀污泥微晶玻璃资源化方面也得到应用。将垃圾焚烧飞灰与焦炭粉混合，利用超高温等离子体气化熔融炉在1700℃下进行熔融处理，高温熔融可对飞灰中酸性氧化物 SiO_2 进行重组，实现对重金属的包裹，熔融后的玻璃熔渣浸出量低于各国浸出毒性标准，但需要考虑熔融过程中产生的气体排放和稳定化后玻璃的毒性和渗滤性。

7.2.3　石灰固化技术

石灰固化技术是以石灰、垃圾焚烧飞灰、水泥窑灰以及熔矿炉炉渣等，具有波索来反应的物质作为固化基材，用于危险废物的固化/稳定化。在适当催化环境下进行波索来反应，可以将危险废物中的重金属成分吸附在所产生的胶体结晶上。

石灰固化技术通过向废物中加入氢氧化钙（熟石灰）或类火山灰废物（煤粉灰、水泥窑灰等），石灰中的钙与废物中的硅铝酸根产生硅酸钙、铝酸钙水化物，或者硅铝酸钙等。在有水的情况下，细火山灰粉末能在常温下与碱金属和碱土金属的氢氧化物发生凝硬反应（波索来反应），其主要反应如下。

$$x Ca(OH)_2 + y SiO_2 + H_2O \longrightarrow (CaO)_x \cdot (SiO_2)_y \cdot (x+1)H_2O（水合硅酸钙）$$

$$x Ca(OH)_2 + y Al_2O_3 + H_2O \longrightarrow (CaO)_x \cdot (Al_2O_3)_y \cdot (x+1)H_2O（水合铝酸钙）$$

$$x Ca(OH)_2 + y Al_2O_3 + z SiO_2 + H_2O \longrightarrow (CaO)_x \cdot (Al_2O_3)_y \cdot (SiO_2)_z \cdot (x+1)H_2O$$
$$（水合硅铝酸钙）$$

$$x Ca(OH)_2 + y Al_2O_3 + z CaSO_3 + H_2O \longrightarrow (CaO)_x \cdot (Al_2O_3)_y \cdot (CaSO_3)_z \cdot (x+1)H_2O$$
$$（水合亚硫酸钙铝酸钙）$$

石灰与凝硬性物料结合，会产生能在化学及物理上将废物包裹起来的黏结性物质，凝硬性物料包括天然凝硬性物料（火山灰）和人造凝硬性物料，人造材料如烧过的黏土、页岩和废油页岩、烧过的纱网、烧结过的砂浆和粉煤灰等。化学固定法中最常用的凝硬性物料是粉煤灰和水泥窑灰。波索来反应不是水泥水合作用，石灰固化产物结构强度不如水泥固化产物。总体来说，石灰固化工艺设备简单，操作方便，缺点是由于添加石灰和其他添加剂，体积增加较大，且容易受到酸性溶液侵蚀，因此石灰固化技术较少单独使用。

7.2.4　塑性固化技术

塑性固化技术属于有机性固化/稳定化处理技术，根据所用材料性能不同，分为热固性塑料包容和热塑性材料包容两种。

（1）热固性塑料包容

热固性塑料是指在加热时材料形态从液态转变为固体并固化的材料。热固性塑料加热后小分子交联聚合成大分子，不能重新软化，脲甲醛、聚酯和聚丁二烯等是常用材料，有时也可用酚醛树脂或环氧树脂。包容过程中，一般废物与包封材料之间不进行化学反应，废物特征（颗粒度、含水量等）、聚合条件等都会严重影响其效果。热固性塑料包封法曾是固化低水平有机放射性废物（如放射性离子交换树脂）的重要方法，也有用于稳定非蒸发性的、液体状态的有机危险废物。在适当选择包容物质的条件下，可以达到较为理想的包容效果。

与其他方法相比，此法引入较低密度物质，所需添加剂数量较小，增容比低。但工艺操作过程复杂，热固性材料自身价格高昂，且操作过程中有机物挥发易引起燃烧现象，不适合现场大规模应用。该法适合于处理小量、高危险废物，如剧毒废物和放射性废物等。

（2）热塑性材料包容

热塑性材料包容技术是利用熔融的热塑性材料在高温下与危险废物混合，以达到对其稳定化的目的，常用热塑性物质有沥青、石蜡、聚乙烯、聚丙烯等。废物在冷却后为热塑性物质所包容，经过一定的包装后进行处置。在操作时，通常是先将废物干燥脱水，然后将聚合物与废物在适当高温下混合，再通过升温过程将水分蒸干。与水泥等固化工艺相比，污染物浸出率较低，包容材料少，又在高温下蒸发了大量的水分，增容率也很低。主要缺点为高温操作带来的耗能和挥发物问题，而且需要选择适配性的热塑性材料以减少废物中含有影响稳定剂的热塑性物质。

7.2.5　自胶结固化技术

自胶结固化技术利用废物自身的胶结特性来达到固化目的，适合含有大量硫酸钙和亚硫酸钙的废物，如磷石膏、烟道气脱硫废渣等。废物中所含有的 $CaSO_3$ 与 $CaSO_4$ 均以二水化物形式存在，其形式为 $CaSO_3 \cdot 2H_2O$ 与 $CaSO_4 \cdot 2H_2O$。将它们加热到 $107 \sim 170℃$，即达到脱水温度，此时将会逐步生成 $CaSO_3 \cdot 0.5H_2O$ 与 $CaSO_4 \cdot 0.5H_2O$，当其遇到水后会重新恢复为二水化合物，并迅速凝固和硬化。整个过程就是脱水以及吸水重复过程。将含有大量硫酸钙和亚硫酸钙的废物在控制的温度下煅烧，然后与特制的添加剂和填料混合为稀浆，经过凝结硬化过程即可形成自胶结固化体。这种固化体具有抗渗透性高、抗微生物降解和污染物浸出率低等优点。

自胶结固化法充分利用废物本身组分，减少了外加添加剂，但仅限于含有大量硫酸钙的废物，应用面较狭窄；同时也需要熟练操作和比较复杂的设备，煅烧泥渣也将消耗一定热量。

7.2.6　药剂稳定化技术

使用药剂（化学）稳定化技术处理危险废物，可以在实现废物无害化的同时，达到废物少量增容或不增容的效果，从而提高危险废物处理处置系统的总体效果和经济性，主要包括pH 值控制技术、氧化/还原电势控制技术、沉淀技术、吸附技术以及离子交换技术等。

（1）pH 控制技术

pH 值控制是通过加入碱性药剂，将废物的 pH 值调整至使重金属离子具有最小溶解度范围，实现其稳定化。常用药剂有石灰 [CaO 或 $Ca(OH)_2$]、苏打（Na_2CO_3）、氢氧化钠（$NaOH$）等。大部分固化基材，如普通水泥、石灰窑灰渣、硅酸钠等都是碱性物质，可同时起到固化废物以及调整 pH 值的作用。石灰及一些类型的黏土也可以作为 pH 缓冲料。

（2）氧化/还原电势控制技术

氧化/还原电势控制是通过重金属价态调控促进其沉淀，如将 Cr（Ⅵ）还原为 Cr（Ⅲ），As（Ⅴ）还原为 As（Ⅲ）。常用的还原剂有硫酸亚铁（$FeSO_4$）、硫代硫酸钠（$Na_2S_2O_3$）、亚硫酸氢钠（$NaHSO_3$）、二氧化硫（SO_2）等。

（3）沉淀技术

常用的沉淀技术包括氢氧化物沉淀、硫化物沉淀、硅酸盐沉淀、碳酸盐沉淀、磷酸盐沉淀、无机络合物沉淀和有机络合物沉淀。

① 氢氧化物沉淀：利用不同 pH 条件下金属氢氧化物的溶解度不同，通过添加碱性药剂来调节溶液的 pH 值从而去除溶液中的重金属。但可能存在相应的可逆反应。

② 硫化物沉淀：利用可溶性无机硫化物沉淀剂、不可溶性无机硫化沉淀剂和有机硫沉淀剂实现沉淀。可溶性无机硫化物沉淀剂主要有硫化钠（Na_2S）、硫氢化钠（NaHS）和硫化钙（CaS），不可溶性无机硫沉淀剂主要有硫化亚铁（FeS）和单质硫（S），有机硫沉淀剂主要有二硫代氨基甲酸盐（$[-R-NH-CS-S]^-$）、硫脲（$H_2N-CS-NH_2$）、硫代酰胺（R-CS-NH_2）和黄原酸盐（$[RO-CS-S]^-$）。无机硫化物沉淀剂是除氢氧化物沉淀剂之外最广泛使用的化学稳定化方法，利用了大多数重金属硫化物溶解度低于氢氧化物的特性。为防止 H_2S 逸出以及沉淀物的再溶解，pH 值需要维持在 8 以上。此外，由于钙、铁、镁等金属也会与硫离子反应，与重金属形成竞争，需要根据危险废物组分考虑选用。有机硫稳定剂具有较高的化学稳定性、较宽的 pH 值，与重金属形成的不可溶性沉淀具有良好的工艺性能，易于进行沉降、脱水和过滤等操作。例如作为欧洲指令 2013/39/EU 的优先危险物质，Hg 的主要预处理即为有机硫聚合物稳定剂固化。

③ 硅酸盐沉淀：主要利用水合金属离子与 SiO_2 或硅胶，按不同比例结合形成混合物，这种混合沉淀在 pH＝2～11 范围内都有较低溶解度。其技术原理主要是以离子交换和离子吸附为主，如硅酸盐矿物（如沸石）对飞灰中的 Pb^{2+} 具有良好的处理效果，但长期稳定性不足。

④ 碳酸盐沉淀：碳酸盐与一些重金属可以发生化学反应生成沉淀，从而去除其中可溶性的重金属离子，碳酸盐沉淀技术对重金属 Cd、Pb 等具有较好稳定化效果，对 Zn 和 Ni 则处理效果不佳。Cd、Pb 以氢氧化物法处理，pH 需要达到 10 以上，而碳酸盐法处理只需 pH 为 7.5～8.5。

⑤ 磷酸盐沉淀：磷酸盐沉淀技术是利用磷酸根与可溶的重金属离子反应，生成不溶的金属磷酸盐［如 $Pb_3(PO_4)_2$，$Cd_2(PO_4)_2$］或者具有高稳定性的磷灰石族矿物［如 $Pb_5(PO_4)_3Cl,Pb_5(PO_4)OH$］，达到重金属稳定化的目的。反应所形成的重金属盐类具有羟基磷灰石和/或磷钙矿的结晶结构，具有良好的稳定性。磷酸盐沉淀过程中不会产生有毒有害气体，与硫化物沉淀技术相比更加安全。受到金属磷酸盐沉淀溶解度以及所产生矿物稳定性的限制，该法对不同重金属离子处理效果存在一定差异，例如其对 Pb 去除效果优于其他重金属离子。

⑥ 无机及有机螯合物沉淀：多数无机螯合剂只针对某一种重金属具有稳定作用，处理效果单一；而有机螯合剂具有稳定效率高、生成产物稳定，抗环境冲击力强等优势。例如三巯基均三嗪三钠盐（TMT，$Na_3C_3N_3S_3$，如图 7-4 所示）已被广泛应用于 Cd、Pb、Zn 等重金属离子的化学沉淀去除。相比于其他螯合剂，如三硫代碳酸盐（STC）、二硫代氨基甲酸盐（DTC）、二硫代氨基甲酸型螯合树脂（DTCR），三巯基均三嗪三钠盐是一种低污染、高选择性的环境友好型有机硫螯合剂，有效成

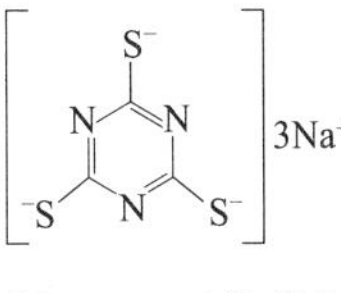

图 7-4 三巯基均三嗪三钠盐的化学结构式

分为三巯基三嗪，可以与各种单价和二价重金属反应，生成的螯合产物在水中的溶解度极低，能以螯合物的形式保持长期稳定。

利用多胺类和聚乙烯亚胺类重金属螯合剂处理重金属废物，具有捕集重金属离子效率高

和种类多、处理重金属废物的类型广泛，并且稳定化产物不受废物 pH 变化影响等优点。有机螯合物处理重金属废物虽然能取得很好的稳定化效果，但作为有机物，其生物降解和热分解的特性可能影响其长期稳定性。

（4）吸附技术

吸附技术是利用多孔性的固体吸附剂，将水样中的一种或数种组分吸附于表面，以达到去除的目的。常用的重金属废物吸附剂包括活性炭、黏土、金属氧化物（氧化铁、氧化镁、氧化铝等）、天然材料（锯末、沙、泥炭等）、人工材料（飞灰、活性氧化铝、有机聚合物等）等。人造沸石是由碳酸钠、苛性钾、长石、高岭石等混合并熔融后制得的具有不规则结构的产物，因其颗粒小、比表面积大而具有较大的吸附性能，能降低可溶态重金属的浸出率。吸附剂具有专一性，如活性炭对吸附有机物最有效，活性氧化铝对镍离子吸附能力较强。

（5）离子交换技术

离子交换技术是通过离子交换剂上的某种离子，与目标重金属离子发生交换作用，来达到去除目的。常用离子交换剂包括有机离子交换树脂、天然或人工合成的沸石、硅胶等。与吸附一样，一般只适用于给水和废水处理，且存在一定的可逆循环作用。

7.2.7　铁氧体法

铁氧体法是通过向废水中投加铁盐或亚铁盐，控制工艺条件，使得废水中重金属离子在铁氧体的包裹、夹带作用下，进入铁氧体晶格中形成复合铁氧体，最后固液分离达到脱除重金属离子净化废水目的。

铁氧体指的是由铁离子、氧离子以及其他金属离子组成的一类化合物，按照结构不同主要分为尖晶石型、磁铅石型和石榴石型三类，其中尖晶石型铁氧体相关研究较多，应用也较为广泛。尖晶石铁氧体是指晶体结构与性质和天然镁铝尖晶石铁氧体（$MgAl_2O_4$）类似的铁氧体，其化学表达式是 $MeFe_2O_4$，为立方晶系，属于 AB_2O_4 结构，其中，A 表示二价金属离子，B 表示三价金属离子。尖晶石结构共由 64 个四面体结构与 32 个八面体结构组成，共有 96 个空隙。而每个晶胞中由 8 个 $MeFe_2O_4$ 组成，在化合价平衡作用下，只有 16 个铁离子占据 A 位，8 个金属离子 Me 占据 B 位。在 96 个空隙中，有 24 个空隙被占据，还有 72 个空位空余。在化合价平衡的前提下，其他金属离子对剩余 72 个空位的占据为铁氧体法处理多种重金属废水提供了可能。

以含铬电镀废水处理为例，在废水中加入过量硫酸亚铁，先使 Cr^{6+} 被亚铁离子还原为 Cr^{3+}，而 Fe^{2+} 被氧化为 Fe^{3+}。调整 pH 使得 Cr^{6+}、Fe^{2+} 和 Fe^{3+} 形成氢氧化物共沉淀；加热破坏氢氧化物胶体并脱水分解形成铁氧体。在铁氧体的过程中，Cr^{3+} 通过吸附、包裹、夹带作用，取代铁氧体晶格中 Fe^{3+} 位置。其基本流程包括酸度控制、配料反应、加碱共沉淀、加热老化、固液分离和干燥等步骤，如图 7-5 所示。

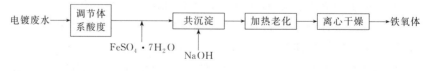

图 7-5　铁氧体制备流程图

其反应过程：

$$Cr_2O_7^{2-}+6Fe^{2+}+14H^+ \longrightarrow 2Cr^{3+}+6Fe^{3+}+7H_2O$$

$$Fe^{3+}+3OH^- \longrightarrow Fe(OH)_3 \downarrow$$

$$Fe(OH)_3 \xrightarrow{\text{加热}} FeOOH+H_2O$$

$$FeOOH+Fe(OH)_2 \longrightarrow FeOOH \cdot Fe(OH)_2$$

$$FeOOH \cdot Fe(OH)_2+FeOOH \longrightarrow FeO \cdot Fe_2O_3+2H_2O$$

整个过程受亚铁离子投加量、pH 以及反应温度等影响。采用铁氧体法处理含铬废水，当投药摩尔比 Fe^{2+}：$Cr_2O_7^{2-}>10$、体系 pH 值在 3 左右、温度为 $70\sim75℃$ 时、Cr 剩余浓度可低于 0.5mg/L。

7.2.8 多种方法联用

为获得理想的固化/稳定化效果，实际工程中一般将多种固化/稳定化技术联用，如有机螯合剂沉淀与水泥固化联用技术、氧化剂与石灰固化联用技术、吸附剂与有机螯合剂利用技术等。效果提升是由于固化/稳定化机理的协同作用，例如胡敏酸与富里酸含有羟基、酚羟基、醇羟基和酮羰基等，可与重金属发生配位作用而减小可能的迁移和重金属的生物有效性。而添加 $CaCl_2$，可进一步降低残渣中重金属 Cu 等的浸出浓度。向经腐殖酸及钙盐协同稳定化处理后的残渣中加入 5% 的水泥，固化后即可满足安全填埋要求。

钙—砷型污泥是含砷废水处理产生的污泥，其中 Ca-As（V）型污泥的稳定性远高于 Ca-As（Ⅲ）型污泥。采用次氯酸钙/氧化钙复配稳定化技术处理高浓度 As（Ⅲ）的含砷污泥，先加入次氯酸钙将 As（Ⅲ）氧化成 As（V），再加入氧化钙。当 Ca/As 摩尔比达到 2.4 以上时，砷浸出浓度可以大幅度降低。

人造沸石具有较强的吸附性能，能降低可溶态重金属的浸出率。乙基黄原酸钾是选矿中常用的巯基捕收剂，其中的二硫代羧酸（-CSSH）对重金属有强烈的捕获能力。以人造沸石为吸附剂、乙基黄原酸钾为螯合剂处理废弃的镍系催化剂，在较小增容比的情况下，可使金属镍浸出浓度满足填埋控制限值。

7.3 固化/稳定化效果评价

固化/稳定化处理效果评价是决定废物对周边环境可能影响的基础，也是其进入后续利用的关键环节。一般来说，固化稳定化产物须具备一定性能，包括：①抗浸出性；②抗干湿性、抗冻融性；③耐腐蚀性、不燃性；④抗渗透性（固化产物）；⑤机械强度（固化产物）。鉴定固化/稳定化产品优劣的常用的物理、化学指标包括有害物质的浸出速率、固化产物的抗压强度、体积变化因数。

7.3.1 浸出率

浸出率即固化/稳定化产物浸于水或其他溶液中时有害物质的浸出速率，通常用标准比面积的样品每日浸出污染物的量（R_{in}）表示：

$$R_{in} = \frac{a_r / A_0}{(F/M) \cdot t}$$

式中，a_r 为浸出时间内浸出的有害物质的量，mg；A_0 为样品中含有有毒物质的量，mg；F 为样品的表面积 cm^2；M 为样品的质量，g；t 为浸出时间，天。

浸出率测定方法包括硫酸硝酸法、醋酸缓冲溶液法和水平震荡法，分别依据《固体废物浸出毒性浸出方法——硫酸硝酸法》（HJ/T 299—2007）、《固体废物浸出毒性浸出方法——醋酸缓冲溶液法》（HJ/T 300—2007）以及《固体废物浸出毒性浸出方法——水平震荡法》（HJ 557—2010）执行，此三种方法均不适用于含有非水性液体样品。

（1）硫酸硝酸法

硫酸硝酸法适用于固体废物及其再利用产物，以及土壤样品中有机物和无机物的浸出毒性鉴别。该法以硝酸/硫酸混合溶液为浸提剂，模拟废物在不规范填埋场处置、堆存，或经无害化处理后废物的土地利用时，其中的有害组分在酸性降水的影响下，从废物中浸出而进入环境的过程。

（2）醋酸缓冲溶液法

醋酸缓冲溶液法适用于固体废物及其再利用产物中有机物和无机物的浸出毒性鉴别，但不适用于氰化物组分。以醋酸缓冲溶液为浸提剂，模拟工业废物在进入卫生填埋场后，其中的有害组分在填埋场渗滤液的影响下，从废物中浸出的过程。

（3）水平震荡法

水平震荡法适用于评估在受到地表水或地下水浸沥时，固体废物及其他固态物质中无机污染物（氰化物、硫化物等不稳定污染物除外）的浸出风险。此法以纯水为浸提剂，模拟固体废物在特定场合中受到地表水或地下水的浸沥，其中的有害组分浸出而进入环境的过程。

美国 EPA 的 TCLP（Toxicity Characteristic Leaching Procedure）法，利用全套设备模拟废物在不规范填埋处置、堆存、经无害化处理后或者工业废物进入卫生填埋场后，在酸性降水或填埋场渗滤液的影响下，有害物质从废物中浸出而进入环境的过程。该方法适用于固体废物中无机污染物和挥发/非挥发有机污染物的浸出毒性鉴别，以及危险废物储存、处置设施的环境影响评价。

7.3.2 抗压强度

抗压强度是检验固化产物机械强度的重要指标，足够高的抗压强度能保证其在贮存或填埋过程中不会因为固化体的破碎而引起污染物泄漏。对于固化后填埋处置或装桶贮存的固化体，其抗压强度一般控制在 $1\sim5$MPa 即可；若用作建筑材料，则其抗压强度应该大于 10MPa；对于放射性废物，英国要求固化产品的抗压强度达到 20MPa。

水泥水化反应抗压强度可以采用基于类神经网络技术（artificial neural networks，ANNs）的模型等进行预测。如将混凝土强度的模型进行适当调整，可得到 14-16-1 ANNs 模型。将几种混凝土添加剂复配使用，可以显著提高固化块的抗压强度，如将硫酸铝、氯化钙、β-萘系减水剂 3 种混凝土常用添加剂分别按 30g/kg、10g/kg、8g/kg 的掺入量同时加入到城市污泥固化料（城市污泥：水泥：氧化钙＝50：10：1）中，其固化块的强度可以提高至 1.6MPa，完全满足填埋的土力学强度要求。

7.3.3 体积变化因数

体积变化因数是固化/稳定化前后危险废物固化块的体积比，也称为增容比。

$$C_R = \frac{V_2}{V_1}$$

式中，C_R 是指体积变化因数；V_1 为固化处理前危险废物的体积；V_2 为固化处理后危险废物的体积。

体积变化因数是鉴别固化方法和衡量最终处置成本的一项关键指标，其大小取决于使用的固化剂种类以及可接收的浸出有毒有害物质浸出水平。对于放射性废物，其还受辐照稳定性和热稳定性的影响。

思考题

1. 简述危险废物固化/稳定化处理技术的特点及优缺点。
2. 简述危险废物固化/稳定化技术中固化体的评价方法。
3. 常用的固化/稳定化药剂有哪些？请简述其作用原理。

第 **8** 章

危险废物安全填埋

根据所填固废危害性不同，可将其分为Ⅰ、Ⅱ类一般工业固体废物填埋场、生活垃圾填埋场和危险废物安全填埋场。危险废物安全填埋是一种托底处置技术，着重于解决现阶段不能焚烧、资源化利用一些危险废物的处理处置。危险废物填埋场具有贮存功能且能隔断与外界环境联系，目的是防止各种可能发生的环境污染问题。因此，其防护要求最高，且其中的有毒有害组分往往具有不可降解性，没有特别明确的稳定期，需尽可能长时间地保持填埋场防渗系统的安全和无破损。不同于传统的市政垃圾填埋场，大部分所填危险废物是无机物，使得二次污染中的水、气本身处理压力相对较小。

8.1 危险废物填埋场构造

危险废物填埋场的结构包括底部防渗系统、顶部覆盖系统以及二次污染物收集和处理系统。各填埋场最大的不同是防渗系统构造，根据结构差异，危险废物安全填埋场分为柔性填埋场和刚性填埋场。柔性填埋场采用双人工复合衬层作为防渗层，刚性填埋场采用钢筋混凝土作为防渗阻隔结构，典型的危险废物柔性填埋场和刚性填埋场的构造示意图如图8-1和图8-2所示。

两者的主要区别：①柔性填埋场对选址要求高，建造难度大。软土区、地下水水位高、基础层等不满足要求的地方须建设刚性填埋场；②柔性填埋场所用的土工膜防渗材料寿命一般为30~50年，存在长期安全隐患；③运营单位管理水平决定柔性填埋场的运行效果，管理水平不足可能引起污染风险；④柔性填埋场缺乏成熟的渗滤液收集管道堵塞清淤技术、防渗系统渗漏在线检测以及其他安全运行保障技术；⑤柔性填埋场的基建投资和运行费用相比于刚性填埋场更低，但刚性填埋场环境效益突出。刚性填埋场是危废填埋场首要选择。

危险废物填埋场的建设与运行主要参照《危险废物填埋污染控制标准》（GB 18598—2019）和《危险废物安全填埋处置工程建设技术要求》（环发〔2004〕75号）。前者主要针对危险废物填埋物入场条件、选址、设计、施工、运行、封场及监测等方面作了规定，而后

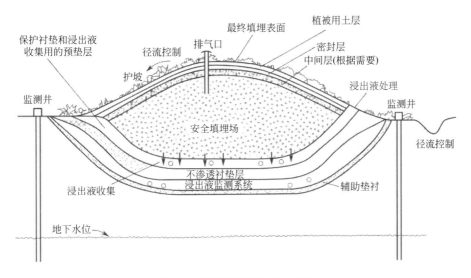

图 8-1　柔性填埋场构造示意图

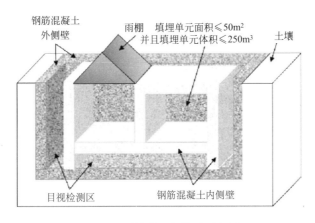

图 8-2　刚性填埋场构造示意图

者规范了危险废物安全填埋处置工程规划、设计、施工及验收和运行管理。

8.2　选址要求

　　场址是决定危险废物填埋场类型、建设投资等的关键，要充分考虑长期环境风险和可能极端灾害影响，一个合格的场址有利于填埋场的长期安全运行。通过必要的设计基础资料收集，经过场址方案的技术与经济比较后，确定最佳场址，其选址原则等参考图 8-3 和表 8-1。适合柔性填埋场建设的场址，其地质条件除满足表 8-1 外，还必须满足以下规定：①场区的区域稳定性和岩土体稳定性良好，渗透性低，没有泉水出露；②填埋场防渗结构底部应与地下水最高水位保持 3m 以上的距离；③避开高压缩性淤泥、泥炭及软土区域；④天然基础层的饱和渗透系数小于 1.0×10^{-5} cm/s，厚度大于 2m。

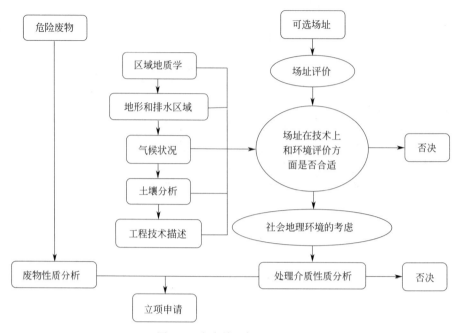

图 8-3　安全填埋场选址过程

表 8-1　安全填埋场选址原则

项目		要求
工程	面积	满足处置年限、年处理量的需求
	交通位置	(1)产生源的危险废物运输便捷,运输费用相对较低; (2)道路等公用设施有足够的宽度和运输能力,能满足危险废物运输要求; (3)远离居民区和水源保护区
	地形地貌	(1)充分利用自然条件,土方施工量较少; (2)避免容易发生水体污染的洼地等地形; (3)标高位于 100 年一遇的洪水位之上,且不与航运水体连接
	地质	(1)避开以下危及填埋场安全的区域:破坏性地震及活动构造区,海啸及涌浪影响区;湿地;地应力高度集中,地面抬升或沉降速率快的地区;石灰溶洞发育带;废弃矿区、塌陷区;崩塌、岩堆、滑坡区;山洪、泥石流影响地区;活动沙丘区;尚未稳定的冲积扇、冲沟地区及其他可能危及填埋场安全的区域; (2)避开长远规划中的水库等人工蓄水设施淹没和保护区; (3)地下水位低,填埋场底部在地下水位之上; (4)避开专用水源含水层和地下水补给区域; (5)有较高承载能力的天然承压区
环境	土壤	有天然黏土层或适合作为防渗层和封场使用的黏土
	大气	(1)减少填埋场污染气体和恶臭释放的影响; (2)在居民区的常年下风口
	生态	避开国务院和国务院有关主管部门及省、自治区、直辖市人民政府划定的生态保护红线区域、永久基本农田和其他需要特别保护的区域
	噪声	尽量减少运输车辆、机械设备运行时的噪声影响
	土地利用	避开人口密集地区、公园和风景区等
	文化	避开文物古迹等区域
	法律/法规	满足国家、地方有关的法律和法规要求
	公众/政府	(1)征得有关政府部门同意; (2)获得公众的允许

项目		要求
经济	征地费用	(1)征地直接费用; (2)规划税等其他间接费用
	建设费用	填埋场地建设和总体建设费用
	运营费用	水电、燃料、耗材、人工、折旧等费用
	利润	微利

8.3 设计要求

8.3.1 填埋场库容和规模的确定

填埋场库容和规模,除了考虑废物的数量之外,还需充分考虑危险废物的填埋方式、填埋高度、废物的压实密度、覆盖材料的比率等。危险废物安全填埋场的建设规模,需要充分考虑待服务的危险废物种类、可填埋量、分布情况、发展规划以及变化趋势等因素。填埋场库容需要有10年或更长使用期限,且其库容需考虑填埋年限中危险废物的填埋量与覆盖物量之和。危险废物填埋场应主要以省为服务区域,根据当地危险废物产量,采取一步到位或分期建设的方式集中建设。

(1) 填埋场库容

填埋场一般依据场址所在地的自然人文环境与投资额度规划其总容量,包括了填埋开始到计划目标年(10年以上)为止填埋的总废物再加上总覆土、覆盖材料的量。库容计算可参考:

$$V_n = 填埋危险废物量 + 覆盖材料量 = \frac{365W}{\rho} \times C_R + \frac{365W}{\rho} \times \varphi \tag{8-1}$$

$$V_t = \sum_{n=1}^{N} V_n \tag{8-2}$$

式中,V_t 为填埋总容量,m^3;V_n 为第 n 年填埋场容量,m^3/a;N 为规划填埋场使用年限,a;C_R 为体积变化因数;W 为每日计划填埋危险废物量,kg/d;φ 为填埋时覆土体积占危险废物比率,一般取 $0.15 \sim 0.25$;ρ 为危险废物的平均密度,kg/m^3。

(2) 填埋场规模

危险废物安全填埋场的建设规模应根据填埋场服务范围内的危险废物种类、可填埋量、分布情况、发展规划以及变化趋势等因素综合考虑确定。其规模通常以填埋场总面积表示,在填埋总容量基础上,根据场址当地的自然及地下水文情况,计算填埋场可填埋场最大深度,估算安全填埋场规模:

$$A = (1.05 \sim 1.20) \times \frac{V_t}{H} \tag{8-3}$$

式中,A 为场址总面积,m^2;H 为场址最大深度,m;$1.05 \sim 1.20$ 为修正系数,由填埋场地面下方形度及周边设施占地大小决定。

8.3.2 填埋区构造及填埋方式

危险废物安全填埋场中可靠的底部防渗层有利于减少污染物在底层的转移,并且产生的少量渗滤液也能被有序导排；有效的覆盖层则主要降低雨水和地表水的渗透，同时也减少有害气体的逸出。填埋场构造和填埋方式应根据填埋废物类型、场地地形地貌、水文地质和工程地质条件以及法规要求来确定。

① 填埋场构造取决于场址的水文地质和工程地质特征。在工程地质和水文地质调查基础上，拟定填埋场地钻孔岩心取样以获得完整地质剖面，确定地下水位的标高，分析场地地下水流向，以及松散含水层或者基岩含水层是否与填埋场地有水力联系，确定应该采用的填埋场结构类型及使用的防渗系统类型。

② 填埋区单元化划分要充分考虑填埋场能力、工艺和二次污染控制系统设置等。单元划分遵循以下原则：便于填埋物分区管理；便于运输车辆在场内行驶装卸；便于机械设备作业；便于保护环境、控制污染；节约填埋场容积。填埋作业单元的划分对填埋工艺、渗滤液收集与处理、沼气导排及废物的压实、覆盖等都有影响，并与填埋作业过程所用机械设备的性能有关。

③ 防渗设施需要充分考虑填埋物特征和场址情况。在填埋场设计中，衬层的类型取决于当地的工程地质和水文地质条件。

④ 气体控制设施取决于所填物质的性质。当处置含有可降解有机固体危险废物或挥发性危险废物时，必须设置填埋气体的收集和处理设施，并根据填埋气的产气特征来确定气体收集系统的大小和处理设施，包括选择使用水平气体收集井或是使用垂直气体收集井。填埋气体处置方式还取决于填埋场的设计方案、容量以及能量的可利用性。

⑤ 填埋场覆盖层结构，取决于填埋场的地理位置和当地的气候条件。为了便于快速排泄地表降雨并不造成表面积水，最终覆盖层的表面应有 2%～4% 的坡度。

⑥ 地表水排水设施包括降雨排水道的位置、地表水道沟谷和地下水排水系统的位置。暴雨贮存库的配置与否取决于填埋场位置、结构以及地表水特征。

⑦ 环境监测设施：填埋场监测实施主要是填埋场上下游的地下水水质和周围环境气体的监测设施。监测设施布局取决于填埋场大小、结构以及当地对空气和水的环境质量要求。

⑧ 基础设施主要包括填埋场出入口、控制室、仓房、车库和设备车间、设备和载运设施清洗间、废物进场记录与地秤设置、场地办公室及生活福利用房、其他行政用房、场内道路建设、围墙及绿化设施、公用设施等。

8.3.3 防渗系统

危险废物填埋场主要通过危险废物预处理屏障、场地地质屏障以及人工防渗屏障相耦合，来保证其长期环境安全性。其中，人工防渗屏障尤为关键。

（1）水平防渗系统

水平防渗系统应该采用双层衬层结构，双层衬层系统包含两层防渗层，两层之间是渗漏检测层，其包括导排介质、集排水管道和集水井，渗透系数应大于 0.1cm/s。上层防渗膜的上面是保护层和排水层，下层防渗膜以下设置地下水收集系统。目前大部分安全填埋场防渗系统以柔性结构为主，其防渗结构由下至上依次为基础层（基土）、压实的黏土衬层、次防渗层（高密度聚乙烯膜，HDPE）、膜上保护层、渗滤液检漏层、压实黏土、主防渗层（高密度聚乙烯膜，HDPE）、膜上保护层、渗滤液导流层、土工布、危险废物。典型的危险废物安全填埋场柔性库底防渗设计剖面图如图 8-4 所示，具体数据参见表 8-2（双层复合衬垫系统从上往下设计)。

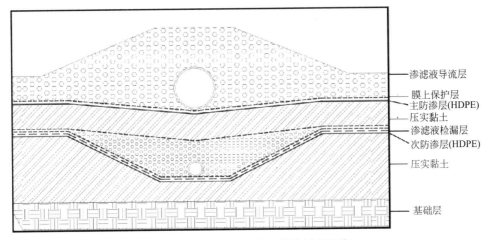

图 8-4 柔性填埋场双人工复合衬层系统

表 8-2 典型危险废物填埋场柔性库底防渗设计

结构层	常用材料
过滤层	150g/m³ 轻质有纺土工布
渗滤液导流层	300mm 厚碎石渗滤液导排层
膜上保护层	600g/m³ 短纤针刺土工布
主防渗层	2mm 光面 HDPE 土工膜
渗滤液检漏层	5.0mm 土工复合排水网
次防渗层	1.5mm 光面 HDPE 土工膜+GCL(膨润土)土工聚合黏土衬垫
膜下保护层	500mm 厚压实黏土层+150g/m³ 轻质有纺土工布
基础层	基土

对于软土地基，或地下水位偏高地区，应先铺设 1~2m 的钢筋混凝土衬底，再铺设高密度聚乙烯膜，在衬底下面应根据地下水量安装地下水排放管道导排地下水。典型的软土地基危险废物填埋场刚性衬底防渗系统如图 8-5 所示。

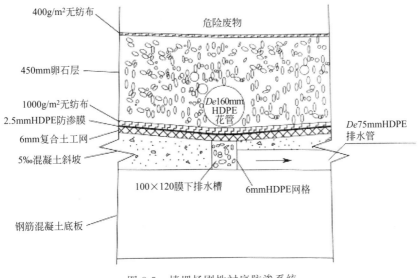

图 8-5 填埋场刚性衬底防渗系统

柔性填埋场需要底部和边坡同时达到相同防渗标准，且进行良好衔接。因破损而渗漏时，对双层衬层系统而言，渗漏的渗滤液将流动分布在整个面上，过水面积大，渗漏量大；而对于复合衬层系统，由于膜与黏土表面紧密连接，具有一定的密封作用，渗滤液在黏土层分布面积小，总的渗漏量小。复合衬层两部分之间接触的紧密程度，是控制复合衬层渗漏量的关键因素，一般不在两层之间设置土工织物。典型危险废物填埋场边坡防渗设计（复合衬里从上往下设计）见表8-3。

表8-3　典型危险废物填埋场边坡防渗设计

结构层	常用材料
排水层	5.0mm 土工复合排水网
主防渗层	2mm 双毛面 HDPE 土工膜＋GCL 土工聚合黏土衬垫
次防渗层	1.5mm 双毛面 HDPE 土工膜
膜下保护层	600g/m³ 长丝无纺土工布
基础层	基土

（2）垂直防渗系统

对库底有限深度范围内无相对不透水土层的情况，通常采用一定深度的垂直防渗结构来延长库区内外地下水渗流的渗径。通过这种方式，一方面可以降低渗流水体的水力梯度，从而阻止库底土体渗透变形的发生；另一方面，可以延长渗径以降低地下水的渗流量，从而降低施工期和运营管理期间的地下水抽排费用。

垂直防渗，是指在区域边界处地面以下设计建造一定深度和标准的不透水结构，即防渗漏（透）结构。对危险废物填埋场而言采用垂直防渗，必须利用周边底部的天然相对不透水层作为底部防渗层，垂直防渗结构底部深入天然相对不透水层一定深度，以此控制库区内地下水的自然排泄和流入，从而使库区形成一个完整的相对独立的水文地质单元。

从工艺角度分析，填埋场垂直防渗结构要求：①渗透系数等级达到 $10^{-6} \sim 10^{-7}$ cm/s；②垂直防渗结构深入相对不透水土层中；③垂直防渗结构应稳定、可靠、经济及施工方便。

目前常用的垂直防渗方案主要有帷幕灌浆法、水泥搅拌桩连续墙、置换法垂直开槽现浇连续墙和垂直开槽埋设防渗膜等。水泥搅拌桩连续墙，可以是水泥、膨润土或水泥—膨润土混合料搅拌桩；置换法垂直开槽现浇连续墙，则包括混凝土连续墙、膨润土连续墙或水泥—膨润土塑性混凝土连续墙等，垂直开槽埋设防渗膜可选用 HDPE 膜或 PE 膜。常见垂直防渗方案比较见表8-4。

表8-4　主要垂直防渗方案比较

项目	帷幕灌浆法	水泥搅拌桩连续墙	置换法垂直开槽现浇连续墙	垂直开槽埋设防渗膜
施工要点	用浆液灌入土层的裂隙、孔隙，形成连续的阻水帷幕	利用深层搅拌机对较为松散的土层与注入的水泥浆进行强制搅拌，形成圆柱形的水泥土桩，将各个桩相互搭接，形成连续的水泥土防渗墙	利用专门的成槽机械开挖一条狭长的深槽，并用膨润土泥浆护壁；再在槽内吊入钢筋笼，以导管法浇筑，形成连续的现浇地下防水墙	用专用设备挖出沟槽达到预定深度，并用泥浆护壁；将防渗膜垂直插入沟槽，防渗膜段之间采用锁扣插接，形成连续的防渗结构；防渗膜两边的沟槽空隙用土或水泥回填
施工管理水平	较简单	较简单	较复杂	复杂
渗透系数/cm·s	$10^{-6} \sim 10^{-7}$	10^{-7}	10^{-8}	10^{-10}
对地基加固作用	较好	较好	较好	无
工艺成熟性	成熟	成熟	成熟	刚起步
单位投资/元·m²	280～300	400～500	700～800	800～900

8.4　安全填埋管理流程

危险废物填埋过程主要包括三个部分，分别是入场化验及贮存、预处理和入库填埋。在填埋结束之后，包括安全填埋场的封场、排气收集和渗滤液处理等。就整个填埋过程来说，主要遵循《危险废物填埋污染控制标准》（GB 18598—2019）、《危险废物安全填埋处置工程建设技术要求》（环发〔2004〕75 号）以及《危险废物贮存污染控制标准》（GB 18597—2001）。危险废物安全填埋工艺流程如图 8-6 所示。

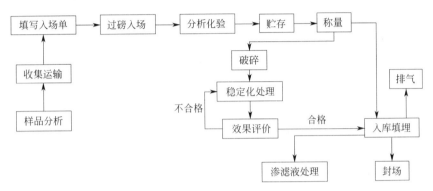

图 8-6　危险废物安全填埋工艺流程

8.4.1　接收化验

（1）接收危险废物判断标准

根据《危险废物填埋污染控制标准》（GB 18598—2019）规定，以下三类废物不得填埋：①医疗废物；②与衬层具有不相容性反应的废物；③液态废物。除了这三类固废，满足下列条件或经预处理满足下列条件的废物，可进入柔性填埋场：①根据 HJ/T 299 制备的浸出液中有害成分浓度不超过表 8-5 中允许填埋控制限值的废物；②根据 GB/T 15555.12 测得浸出液 pH 值为 7.0～12.0 的废物；③含水率低于 60% 的废物；④根据 NY/T 1121.16 测得的水溶性盐总量小于 10% 的废物；⑤根据 HJ 761 测得的有机质含量小于 5% 的废物；⑥不再具有反应性、易燃性的废物。另外，不具有反应性、易燃性或经预处理不再具有反应性、易燃性的废物，可进入刚性填埋场；砷含量大于 5% 的废物，应进入刚性填埋场处置。安全填埋场首要任务是保证进场危险废物的安全性，需要预先接收后才能入场。需要对入场危险废物进行分析化验，判断危险废物是否满足入场要求，为危险废物分区分类贮存提供依据以及判定是否需要进行预处理以及选择适合的预处理方法。

表 8-5　危险废物允许进入填埋区的控制限值

序号	项目	稳定化控制限值/(mg/L)
1	烷基汞	不得检出
2	汞及其化合物(以总汞计)	0.12
3	铅(以总铅计)	1.2
4	镉(以总镉计)	0.6
5	总铬	15

序号	项目	稳定化控制限值/(mg/L)
6	六价铬	6
7	铜及其化合物(以总铜计)	120
8	锌及其化合物(以总锌计)	120
9	铍及其化合物(以总铍计)	0.2
10	钡及其化合物(以总钡计)	85
11	镍及其化合物(以总镍计)	2
12	砷及其化合物(以总砷计)	1.2
13	无机氟化物(不包括氟化钙)	120
14	氰化物(以 CN 计)	6

需要预处理的危险废物包括：①根据《固体废物浸出毒性浸出方法》（GB 5086）和《固体废物浸出毒性测定方法》（GB/T 15555.1～12）测得废物浸出液中任何一种有害成分浓度超过表 8-5 中允许进入填埋区的控制限值的废物；②废物浸出液 pH 值≤7.0 和≥12.0 的废物；③本身具有反应性、易燃性的废物；④含水率高于 85%的废物；⑤液体废物。

（2）接收系统

危险废物安全填埋场应当按照《危险废物转移管理办法》规定的联单填写内容，对危险废物核实验收，如实填写联单中接受单位栏目并加盖公章。进入危险废物安全填埋场的危险废物，必须经过门卫专人检查、验单、核对危险废物到达凭证及车号，检查车体和包装技术状况，取样、检查计重后才能接收。通过入口的计量和初步检验后，再进行分类，最后进入厂区。危险废物卸载过程应遵循《危险废物的收集、贮存、运输技术规范》（HJ 2025—2012）规定，在特定地点分区堆填。

填埋场需要配备合适的实验室，对入场的危险废物进行分析和鉴别。实验室应按有毒化学品分析实验室的建设标准建设，分析项目应满足填埋场运行要求，至少应具备 Cr、Zn、Hg、Cu、Pb、Ni 等重金属及氰化物等项目的检测能力，还需具备废物间相容性实验的能力；通过实验分析，建立危险废物数据库对有关数据进行系统管理。除了腐蚀性、易燃性、反应性以及毒性等的检测外，填埋场还需对未知危险废物建立一套方便快捷的检测手段。可以参考德国危险废物处置场的快速测定方法（见表 8-6），从而判断有效处理处置方法。

表 8-6　德国危险废物特性的快速测定方法

序号	测定项目或试验名称	适用危险废物类型	结果解读及后续要求
1	水分含量或 105℃ 烘干失重测定		测定过程中有异味出现，说明废物中含有有机溶剂； 水分含量测定结果误差较大，则废物中含有挥发性有机物(溶剂、液体燃料、可升华的有机固体)
2	550℃灼烧试验		测定过程中如有异味，应进一步测定易挥发性有机溶剂的含量 灼烧失重即为废物中有机物质的含量
3	石油醚可萃取物含量的测定	矿物油工业产生的危险废物	测定结果为高沸点油和脂肪类含量
4	易挥发性有机溶剂含量的测定		方法一：105℃烘干失重与 Karl Fischer (容量分析)法测得的水分之差值即为易挥发性有机溶剂的含量； 方法二：用 Karl Fischer(容量分析)法测定两相(水与有机相)中的水分重量，两相总重与其之差即为易挥发性有机溶剂的含量

序号	测定项目或试验名称	适用危险废物类型	结果解读及后续要求
5	释放气体与空气混合物的潜在爆炸性检验		结果大于爆炸下限的25%(体积分数),说明具有潜在爆炸性; 如具有潜在爆炸性,应进一步检验其可燃性、燃烧行为和溶剂等
6	可燃性和燃烧行为试验		以煤气灯飘动的火焰点燃样品,容易点燃,则进一步测定有机溶剂的含量;很难点燃或不能点燃,则以煤气灯直接加热,检验是否有酸性气体(HCl、SO_2、NO_x)和异味产生:①样品熔解或烧爆(烧得毕剥作响),处置前应作适当稀释;②现象很明显,则拒绝接受
7	卤代有机物检验(Beilstein 试验)		用与水不相溶的非卤代有机物溶剂通过索氏提取器制备浓萃取液,将铜片浸入萃取液后置于火焰上,火焰为绿色或蓝绿色,则说明存在卤代有机物
8	与水反应性检验	轻金属加工厂的危险废物	根据生成气体的体积,确定危险废物在处置现场是否会产生气体或放出热量
9	氰化物检验		加入25%(质量分数)的硫酸,用装有 HCN 试管的德尔格(Dräger)气体检测仪测定,如可能有 H_2S 或 SO_2 生成,则先将气体通过装有醋酸镉溶液的洗瓶

8.4.2 贮存

一般来说,为了控制危险废物填埋过程中的潜在危害,在危险废物被送至填埋区填埋前,需要在贮存区对其化验分析以及预处理。贮存设施的建设应符合《危险废物贮存污染控制标准》(GB 18597—2019)的要求,尽量做到分区分类存放,并实现不相容危险废物的分区贮存。

入场的危险废物,应该依据《危险货物品名表》(GB 12268—62012)的分类原则、库房及设备条件情况,对不同特性的危险废物进行分区分类,参见表 8-7。

表 8-7 不相容危险废物混合贮存产生的危害

部分不相容危险废物		混合时会产生的危险
甲	乙	
氰化物	酸类、非氧化	产生氰化氢,吸入少量可能会致命
次氯酸盐	酸类、非氧化	产生氯气,吸入可能会致命
铜、铬及各种重金属	酸类、氧化,如硝酸	产生二氧化氮、亚硝酸烟,引致刺激眼目及烧伤皮肤
强酸	强碱	可能引起爆炸性的反应及产生热能
铵盐	强碱	产生氨气,吸入会刺激眼目及呼吸道
氧化剂	还原剂	可能引起强烈甚至爆炸性的反应及产生热能

危险废物的分区分类贮存应符合:①不同性质的危险废物分类分区存放,危险废物之间保持一定安全距离,隔离存放,不得超量贮存;性质不同或接触能引起燃烧、爆炸或灭火方法不同的物品不得同库贮存;②性质不稳定,如桶、罐密闭封存的废油漆、涂料等,易受温度或其他外部因素影响可引起燃烧、爆炸等事故的应单独存放,并考虑泄压、防爆;③受阳光照射容易燃烧、爆炸或产生有毒气体的危险废物和桶装、罐装等易燃废液应当在阴凉通风地点存放;④遇火、遇潮容易燃烧、爆炸或产生有毒气体的危险废物,不得在露天、潮湿、漏雨和低洼容易积水的地点装卸、存放和处置;⑤禁止不同性质的危险废物混合贮存;⑥易燃、易爆、高毒等特殊物品应设专库、专罐、专人负责;⑦污泥、废液采用密闭容器收运,污泥、废液泵卸车、输送,专用罐、槽贮存,在罐、槽上设置相应的搅拌、防静电接地、溢

流、罐体呼吸、放散、阻火等安全保护装置。

8.4.3　预处理

危险废物进入填埋场前需进行的预处理要求参考《危险废物填埋污染控制标准》（GB 18598—2019）。需进行预处理危险废物包括：本身具有反应性、易燃性的危险废物；含水率高于85%的废物以及液体废物；浸出液中任何一种有害成分浓度超过表8-5中稳定化控制限值的废物；浸出液 pH 值≤7.0 和≥12.0 的废物。危险废物预处理系统主要包括前处理单元、稳定化单元以及浸出检测单元，一般可根据危险废物的性质和形态，有针对性地选择水泥固化、火山灰固化、石灰固化、塑性固化、有机聚合物稳定、玻璃固化和自胶结固化技术等，具体参见固化/稳定化章节内容。危险废物成分对常用稳定剂稳定效果的影响见表8-8。

表 8-8　危险废物成分对常用稳定剂稳定效果的影响

危险废物组分	水泥基	火山灰基	热塑性材料	有机聚合物
非极性有机物：油脂、芳烃、卤代烃、PCBs	可能阻止固定；很长一段时期后降低耐久性；搅拌时挥发	特定条件下有示范效果	有机物可能加热蒸发；特定条件下有示范效果	可能阻止固定；特定条件下有示范效果
极性有机物：酒精、酚类、有机酸、乙二醇	酚类将明显地延缓固定，短期内减少耐久性，很长一段时期后降低耐久性	酚类将明显地延缓固定，短期内减少耐久性；酒精可延缓固定，很长一段时期后降低耐久性	有机物加热蒸发	对固定没有显著影响
酸，如盐酸、氢氟酸	对固定没有显著影响；水泥可中和酸；有示范效果	对固定没有显著影响；相容，可中和酸；有示范效果	结合前能中和	结合前能中和
氧化剂，如钠、次氯酸盐、钾、高锰酸盐、硝酸、重铬酸钾	相容	相容	可能引起基质的破坏、解体	可能引起基质的破坏、解体
盐，如硫酸盐、卤化物、硝酸盐、氰化物	延长固定时间，降低耐久性；硫酸盐能延缓固定和引起散裂，除非使用特殊的水泥；硫酸盐会加速其他反应	卤化物容易浸出，延缓固定；硫酸盐延缓或加速固定	硫酸盐和卤化物可脱水和再水合，引起散裂	相容
重金属，如铅、铬、镉、砷、汞	相容；可延长固定时间；特定条件下有示范效果	相容；对特定的成分（铅、镉、铬）有示范效果	相容；对特定的成分（铜、砷、铬）有示范效果	相容；对砷有示范效果

对于其他的危险废物，如焚烧飞灰可采用重金属稳定剂或水泥进行稳定化/固化处理；重金属类废物则应在确定重金属种类后，采用硫代硫酸钠、硫化钠或重金属稳定剂进行稳定化处理，并酌情加入一定比例的水泥进行固化；酸碱污泥应在中和处理后进行稳定化处理，含氰污泥可采用稳定化剂或氧化剂进行稳定化处理；散落的石棉废物可采用水泥固化，大量的有包装的石棉废物可采用聚合物包裹方法进行处理。

8.4.4　填埋

填埋工艺主要有区域法、壕沟法和综合法等。区域法是整个填埋场进行总体开挖，并从一侧到另一侧地进行填埋，整个场区只有一个区域，该填埋方式适合每天都有危险废物进行填埋的作业，如图 8-7 所示。壕沟法是首先对整个填埋场分区，逐个壕沟进行开挖、填埋和覆盖。该填埋方式适合相对较少量危险废物的填埋，同时分批危险废物填埋时间间隔较长的作业，如图 8-8 所示。区域法因为不需要分区隔离，可容纳更多的危险废物，但区域法产生的渗滤液的量和危害性均高于壕沟法。

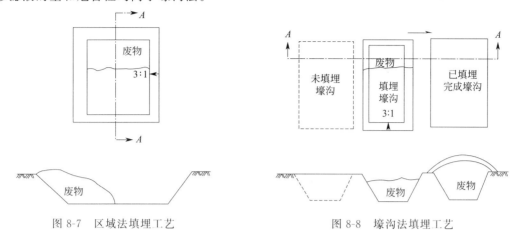

图 8-7　区域法填埋工艺　　　　　图 8-8　壕沟法填埋工艺

　　为节约填埋占地和限制渗滤液产生速度，结合区域法和壕沟法优点的综合法酝酿而生。综合法即在填埋区进行分边开挖，当一侧已填埋完毕并进入封场阶段时，进行另一侧的开挖，如图 8-9 所示。整体采用工艺需根据场地实际情况等进行综合安排。

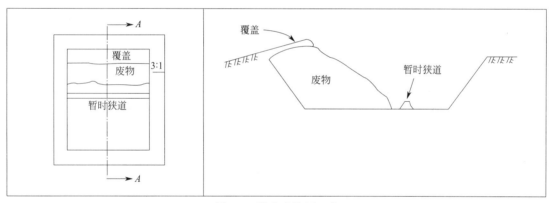

图 8-9　综合法填埋工艺

8.4.5　填埋气导排

　　危险废物填埋场所填危险废物当其有机物或含水量相对较高时，会通过生物降解形成填埋气，如 CH_4 和 CO_2，以及化学挥发释放 VOCs 类物质。填埋深度较浅或填埋容积较小的填埋场，由于填埋气体中甲烷浓度较低，利用导气石笼将填埋气直接排放即可。经过固化/稳定化预处理后，填埋的危险废物较为稳定，产生气体较少，所要求的导排系统相对简单，一般可满足直接排放要求。

8.4.6　渗滤液产生与处理

　　危险废物安全填埋场渗滤液具有成分复杂、浓度高、变化大等特性，因此其处理技术有较高难度和复杂度。典型的危险废物填埋场污水来源可包括物化工艺废水、安全填埋场渗滤液、化验废水、收集容器冲洗、工艺系统处理洗车废水以及初期雨水。一般来说，危废填埋场渗滤液的盐度更高、有害物质组分更多，需要配备预处理方法，同时为节约成本，也可以部分采用生物处理法。对于已稳定填埋场产生的渗滤液或重金属含量较高的渗滤液来说，选择使用物理—化学处理法，或者选择超滤方式，使渗滤液达标排放，也可直接作为反冲洗水回用于填埋场；渗滤液可用超声波振荡，通过电解法达标排放。

典型危险废物填埋场污水处理工艺为物化＋生化＋深度处理联合工艺。处理后出水水质达到中水回用标准。常见工艺有气浮＋氧化还原＋曝气生物滤池＋砂滤/活性炭过滤器＋纳滤/反渗透（NF/RO）、气浮＋氧化还原＋膜生物反应器＋NF/RO。

危险废物填埋场的有些废水含盐量及有机物浓度较高，有些则较低，一般针对污水来源及水质分开收集和处理。根据污水来源及水质，一般将整个污水处理系统分为三套工艺线。第一套工艺系统处理安全填埋场渗滤液、物化工艺废水、收集容器冲洗废水、化验废水；第二套工艺系统处理洗车废水、地面冲洗水以及初期雨水；第三套工艺系统处理生活污水。整个污水处理系统的工艺流程见图 8-10。

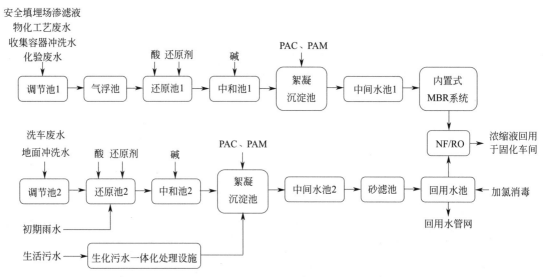

图 8-10　危险废物安全填埋场废水工艺流程

8.4.7　填埋场覆盖与封场

填埋场填埋作业至设计终场标高或不再收纳危险废物而停止使用后，需要进行封场处理，从而控制填埋场的污染并生态恢复。在封场前需要制订封场计划，包括确认最终场址的地形计划；准备最终场址的排水计划；明确覆盖材料的来源；准备植被覆盖和景观设计；说明主体运行部分的关闭程序；说明场内设施发展的工程计划。封场前三个月应：完成最终排水控制设施和结构；设立气体导出系统、渗滤液控制系统和监测系统；设立沉降板和其他设备以监测沉降；设立最终覆土系统和植被覆盖。而总体的封场计划要对方法、规范及封场过程进行全面描述。

封场过程最重要的是确定封场结构，一般柔性填埋场封场结构自下而上为导气层、防渗层、排水层和植被层。导气层由砂砾组成，渗透系数应大于 0.01cm/s，厚度不小于 30cm。防渗层为糙面高密度聚乙烯防渗膜或线性低密度聚乙烯防渗膜时，厚度不小于 1.5mm；防渗层采用黏土时，厚度不小于 30cm，饱和渗透系数小于 1.0×10^{-7} cm/s。排水层应与填埋库区四周的排水沟相连，其渗透系数不应小于 0.1cm/s，边坡应采用土工复合排水网。植被层由营养植被层和覆盖支持土层组成，营养植被层厚度应大于 15cm；覆盖支持土层由压实土层构成，厚度应大于 45cm。刚性填埋场封场结构应包括 1.5mm 以上高密度聚乙烯防渗膜以及抗渗混凝土。

8.5 监测与运行管理

8.5.1 监测

填埋场环境监测是填埋场管理的重要组成部分，是确保填埋场正常运行和进行环境评价的重要手段。根据《危险废物安全填埋处置工程建设技术要求》，填埋场应设置监测系统，以满足运行期和封场期对渗滤液、地下水、污水和大气的监测要求，并应在封场后连续监测 30 年。安全填埋场的监测系统主要包括渗滤液监测、地下水和污水监测以及填埋场气体监测。监测项目应根据填埋的危险废物主要有害成分及稳定化处理结果来确定。填埋场运行期间，每个季度至少取样监测一次。如监测结果出现异常，应及时进行重新监测，其间隔时间不超过一星期。

8.5.2 运行管理

填埋场运行管理人员，应在企业岗位培训合格后上岗。同时根据废物的力学性质合理选择填埋单元，防止局部应力集中对填埋结构造成破坏。在填埋场投入运行之前，填埋场管理单位应制定运行计划和突发环境事件应急预案。突发环境事件应急预案应说明各种可能发生的突发环境事件情景及应急处置措施。

填埋场应根据渗滤液水位、渗滤液产生量、渗滤液组分和浓度、渗漏检测层渗漏量、地下水监测结果等数据，定期对填埋场环境安全性能进行评估，并根据评估结果确定是否对填埋场后续运行计划进行修订以采取必要的应急处置措施。填埋场运行期间，评估频次不得低于两年一次；封场至设计寿命期，评估频次不得低于三年一次；设计寿命期后，评估频次不得低于一年一次。

填埋场运行记录应包括设备工艺控制参数，入场废物来源、种类、数量，废物填埋位置等信息，柔性填埋场还应记录渗滤液产生量和渗漏检测层流出量等。填埋场管理单位应建立有关填埋场的全部档案，包括入场废物特性、填埋区域、场址选择、勘察、征地、设计、施工、验收、运行管理、封场及封场后管理、监测以及应急处置等全过程所形成的一切文件资料；必须按国家档案管理等法律法规进行整理与归档，并永久保存。

柔性填埋场的管理单位还应做到：①根据分区填埋原则进行日常填埋操作，填埋工作面应尽可能小，方便及时得到覆盖；填埋堆体的边坡坡度应符合堆体稳定性验算的要求；②根据填埋场边坡稳定性要求对填埋废物的含水量、力学参数进行控制，避免出现连通的滑动面；③日常运行要采取措施保障填埋场稳定性，并根据《生活垃圾卫生填埋场岩土工程技术规范》（CJJ 176—2012）的要求对填埋堆体和边坡的稳定性进行分析；④填埋场运行过程中，应严格禁止外部雨水的进入；每日工作结束时，应对填埋完毕后的区域必须采用人工材料覆盖；除非设有完备的雨棚，雨天不宜开展填埋作业。

思考题

1. 简述危险废物柔性和刚性填埋场的异同点。
2. 简述危险废物填埋场库容和规模的计算方法。
3. 简述判断危险废物属于可直接入场填埋、必须预处理后方可入场填埋，还是属于不可入场填埋的危险废物的方法。
4. 简述危险废物填埋场的监测要求。

第 **9** 章

污染场地风险评估及修复技术

前面讨论主要聚焦于工艺生产过程中即时产生的危险废物，通过过程有效管理来降低潜在风险。同时也要注意到，历史上存在大量无序的废物倾倒和在不完善设施中处理引起的场地污染问题，特别是随着城市化进程及产业结构调整"退二进三"政策实施，重点行业退役、搬迁、遗留的场地土壤与地下水污染问题日渐突出。企业在搬迁后留下了大量的"棕色地块"（brownfield site），包括工业用地、汽车加油站、废弃的库房、可能含有铅或石棉的废弃居住建筑物等，不同程度上被工业废物所污染。污染场地污染特征复杂，呈现出以重金属和有机物为主的复合污染行为，复合态势严重，比对危险废物管控的"五性"，这些污染场地都有危险废物的特性。

我国重点关注场地土壤—地下水重金属（如砷、铬等）和有机污染物（如多环芳烃、氯代烃、苯系物等）的复合污染，尤其在长江经济带和京津冀经济发达地区，其已成为我国区域环境治理亟待解决的重要问题之一。作为特殊危险废物的一种，如何针对污染场地，从风险管控、污染修复和修复评估等方面进行系统评估构架，从土壤污染到土壤—地下水一体化污染综合实施，是目前急需解决的问题。

9.1 污染场地定量风险评价

9.1.1 风险和定量风险评价

风险是指受到伤害或损失的概率。风险不同于危害，危害是废物导致伤害的固有可能性，是风险源。如果导致的伤害是可以估量的，风险可以用事件发生的概率乘以一旦事件发生造成伤害的严重程度来计算。很多风险是难以估量的，例如癌症的风险，对于此类情况，风险仅指伤害发生的概率。

定量风险评价是运用科学原理定量计算风险的过程，危险废物项目的定量风险评价一般采用四段论的方法，即：①危害识别：识别可能引起危害的主要化学成分；②暴露评估：分析可能引起危害的主要化学成分的去向、暴露对象和暴露途径；③毒性评估：确定毒性指数用于计算风险；④风险描述：估计风险的危害程度和评估的不确定性。

9.1.2　污染场地定量风险评价的目的

污染场地定量风险评价的目的是在假定修复行动完全实施的情况下，计算每一个备选方案的暴露风险，全面比较每一个备选方案减少风险的效果，为污染场地修复方案的确定提供决策依据。污染场地定量风险评价的另一个重要应用是建立场地特殊污染物的清除标准，即对于不存在量化标准的土壤或地下水中的污染物，确定"怎样清除才能清洁"，这种情况下，先定义可以接受的风险的数字限值，然后反算将产生可接受风险水平的这个污染物的浓度。

9.2　污染场地风险评估程序

场地风险评估是在分析污染场地土壤和地下水中污染物通过不同暴露途径进入人体的基础上，定量估算致癌污染物对人体健康产生危害的概率，或非致癌污染物的危害水平与程度，计算基于风险土壤及地下水修复限值。场地风险评估工作内容包括危害识别（哪种化学成分是主要的）、暴露评估（化学成分去向何处，暴露于谁及如何暴露）、毒性评估（确定毒性指数用于计算风险）、风险表征（估计风险危害程度和评估的不确定性），以及土壤和地下水风险控制值的计算，其风险评估程序如图 9-1 所示。

危害识别是进行场地风险评估的基础，其主要任务是收集土壤污染状况调查阶段获得的相关资料和数据，掌握地块土壤和地下水中关注污染物的浓度分布，明确规划土地利用方式，分析可能的敏感受体（如儿童、成人、地下水体等），获得场地特征参数，完善场地概念模型。暴露评估是在危害识别的基础上，分析地块内关注污染物迁移和危害敏感受体的可能性，确定地块土壤和地下水污染物的主要暴露途径和暴露评估模型，确定评估模型参数取值，计算敏感人群对土壤和地下水中污染物的暴露量。毒性评估是在危害识别的基础上，分析关注污染物对人体健康的危害效应，包括致癌效应和非致癌效应，确定与关注污染物相关的参数，包括参考剂量、参考浓度、致癌斜率因子和呼吸吸入单位致癌因子等。风险表征是在暴露评估和毒性评估的基础上，采用风险评估模型计算土壤和地下水中单一污染物经单一途径的致癌风险和危害商，计算单一污染物的总致癌风险和危害指数，进行不确定性分析。土壤和地下水风险控制值的计算是在风险表征的基础上，判断计算得到的风险值是否超过可接受风险水平，如地块风险评估结果超过可接受风险水平，则计算土壤、地下水中关注污染物的风险控制值。

9.2.1　危害识别

场地危害识别的主要内容是收集相关资料，确定关注污染物。资料包括：①较为详尽的地块相关资料及历史信息；②地块土壤和地下水等样品中污染物的浓度数据；③地块土壤的理化性质分析数据；④地块（所在地）气候、水文、地质特征信息和数据；⑤地块及周边地块土地利用方式、敏感人群及建筑物等相关信息。资料收集齐全后，根据土壤污染状况调查和监测结果，将对人群等敏感受体具有潜在风险需要进行风险评估的污染物，确定为关注污

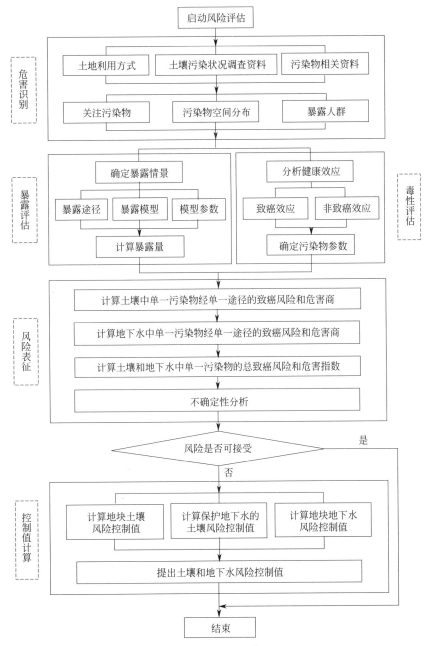

图 9-1 污染场地风险评估程序与内容

染物。

9.2.2 暴露评估

暴露评估是在危害识别的基础上,分析场地内关注污染物迁移和危害敏感受体的可能性,确定场地土壤和地下水污染物的主要暴露途径和暴露评估模型,确定评估模型参数取值,计算敏感人群对土壤和地下水中污染物的暴露量。

（1）暴露情景分析

暴露情景是指特定土地利用方式下，地块污染物经由不同途径迁移和到达受体人群的情况。根据不同土地利用方式下人群的活动模式，暴露情景分为以住宅用地为代表的第一类用地（以下简称"第一类用地"）和以工业用地为代表的第二类用地（以下简称"第二类用地"）两类。

第一类用地方式包括《城市用地分类与规划建设用地标准》（GB 50137—2011）规定的城市建设用地中的居住用地（R）、公共管理与公共服务用地中的中小学用地（A33）、医疗卫生用地（A5）和社会福利设施用地（A6），以及公园绿地（G1）中的社区公园或儿童公园用地等。

第一类用地方式下，儿童和成人均可能因长时间暴露于地块污染而产生健康危害。对于致癌效应，考虑人群的终生暴露危害，一般根据儿童期和成人期的暴露来评估污染物的终生致癌风险；对于非致癌效应，儿童体重较轻、暴露量较高，一般根据儿童期暴露来评估污染物的非致癌危害效应。

第二类用地包括《城市用地分类与规划建设用地标准》（GB 50137—2011）规定的城市建设用地中的工业用地（M）、物流仓储用地（W）、商业服务业设施用地（B）、道路与交通设施用地（S）、公用设施用地（U）、公共管理与公共服务用地（A）（A33、A5、A6除外），以及绿地与广场用地（G）（G1中的社区公园或儿童公园用地除外）等。

第二类用地方式下，成人的暴露期长、暴露频率高，一般根据成人期的暴露来评估污染物的致癌风险和非致癌效应。

（2）暴露途径确定

暴露途径是指场地土壤和浅层地下水中污染物迁移到达和暴露于人体的方式。暴露途径主要有9种（如图9-2所示）：经口摄入土壤、皮肤接触土壤、吸入土壤颗粒物、吸入室外空气中来自表层土壤的气态污染物、吸入室外空气中来自下层土壤的气态污染物、吸入室内空气中来自下层土壤的气态污染物共6种土壤污染物暴露途径和吸入室外空气中来自地下水的气态污染物、吸入室内空气中来自地下水的气态污染物、饮用地下水共3种地下水污染物暴露途径。

特定用地方式下的主要暴露途径应根据实际情况分析确定，暴露评估模型参数应尽可能根据现场调查获得。地块及周边地区地下水受到污染时，应在风险评估时考虑地下水相关暴露途径。依照《土壤环境质量 建设用地土壤污染风险管控标准（试行）》（GB 36600—2018）要求进行土壤中污染物筛选值的计算时，应考虑全部6种土壤污染物暴露途径。

（3）暴露量计算

暴露量即评估与暴露点潜在受体有关的各种化学物质的剂量。暴露点的污染物浓度值主要根据日常监测数据确定或采用污染物迁移转化模型进行预测。污染物摄取量以不同剂量为基础，采用单位时间单位体重摄取量表示。呼吸途径和饮食途径一般采用潜在剂量进行估算，皮肤接触途径采用吸收剂量估算。

暴露量计算是对污染物的变量和表征暴露人群的变量进行量化，计算人体单位时间、单位体重的污染物摄取量。暴露量计算推荐的公式如下：

$$EDI = \frac{C_S \times IR \times CF \times EF \times ED}{BW \times AT} \tag{9-1}$$

式中，EDI 为污染物摄入量，mg/（kg·d）；C_S 为介质中污染物质含量，大气 mg/

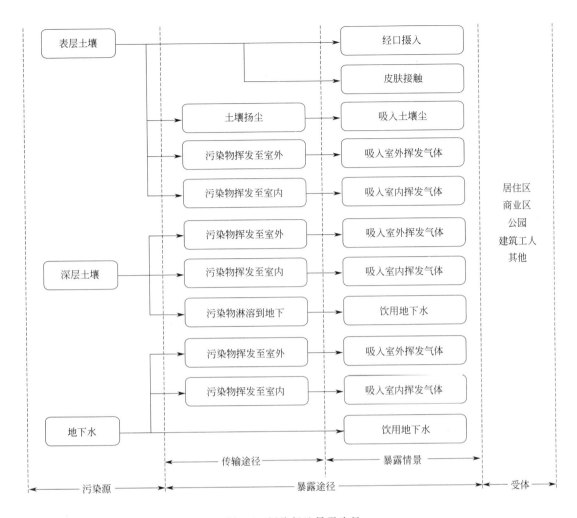

图 9-2　污染场地暴露途径

m^3，食物和土壤 mg/kg，水 mg/L；IR 为介质摄入量，大气 m^3/d，食物和土壤 mg/kg，水 L/d；CF 为转换系数，kg/mg 或无量纲；EF 为暴露频率，d/a；ED 为暴露年限，a；BW 为体重，kg；AT 为平均作用时间，d。

9.2.3　毒性评估

毒性评估是在危害识别的基础上，分析关注污染物对人体健康的危害效应，确定与关注污染物相关的参数。污染物对人体健康的危害效应，包括致癌效应、非致癌效应、污染物对人体健康的危害机理和剂量—效应关系等。

污染物相关参数，包括致癌效应毒性参数、非致癌效应毒性参数、污染物的理化性质参数和污染物其他相关参数。致癌效应毒性参数包括呼吸吸入单位致癌因子（IUR）、呼吸吸入致癌斜率因子（SF_i）、经口摄入致癌斜率因子（SF_o）和皮肤接触致癌斜率因子（SF_d）。非致癌效应毒性参数包括呼吸吸入参考浓度（RfC）、呼吸吸入参考剂量（RfD_i）、经口摄入参考剂量（RfD_o）和皮肤接触参考剂量（RfD_d）。污染物理化性质参数包括无量纲亨利常数

（H）、空气中扩散系数（D_a）、水中扩散系数（D_w）、土壤—有机碳分配系数（K_{oc}）、水中溶解度（S）。其他相关参数包括消化道吸收因子（ABS_{gi}）、皮肤吸收因子（ABS_d）和经口摄入吸收因子（ABS_o）。

9.2.4 风险表征

风险表征是在暴露评估和毒性评估的基础上，计算单一污染物的总致癌风险和危害指数，并进行不确定性分析。

致癌物质的致癌风险值（CR）和非致癌物质的危害商（HQ）的计算公式分别如式（9-2）和式（9-3）所示：

$$CR = \frac{IR_{oral} \times EF_{oral} \times SF_{oral} + IR_{demal} \times EF_{demal} \times ED_{demal} \times SF_{demal} + IR_{inh} \times EF_{inh} \times ED_{demal} \times SF_{inh}}{BW \times AT}$$

$$（9\text{-}2）$$

$$HQ = \frac{IR_{oral} \times EF_{oral} \times SF_{oral}}{BW \times AT \times RfD_{oral}} + \frac{IR_{demal} \times EF_{demal} \times ED_{demal} \times SF_{demal}}{BW \times AT \times RfD_{demal}} + \frac{IR_{iuli} \times EF_{inh} \times ED_{demal} \times SF_{inh}}{BW \times AT \times RfD_{inh}}$$

$$（9\text{-}3）$$

式中，SF 为致癌斜率因子，mg/（kg·d）；EF 为暴露频率，d/a；ED 为暴露持续时间，a；IR 为摄入比例；BW 为体重，kg；AT 为平均时间，d。RfD 为参考剂量，mg/（kg·d）。下标 oral、demal 和 inh 分别表示为经口、皮肤接触和吸入。

不确定性分析，包括风险评估结果不确定性来源分析、暴露风险贡献率分析和模型参数敏感性分析。造成地块风险评估结果不确定性的主要来源，包括暴露情景假设、评估模型的适用性、模型参数取值等多个方面。模型参数敏感性分析，一般是针对风险计算结果影响较大的参数，如人群相关参数（体重、暴露期、暴露频率等）、与暴露途径相关的参数（每日摄入土壤量、皮肤表面土壤黏附系数、每日吸入空气体积、室内空间体积与蒸汽入渗面积比等）。单一暴露途径风险贡献率超过 20% 时，应进行人群和与该途径相关参数的敏感性分析。

9.2.5 土壤和地下水风险控制值的计算

首先判断 9.2.4 计算得到的风险值是否超过可接受风险水平，如地块风险评估结果（CR 或 HQ）超过可接受风险水平，则计算土壤、地下水中关注污染物的风险控制值。计算基于致癌效应的土壤和地下水风险控制值时，采用的单一污染物可接受致癌风险为 10^{-6}；计算基于非致癌效应的土壤和地下水风险控制值时，采用的单一污染物可接受危害商为 1。

然后选择计算得到的基于致癌效应和基于非致癌效应的土壤风险控制值，以及基于致癌效应和基于非致癌风险的地下水风险控制值中较小者作为地块的风险控制值。如地块及周边地下水作为饮用水源，则应充分考虑到对地下水的保护，提出保护地下水的土壤风险控制值。确定地块土壤和地下水修复目标值时，应将基于风险评估模型计算出的土壤和地下水风险控制值作为主要参考值。

9.3 污染场地调查

9.3.1 场地调查方法

污染场地调查指采用系统的调查方法，确定场地是否被污染及污染程度和范围的过程。场地中的污染物主要存在于场地土壤中，但其可能向地下水中迁移，对周围敏感目标产生危害。因此，污染场地调查范围主要是土壤和地下水。

针对污染场地，前期场地调查评价工作都是按阶段进行的。污染场地调查需满足以下特征：①阶段性特征：发达国家开展污染场地的调查工作都是按阶段进行，一般为三个阶段。②驱动性特征：场地污染调查是在不同目的驱动下进行的，一般以土地利用过程中健康风险、生态风险评价或污染场地修复为目的开展相应调查。为此，场地调查应先弄清调查目的，然后再采取相应调查步骤和技术方法进行调查。③因地制宜、不断完善特征：处于不同发展水平的国家，其生产力水平、需要解决的污染问题和迫切性等均有所不同，因此污染场地调查需要因国制宜，并且与时俱进，在实践中不断修订和完善。污染场地调查、评估与修复基本流程如图 9-3 所示。

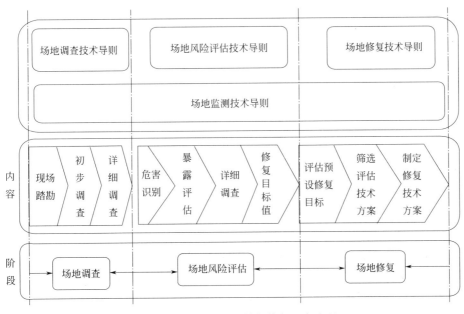

图 9-3　场地调查、评估与修复基本流程

污染场地调查原则包括：①针对性原则。针对地块的特征和潜在污染物特性，进行污染物浓度和空间分布调查，为地块的环境管理提供依据；②规范性原则。采用程序化和系统化的方式规范土壤污染状况调查过程，保证调查过程的科学性和客观性；③可操作性原则。综合考虑调查方法、时间和经费等因素，结合当前科技发展和专业技术水平，使调查过程切实可行。

场地污染状况调查分三个阶段进行，其流程如图 9-4 所示。

第一阶段是以资料收集、现场踏勘和人员访谈为主的污染识别阶段，原则上不进行现场

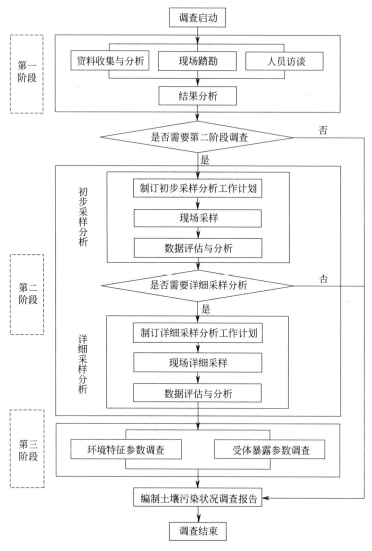

图 9-4　场地污染状况调查流程

采样分析。若第一阶段调查确认地块内及周围区域当前和历史上均无可能的污染源，则认为地块的环境状况可以接受，调查活动可以结束。如果确定场地可能属于潜在污染场地，应进行初步调查，确定污染源的位置、场地现在与过去的活动（运转时间与污染物等）、场地水文和地质条件、污染介质及初步的污染范围。

　　第二阶段是以采样与分析为主的污染证实阶段。若第一阶段土壤污染状况调查表明地块内或周围区域存在可能的污染源，以及由于资料缺失等原因造成无法排除地块内外存在污染源时，应进行第二阶段土壤污染状况调查，确定污染物种类、浓度（程度）和空间分布。土壤污染状况调查通常分为初步采样分析和详细采样分析两步进行，每步均包括制订工作计划、现场采样、数据评估和结果分析等。初步采样分析和详细采样分析均可根据实际情况分批次实施，逐步减少调查的不确定性。详细采样分析是在初步采样分析的基础上开展的，如果初步采样分析结果中污染物浓度未超过国家和地方相关标准对照点浓度（有土壤环境背景的无机物），并且经过不确定性分析确认不需要进一步调查后，第二阶段土壤污染状况调查工作方可结束；否则需进一步采样和分析，确定土壤污染程度和范围。根据初步采样分析结果，如果污染物浓度均未超过《土壤环境质量　建设用地土壤污染风险管控标准（试行）》（GB 36600—2018）环境风险，须详细调查标准中没有涉及的污染物（可根据专业知识和经验综合判断）。

第三阶段以补充采样和测试为主，获得满足风险评估及土壤和地下水修复所需的参数。本阶段调查工作可单独进行，也可与第二阶段调查过程同时开展。

9.3.2　第一阶段调查

（1）调查目标

第一阶段调查主要目标包括：①综合考虑可见污染源或疑似污染源位置、污染物性质、场地历史、场地水文和地质条件，分析污染物可能污染的深度和范围，初步构建场地污染概念模型。②确定污染场地土壤和地下水的监测清单，绘制大比例土地利用及污染史信息图，图面应反映出土地利用类型及分布范围，从总体上把握场地疑似污染源分布情况。③确定相应的调查技术与工作方法。④初步判断场地污染分布特征是属于基本分布均匀、块状分布均匀、极不均匀分布中的哪一类。⑤确定是否需要进行第二阶段调查。如果有一种以上的污染物浓度超过了限定值［（干涉值＋目标值）/2］，则存在严重污染，需要进行下一步调查；当所有污染物的浓度低于限定值［（干涉值＋目标值）/2］，但多种污染物的浓度大于（目标值）/2时，则应根据实际情况进行下一步调查。

（2）调查内容

第一阶段调查即污染场地环境现状调查，其主要工作是通过资料收集、现场踏勘、人员访谈和现场监测，识别土壤、地下水、地表水、环境空气及残余废物中的关注污染物，全面分析场地污染特征，确定场地的污染物种类、污染程度和污染范围。

① 资料收集。所需收集的资料主要包括地块利用变迁资料、地块环境资料、地块相关记录、有关政府文件，以及地块所在区域的自然和社会信息。当调查地块与相邻地块存在相互污染的可能时，须收集相邻地块的相关记录和资料。

② 现场踏勘。现场踏勘的范围以地块内为主，并应包括地块的周围区域，周围区域的范围应由现场调查人员根据污染可能迁移的距离来判断。现场踏勘的主要内容包括地块的现状与历史情况，相邻地块的现状与历史情况，周围区域的现状与历史情况，区域的地质、水文地质和地形的描述等。重点踏勘对象应包括有毒有害物质的使用、处理、储存、处置；生产过程和设备，储槽与管线；恶臭、化学品味道和刺激性气味，污染和腐蚀的痕迹；排水管或渠、污水池或其他地表水体、废物堆放地、井等。

③ 人员访谈。访谈内容应包括资料收集和现场踏勘所涉及的疑问以及信息补充和已有资料的考证；访谈对象为地块现状或历史的知情人；访谈方法可采取当面交流、电话交流、电子或书面调查表等方式。

（3）调查方法

第一阶段调查是在资料收集的基础上，通过调查技术方法的探索性应用，确定详细调查阶段工作方法，初步了解场地污染特征的一项野外调查活动，其调查方法包括场地观察、部门及人员访问、便携式仪器现场监测、取样分析。

① 场地观察。应观察场地及周边的地形地貌、水文、地质等环境条件，场地边界、建

筑物及地面特征，场地工作条件，疑似污染或污染现象，影响探测仪器工作的电磁干扰环境，大气风向，泉水及水井分布情况，场地安全隐患等。观察应敏锐、仔细、全面。

② 部门及人员访问。应对场地主管生产活动的部门及人员，场地生产、经营活动的见证职工，场地及附近居民，地下水主管部门及人员，地方有关部门进行访问。访问应讲究策略，针对不同的对象，访问不同的内容。

③ 便携式仪器现场监测。在场地可疑污染点，用便携式仪器快速测定土壤物理化学指标、可疑污染组分含量。常用的便携式仪器及其功能见表 9-1。

表 9-1　常用的便携式仪器及其功能

便携式仪器名称	功　能
水质多参数测量仪	测定水温、pH、电导率、氧化还原电位、溶解氧
气体多参数检测仪	测定挥发性有机物、氧气、甲烷、硫化氢、二氧化碳、氯气、氨气、氡气等
便携式 X 射线荧光分析仪	检测土壤中 Fe、Mn、Cu、Ni、Co、Cr 等 26 种重金属
土壤三参数仪	测定土壤电导率、含水量、温度
测磷仪	测定土壤或地下水中的磷
便携式农药残留检测仪	测定土壤或地下水中的农药残留
生物毒性仪	测定水质毒性

④ 取样分析。在可见污染源或疑似重污染区及场地外围不受污染影响的区域采集少量土壤和地下水样品，初步确定场地污染物种类、组分及场地背景值。

9.3.3　第二阶段调查

（1）调查目标

第二阶段调查的主要目标：

① 验证场地信息调查资料。在拟订现场采样分析计划之前，应验证第一阶段调查的结果，并对以下内容作出初步评估：有害污染物是否已向地下水扩散造成饮用水水井污染；有害污染物是否已向地表水扩散危及饮用水取水口、渔场和其他敏感地区；土壤是否被污染，是否已对居民、学生和敏感地区造成危害；有害污染物是否已向大气扩散危及人群和敏感地区。

② 样品采集和分析。根据已验证的验证场地信息调查资料，制定场地样品采集和分析方案，使采样范围覆盖所有的污染物检测值可能超过相关标准或场地污染筛选值的区域。按照土壤、地下水、地表水和大气样品采集规范，采集代表性样品，并采用标准方法对有害污染物进行分析测试。

③ 确定场地污染状况。根据场地样品分析数据，确定场地污染物的空间分布及状态（物态、化态、聚集）特征。

④ 完善场地污染概念模型。根据调查得到的污染源位置、场地水文和地质条件、污染物性质、污染物浓度分布，采用剖面图或立体图展示场地污染情况。

⑤ 确定是否需要进行第三阶段调查。如果场地污染物检测值超过相关标准或场地污染筛选值，存在潜在人体健康风险，则需进行第三阶段调查。

（2）调查内容

第二阶段是以采样与分析为主的污染证实阶段，目的是确定污染物种类、浓度和空间分布。

① 界定场地污染类型。通过场地踏勘、访问等活动，查明场地历史变迁与现状，确定场地污染类型，以缩小污染物种类筛查范围。

② 列出场地污染物初步测试清单。通过以下途径获得污染物初步测试清单：a）调查场地生产及经营活动中存在的化学物质及其在场地环境中经化学、生物作用过程可能转化形成的化学物质；b）在第一阶段调查过程中，现场踏勘观察到的污染物信息、采用便携式仪器现场检出土壤和地下水环境中浓度或含量高的化学物质，以及采集污染源区样品分析检出的化学物质；c）调查场地以往水、土介质，分析测试资料中检出的化学物质；d）国内外类似污染物场地调查、监测与修复活动中检出与评价的化学物质。

③ 筛选测试分析的污染物。在污染物初步测试清单的基础上，根据以下三个原则，筛选出测试分析的污染物：a）以急性毒性、慢性毒性和"三致"（致突变性、致畸性、致癌性）毒性值综合评估化学物质的毒性，得到的对人类健康危害大的污染物；b）国内外土壤和地下水质量标准或污染物评价标准中列出的污染物；c）我国大多数实验室具有检测某化学物质的标准方法和质量控制体系。

④ 确定场地污染调查的测试清单。以污染物测试清单为基础，考虑可能影响污染物在环境介质中迁移转化的物理、化学、生物因素，以及在不附加测试费用、不付出额外劳动的前提下可以同时测出的同类污染物，确定场地污染调查的测试清单。

⑤ 描述污染物在各介质中迁移转化的行为和规律。根据各介质中污染物浓度或含量的分析测试结果，用钻孔剖面、数学模型等描述主要污染物浓度及其状态在污染介质内的变化规律。

（3）调查方法

① 现场勘探方法。现场勘探方法包括现场踏勘方法、地球物理勘查方法和钻探法。a）现场踏勘方法。通过对异常气味的辨识、摄影和照相、现场记录等方式初步判断场地污染的状况，可使用现场快速测定仪器。现场踏勘的范围、内容和方法根据《建设用地土壤污染状况调查技术导则》（HJ 25.1—2019）确定。b）地球物理勘查方法。包括电磁法、电阻/电导法、磁法、地震方法等。采用 GPS 定位仪、摄/录像设备等，仔细观察、辨别、记录场地及周边重要环境状况及其疑似污染痕迹，可采用 X 射线荧光分析仪、光离子检测仪等野外便携式筛查仪器进行现场快速测量，辅助识别和判断场地污染状况。c）钻探法。钻探法是指用钻机在地层中钻孔，以鉴别和划分地表下地层，并可以沿孔深取样的一种勘探方法。钻探是工程地质勘察中应用最为广泛的一种勘探手段，它可以获得深层的地质资料。

② 样品采集和分析方法。a）采样点定位。采样前，采用卷尺、GPS 卫星定位仪、经纬仪和水准仪等工具在现场确定采样点的具体位置和地面标高；采用金属探测器或探地雷达等设备探测地下障碍物，确保采样位置避开地下电缆、管线、沟、槽等地下障碍物；采用水位仪测量地下水水位；采用油水界面仪探测地下水非水相液体。b）样品采集及监测点位布设。采用便携式有机物快速测定仪、重金属快速测定仪、生物毒性测试等现场快速筛选技术手段进行定性或定量分析，采用直接贯入设备现场连续测试地层和污染物垂向分布情况，采用土壤气体现场检测手段和地球物理手段初步判断地块污染物及其分布，指导样品采集及监测点位布设。c）样品采集。一是土壤样品采集。无机污染物样品应采用竹片或硬塑料片采集，有机污染物样品应采用铁锹或土钻采集，分层样品可通过土壤剖面或土壤原状采样器采集；一般采集混合样品，混合样品由根据对角线、梅花点、棋盘法或蛇形法布点采集到的 3 个以上的采样点混合而成；用于分析土壤挥发性有机物的样品只能采集单独样品。二是地下水样品采集。一般在场地布置的所有调查孔/井内，统一采集 2 次水样，最好在丰、枯水期各一次。地表水样品的采集。按照《地表水和污水监测技术规范》（HJ/T 91—2002）布设采样点位，通常使用聚乙烯塑料瓶、采水瓶、直立式采水器和自动采样器采集瞬时水样。三

是沉积物样品采集。采样点通常为地表水采样点的正下方，如此处无法采样，可略作移动；通常用掘式采泥器采集，在浅水区或干涸河段可以用塑料勺或金属铲等工具采集。一般根据场地的主导风向，在场地主导风向上风向场界、下风向场界和场地污染源下风向布设采样点，采样点数量一般不少于 4 个；通常只采集气态污染物样品，仅当土壤污染严重且扬尘较大时需采集大气颗粒物样品；气态污染物的采样设备一般为带有气体捕集装置的大流量或中流量大气采样器，也可以用聚乙烯袋、铝箔袋、采气瓶等直接采样；大气颗粒物样品的采集通常用带有不同粒径过滤膜的大流量或中流量大气采样器。d）样品分析。污染场地监测项目的分析方法可分为国家标准方法和等效方法两类，国家有关规定中指定的分析项目应采用国家标准方法，选测项目可以采用国内外权威部门推荐的方法，等效方法在灵敏度、准确度和精密度方面应与标准方法具有可比性。

③场地概念模型。场地概念模型是指在场地污染影响范围内，将水文和地质条件与污染分布特征高度概化的模型，一般采用剖面图或立体图展示场地污染概念模型（如图 9-5 所示）。场地概念模型是根据水文、地质和污染物浓度数据，对场地的了解程度、对已知和可疑污染物的一种功能性描述，对于场地调查具有指导意义。场地概念模型的组成要素包括：岩性结构及水文地质特征；污染源特征；特征污染物及其状态；污染物的聚集状态；污染物在介质中的分布、扩散及迁移规律；污染排放机制；有无次生污染源；环境暴露介质；暴露方式；场地概念模型构建导致的不确定性。

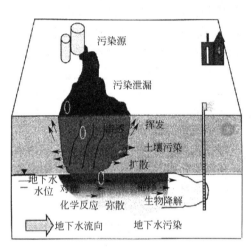

图 9-5　场地概念模型图

9.3.4　第三阶段调查

第三阶段调查是针对污染物检测值超过相关标准或场地污染筛选值、存在潜在人体健康风险的污染严重场地，以补充采样分析为主，获得满足风险评估及土壤和地下水修复所需参数。第三阶段调查的主要工作内容包括地块特征参数和受体暴露参数的调查。地块特征参数包括：不同代表位置和土层或选定土层的土壤样品的理化性质分析数据，如土壤 pH 值、容重、有机碳含量、含水率和质地等；地块（所在地）气候、水文、地质特征信息和数据，如地表年平均风速和水力传导系数等。根据风险评估和地块修复实际需要，选取适当的参数进行调查。受体暴露参数包括地块及周边地区土地利用方式、人群及建筑物等相关信息。地块特征参数和受体暴露参数的调查可采用资料查询、现场实测和实验室分析测试等方法。

9.4　污染场地调查工程实例

以某铬盐化工有限公司地块环境调查为例。

9.4.1 场地环境概况

场地利用历史。1976年前，该场地为农业用地；随后20年变为铬酸酐厂用地，再之后作为铬盐化工工业用地。整个企业平面布置图可以分为主生产区、浸取车间、配料区、回转窑煅烧区、水处理区、办公区、库区等区域，生产功能分区图如图9-6所示。

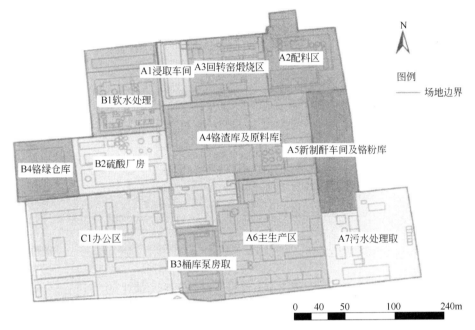

图 9-6　场地各生产功能区域的划分

目前，未解毒铬渣及返工艺铬渣贮存于厂区北侧三个铬渣库内，开展铬渣解毒工作。建（构）筑物拆除部位存在建筑垃圾渣土混合物，部分区域体量较大。场地范围内渣土主要分布在原厂区北侧的污水处理区、浸取车间、烘干车间、配电室区域、成品库、新旧化工车间以及煅烧车间等区域。厂区内有污水区域包括硫酸池、污水池、循环水池及雨水污水池等4处。场地周边敏感点：场地位于工业园区内，场地周边1km范围内不存在明显的人口集中居住区。场地内地下水流向为自西北向东南。

9.4.2 场地污染识别

场地污染识别的目的是调查场地的土地利用历史和生产历史，发现污染物释放和泄漏的痕迹，识别场地是否存在潜在污染可能性，即在对现有资料及数据分析和场地实际勘查的基础上，分析和判断场地环境污染的可能性、污染的种类、可能的污染分布区域，为场地采样布点工作提供依据。

工作内容主要包括资料收集、文件审阅、相关人员访问、现场踏勘、场地污染概念模型的建立和场地潜在污染物类型的初步分析。

（1）主要生产工艺分析及环境污染识别

根据用地功能将场地划分为主生产区、浸取车间、配料区、回转窑煅烧区、水处理区、办公区、库区等 14 个区域。此外，还要特别关注场地历史污水管网（如图 9-7 所示）。

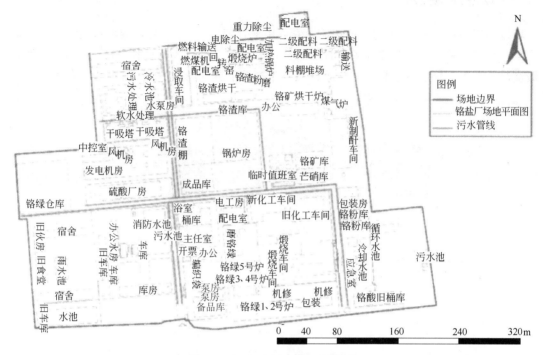

图 9-7　场地历史污水管网分布情况

根据各区域的历史用地功能、主要生产工艺和现状，得出各区域可能涉及的潜在土壤污染物，见表 9-2。

表 9-2　潜在土壤污染物

序号	区域功能	潜在土壤污染物
1	A1 浸取车间	六价铬、钴、铅、硫酸
2	A2 配料区	六价铬、钴、铅、多氯联苯
3	A3 回转窑煅烧区	六价铬、钴、铅、SVOCs
4	A4 铬渣库及原料库	六价铬、钴、钡、钴
5	A5 新制酐车间及铬粉库	六价铬、钴、铅、石油烃
6	A6 主生产区	六价铬、钴、铅、SVOCs、石油烃、多氯联苯
7	A7 污水处理区	六价铬、钴、钡、铅、SVOCs、石油烃、硫酸
8	B1 软水处理区	六价铬、SVOCs
9	B2 硫酸厂房	六价铬、钴、硫酸
10	B3 桶库泵房区	六价铬、石油烃
11	B4 铬绿仓库	六价铬
12	C1 办公区	六价铬、钴、SVOCs
13	C2 煤场	六价铬、SVOCs
14	C3 闲置土地	六价铬、SVOCs
15	污水管网	六价铬、钴、钡、铅、SVOCs、石油烃、硫酸

（2）场地初步概念模型

① 潜在污染物。综合各区域的历史用地功能和现状，各区域可能涉及的土壤污染物见表 9-2。

② 受体分析。该场地未来土地用途主要为二类用地，即非敏感用地，在场地开发及后

续使用过程中，可能受污染物影响的敏感受体主要是在工业用地上活动的工作人员；另外，在场地修复以及开发建设过程中，建筑工人为可能受体。二类用地方式下，对于致癌和非致癌效应均考虑成人的暴露来评估污染物的终生致癌风险及非致癌危害效应。

③ 暴露途径分析。未来土地用途主要为工业用地，因此其未来规划使用条件下污染物的主要受体应是场地活动人群及周围的居民，应具有以下风险暴露途径。

a）皮肤接触：生活在场地上的人员通过直接接触污染土壤（皮肤接触）引起污染物暴露。b）经口摄入：生活在该场地上的人员意外摄取（如吞食）含污染物的土壤引起污染物暴露。c）颗粒物经口吸入：生活在该场地上的人员通过吸入含污染土壤粉尘引起污染物暴露。d）室外蒸汽吸入：生活在该场地上的人员通过吸入室外空气中来自表层和下层土壤、地下水的挥发性污染物气体引起污染物暴露。e）室内蒸汽吸入：生活在该场地上的人员通过吸入下层土壤和地下水侵入室内空气中的挥发性污染物气体引起污染物暴露。

（3）污染识别结果

结合各区域的历史用地功能和现状，可能涉及潜在土壤污染物及可能的污染区域见表9-3。

表9-3 潜在土壤污染物及可能的污染区域

区域功能	潜在污染物识别	区域
浸取车间	六价铬、钴、铅、硫酸	潜在重污染区
配料区	六价铬、钴、铅、多氯联苯	
回转窑煅烧区	六价铬、钴、铅、SVOCs	
铬渣库及原料库	六价铬、钡、钴	
新制酐车间及铬粉库	六价铬、钴、铅、石油烃	
主生产区	六价铬、钴、铅、SVOCs、石油烃、多氯联苯	
污水处理区	六价铬、钴、钡、铅、SVOCs、石油烃、硫酸	
软水处理区	六价铬、SVOCs	潜在中污染区
硫酸厂房	六价铬、钴、硫酸	
桶库泵房区	六价铬、石油烃	
铬绿仓库	六价铬	
办公区	六价铬、钴、SVOCs	一般区域
污水管网	六价铬、钴、钡、铅、SVOCs、石油烃、硫酸	—

根据项目前期调查、现场踏勘及污染物识别结果，结合厂区生产工艺情况与地块早期生产设施的分布，计划将地块分为潜在中污染区域、潜在中污染区域和一般区域等三种类型，作为后续开展场地采样布点的基础，如图9-8所示。

9.4.3 初步调查

（1）布点方案

初步调查布点方案参照《建设用地土壤环境调查评估技术指南》（环境保护部发布，2018年1月1日执行）和《场地环境调查技术导则》（HJ 25.1—2014）中对于调查方案点位布设的相关要求，结合现场踏勘的实际情况，采用专业判断布点法进行针对性的初步调查点位的布设。综合分析地块的前期资料及生产工艺等，利用便携X射线荧光光谱检测仪（XRF）和VOC分析仪（PID）现场监测土壤中重金属和有机污染物含量，为布点位置选择、精度及采样深度提供现场判断依据。

初步调查共设置37个土壤点位：4个位于一般区域，5个位于潜在中污染区域，28个位于潜在重污染区域，此外还设置3口地下水采样井，1个土壤对照点位，采样点位位置具

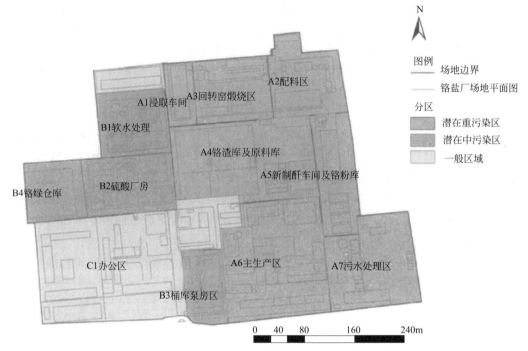

图 9-8　污染识别功能分布示意图

体如图 9-9 所示。

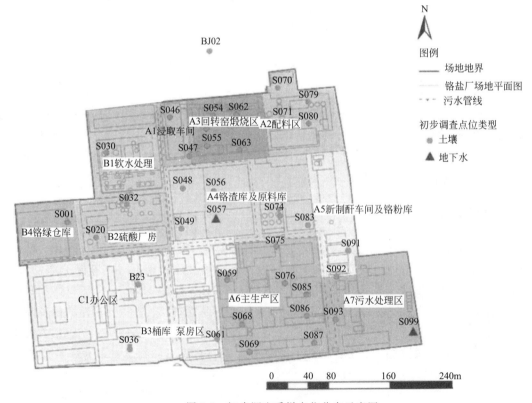

图 9-9　初步调查采样点位分布示意图

（2）调查分析

依据初步调查阶段的实验室检测项目，按《土壤环境质量建设用地土壤污染风险管控标准（试行）》（GB 36600—2018）规定，本次初步调查阶段采用二类用地土壤污染风险筛选值。

在初步调查的 36 个土壤点位中，六价铬、钴、苯并（a）芘、总石油烃、多氯联苯超标点位个数分别为 33、2、1、2、0，其中，土壤六价铬含量随深度增加呈现逐渐降低的趋势，钴、苯并（a）芘及总石油烃等超标主要集中在表层土壤。六价铬含量与土壤深度关系如图 9-10 所示。

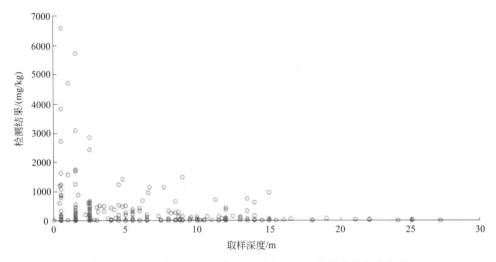

图 9-10　初步调查土壤六价铬超标含量与土壤深度点位分布图

地下水评价采用《地下水质量标准》（GB/T 14848—2017）中地下水Ⅲ类标准限值。初步调查共设置 3 个地下水监测井，根据调查结果，场地北部和南部两个点位地下水存在严重的六价铬超标情况。南部点位位于污水池旁，该区域污水的处理过程中可能对场地土壤和地下水造成影响，六价铬等污染物质随水分的运移，通过土壤空隙迁移至下层。

（3）总体结论

该场地土壤和地下水均受到污染，特征污染物为六价铬、钴、总石油烃、苯并a芘等四项污染物。

9.4.4　详细调查

按《土壤环境质量建设用地土壤污染风险管控标准（试行）》（GB 36600—2018）规定，本次详细调查阶段采用二类用地土壤污染风险筛选值；根据地下水环境功能，采用《地下水质量标准》（GB/T 14848—2017）中地下水Ⅲ类标准限值。

（1）详细调查分区方案

根据初步调查结论，将地块划分为重点污染区域、次重点污染区域和一般污染区域，具体方案：①重点污染区域：包括循环水处理、煅烧生产车间、浸取车间、配料区和污水处理等区域中污染较重的区块；②一般污染区域：包括办公区、生活区和部分闲置土地区等区域；③次重点污染区域：除重点污染区域和一般污染区域外，包括棚库、仓库、机修车间等。

（2）详细调查第一阶段

详细调查第一阶段的目的是进一步确定场地污染程度、空间范围和污染物，同时获取风险评估所需的场地特征参数。场地详细调查采样工作按照《场地环境调查技术导则》（HJ 25.1—2014）、《场地环境监测技术导则》（HJ 25.2—2014）、《建设用地土壤环境调查评估技术指南》等相关要求进行。

（3）详细调查第二阶段

根据初步调查和详细调查第一阶段结果，场地污染面积大、超标严重、地质结构复杂，造成数据的空间变异和不确定性。详细调查第二阶段的目的是结合详细调查第一阶段的污染范围分布情况，在场地概化分层的基础上，对污染边缘进行加密布点，以进一步刻画污染边界，为地块风险评估及土地未来的修复治理及利用提供翔实的数据支撑。

由于详细调查第一阶段地下水采样布点工作总体满足相关要求，所以详细调查第二阶段主要以土壤调查为主。详细调查第二阶段土壤点位布设和采样深度的方法按照表 9-4 确定。

表 9-4　第二阶段土壤点位布设和采样深度确定方法

水平布点的确定方法		垂直采样深度的确定方法	采样深度的设置	设置的点位数量	说明
类型 1：污染边界点位设置	类型 1-1：人工填土层污染范围边界处增设采样点	调查深度 3~8 m 不等（人工填土层厚度为 0.20~8.00 m）	1、3、5、8 m 不等	29	38 个点位中，有 9 个点位兼具类型 2 所示的作用
	类型 1-2：根据详细调查第一阶段结果，在污染边缘处进行加密调查，点位合理布设在超标点位与未超标点位之间，以精准刻画污染边界	根据详细调查边界点的最大污染深度确定调查的最大深度，调查深度 8~17 m（详细调查第一阶段确定的浅层最大深度）不等	1、3、5、8、13、17 m 不等	9	
类型 2：进一步探明污染物深度设置	对详细调查第一阶段终孔处污染物超标点位的周边增设调查点位，以探明污染深度	调查深度最大至含水层顶板（30 m）	1、3、5、8、13、17、25、28、30 m 不等	10	

9.4.5　调查结果分析

（1）土壤污染分析

① 土壤六价铬污染分析。

a）污染广度分析。在场地 0~1m、1~3m、3~6m、6~9m、9~13m、13~17m、17~25m、25~28m、28~42m、42m 以下等 10 个深度采样分析，图 9-11 所示为以上 10 层中六价铬超标范围叠加图。

六价铬超标范围投影叠加之后，未超标区域总体面积较小，其他区域基本都受到六价铬的污染。

b）污染深度分析。统计各阶段调查点位，选取终孔达到未超标的点位进行最大污染深度的总体分析，统计结果如图 9-12 所示。

场地的土壤污染主要受场地历史用地功能的影响，在主要生产的车间和污水处理区域污染深度较大，污染深度的分布特征基本与场地历史用地功能一致。

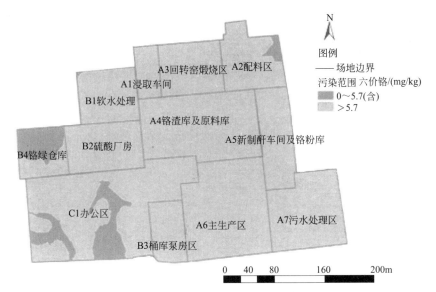

图 9-11　各层六价铬超标范围叠加图

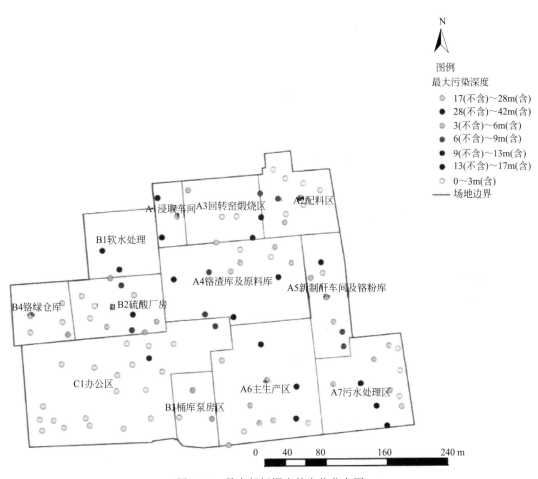

图 9-12　最大超标深度的点位分布图

办公区的大部分区域、绿铬仓库、配料区域的右上区域、污水处理区的右上区域、硫酸厂房部分区域等区域的总体污染深度较浅，主要集中在0～3m深度范围内。软水处理区、回转窑煅烧区、浸取车间、铬渣库及原料库、主生产区、污水处理区以及新制酐车间及铬粉库等区域，污染深度较大，污染深度一般都超过了17m，其中软水处理区、回转窑煅烧区、铬渣库及原料库、主生产区以及污水处理区等区域的污染深度在28m以上，主生产区等部分区域的污染深度达到42m以上，S117、B08、B11点位的最大污染深度在50m以上。

② 土壤复合污染分析。场地主要污染物为六价铬、钴、苯并（a）芘和总石油烃。六价铬的深度和范围较大，钴和苯并（a）芘主要集中在0～3m范围内，总石油烃主要集中在0～3m和6～9m范围内。四种污染物在0～1m、1～3m、6～9m的复合污染范围分别如图9-13～图9-15所示。

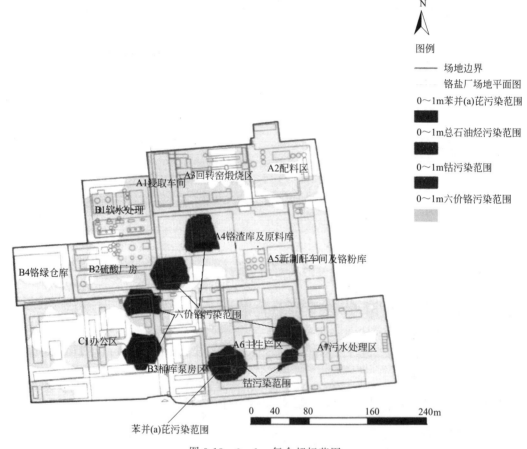

图9-13 0～1m复合超标范围

（2）地下水污染分析

该场地地下水主要污染物为六价铬，各调查点六价铬100%检出，超标率为90%，地下水六价铬超标点位分布及污染范围如图9-16所示。

场地地下水六价铬污染范围较广，污染较为严重，原生产企业及铬渣解毒对当地地下水污染较为明显。第一，主要可能由于生产企业铬盐生产及铬渣解毒过程中含铬生产废水、物料含铬水、固体废物含水或淋溶水，通过渗透或泄漏进入地下水中直接污染地下水；第二，

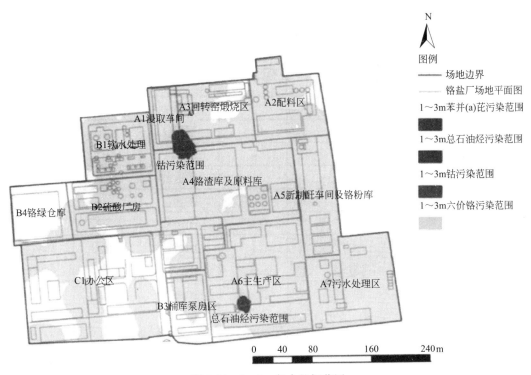

图 9-14 1～3m 复合超标范围

图 9-15 6～9m 复合超标范围

污水输送管线的"跑、冒、滴、漏"造成含铬污水进入到地下水中污染地下水；第三，场地

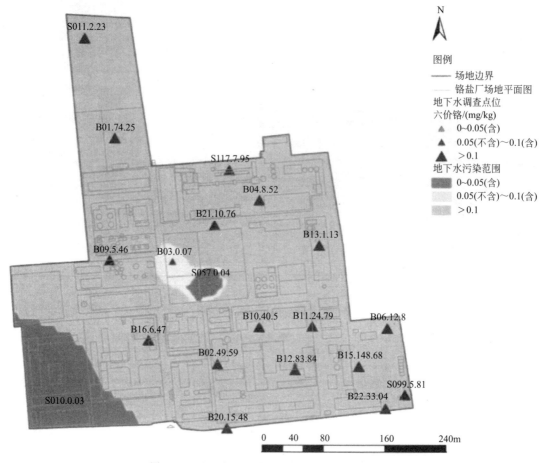

图 9-16　地下水六价铬超标点位分布及污染范围

土壤受原生产企业影响,受污染土壤在降雨淋溶作用下,土壤中的六价铬随淋溶水进入到地下水,对地下水产生影响;第四,场地堆放渣土,在降雨淋溶作用下产生含铬淋溶水,进入到地下水中污染地下水;第五,六价铬随水迁移性较强,受污染地下水在地下水中运移,导致原未受污染地下水区域受到污染。

9.5　污染场地修复

危险废物污染场地的修复,通常先要采用围堵技术使污染物向场外迁移速率最小化,以及对公众健康和环境风险最小化;然后将其他修复技术(如场内修复方法)与围堵技术相结合,以实施长期的场地净化战略。按照运行阶段有无额外的能量输入,场地修复技术可以分为被动和主动修复系统,被动修复系统安装后无需额外的能量输入,主动修复系统则要求连续的能量输入,如抽取—处理、电动、场内生物处理和土壤冲洗等。

污染物被动修复技术主要是控制污染物的水力途径,又称为围堵。围堵技术适用于含有大量废物但是风险很低的场地,通常是与其他主动修复技术组合应用。如在修复某铬盐污染的场地时,首先应该采用围堵技术修建隔断墙以限制金属铬的迁移,然后采用解毒技术在场地内将金属铬固定或去除。

污染场地主动修复技术按照处置场所、原理、修复方式、污染物存在介质等方面的不同，可以有多种分类方法。按照处置场所，可分为原位修复（in-situ）技术和异位修复（ex-situ）技术；按照修复技术原理，可分为物理、化学、生物和物理化学修复技术等；按照污染物存在的介质，可分为土壤修复技术和地下水修复技术。

9.5.1 土壤修复技术与措施

物理修复技术包括土壤混合/稀释技术、土壤淋洗（土壤清洗）、土壤气相抽提、机械通风（挥发）、溶剂萃取等，化学修复技术包括化学萃取、焚烧、氧化还原、电动力学修复；生物修复技术包括微生物降解、生物通风、生物堆、泥浆相生物处理、植物修复、空气注入、监控式自然衰减等；物理化学修复技术包括固化稳定化、热解吸、玻璃化、抽出处理、渗透性反应墙等。

（1）混合/稀释技术（blending，mixing or dilution）

混合/稀释技术是指用清洁土壤取代或者部分取代污染土壤，覆盖在土壤表层或者与污染土壤混匀，使污染物浓度降低到临界危害浓度以下的一种修复技术。通过混合和稀释，减少污染物与植物根系接触，减少污染物进入食物链。

混合/稀释修复技术可以是单一的修复技术，也可以作为其他修复技术的一部分，如固定化稳定化、氧化还原技术等。土壤混合/稀释修复技术作为其他修复技术的一部分，其主要目的是加快添加剂（如固化/稳定化剂、氧化剂、还原剂）的传输速度，使添加剂充分和反应剂接触。使用此技术时需根据土壤污染物浓度、范围和土壤修复目标值，计算需要混合的干净土壤的量。混合时尽量在垂直方向上混合，减少水平方向上混合，以免扩大污染面积。混合/稀释可以是原位混合，也可以是异位混合。该技术适用于含水量较低、污染物不具危险特性的土壤，通常要求污染物含量不超过修复目标值的2倍。

（2）填埋法（landfill cap）

填埋法是将污染土壤进行掩埋覆盖，采用防渗、封顶等配套设施防止污染物扩散的处理方法。填埋法不能降低土壤中污染物本身的毒性和体积，但可以降低污染物在地表的暴露及迁移。作为一种常用的技术，在填埋污染土壤的上方需布设阻隔层和排水层。阻隔层应是低渗透性的黏土层或者土工合成黏土层，排水层的设置可以避免地表降水渗入造成污染物的进一步扩散。通常干旱气候条件下可以将填埋系统设计得简单一些，湿润气候条件则要求设计比较复杂的填埋系统。在合适的情况下，填埋场可以用来临时存放或者最终处置各类污染土壤。该技术通常适用于地下水位之上的污染土壤。由于填埋的顶盖只能阻挡垂向水流入渗，因此需要建设垂向阻隔墙以避免水平流动导致的污染扩散，并且需要定期进行检查和维护，确保顶盖不被破坏。填埋法由于简单易行，其费用通常小于其他技术。

（3）固化稳定化技术（solidification/stabilization）

固化稳定化技术是指将污染土壤与黏结剂混合形成凝固体而达到物理封锁（如降低孔隙率等）的目的，或发生化学反应形成固体沉淀物（如形成氢氧化物或硫化物沉淀等），从而达到降低污染物迁移性和活性的目的。固化是指将污染物包裹起来，使之呈颗粒或者板块状存在，进而使污染物处于相对稳定的状态；稳定化是指将污染物转化为不易溶解、迁移能力或毒性更弱的形态，即通过降低污染物的生物有效性，实现其无害化或降低其对生态系统的危害性。

　　按处置位置的不同，固化稳定化技术分为原位和异位固化稳定化。在异位固化/稳定化过程中，许多物质都可以作为黏结剂，如硅酸盐水泥（portland cement）、火山灰（pozzolana）、硅酸酯（silicate）和沥青（bitumen）以及各种多聚物（polymer）等，其中硅酸盐水泥以及相关的铝硅酸盐（如高炉熔渣、飞灰和火山灰等）是最常用的黏结剂。原位修复时必须控制好黏结剂的注射和混合过程，防止污染物扩散进入清洁土壤区域。影响异位固定化稳定化技术的实际应用和效果的因素较多，如最终处理时的环境条件可能会影响污染物的长期稳定性；一些工艺可能会导致污染土壤固化后体积显著增大；有机物质的存在可能会影响黏结剂作用的发挥等。固定化/稳定化方法可单独使用，也可与其他处理处置方法结合使用。污染物的埋藏深度可能会影响、限制一些具体的应用过程。固化稳定化技术的成本和运行费用较低，适用性较强，原位异位均可使用。该技术主要应用于处理无机物污染的土壤，不适合含挥发性污染物土壤的处理，对于半挥发性有机物和农药杀虫剂等污染物的处理效果有限。

　　（4）淋洗技术（flushing）

　　淋洗是指借助能够促进土壤环境中污染物溶解或迁移作用的溶剂，通过将溶剂与污染土壤混合，然后再把包含有污染物的液体从土壤中抽提出来，进行分离处理的技术。

　　淋洗可分为原位和异位土壤淋洗。原位土壤淋洗一般是指将冲洗液由注射井注入或渗透至土壤污染区域，携带污染物到达地下水后用泵抽取污染的地下水，并于地面上去除污染物的过程。异位化学淋洗技术需要将污染土壤挖掘出来，用水或淋洗剂溶液清洗土壤、去除污染物，再对含有污染物的清洗废水或废液进行处理，洁净土可以回填或运到其他地点回用。异位土壤淋洗在使用时，一般需要先根据处理土壤的物理状况对土壤进行分类，再根据二次利用的用途和最终处理需求将其清洁到不同的程度。清洗液可以是清水，也可以是包含冲洗助剂的溶液，冲洗液与土壤的反应可降低污染物的移动性。冲洗剂主要包括无机冲洗剂、人工螯合剂、阳离子表面活性剂、天然有机酸、生物表面活性剂等。无机冲洗剂具有成本低、效果好、速度快等优点，但用酸冲洗污染土壤时，可能会破坏土壤的理化性质，使大量土壤养分淋失，并破坏土壤微团聚体结构。人工螯合剂价格昂贵，生物降解性差，且冲洗过程易造成二次污染。在处理质地较细的土壤时，需多次清洗才能达到较好效果。表面活性剂可黏附于土壤中降低土壤孔隙度，其乳化、起泡和分散作用等也在一定程度上有助于土壤中有机污染物的去除。较高的土壤湿度、复杂的污染混合物以及较高的污染物浓度会加大处理难度。冲洗废液如控制不当会产生二次污染，因此需回收处理。淋洗过程通常采用可移动处理单元在现场进行，并要求有较大的处理场地。

　　淋洗可用来处理重金属和有机污染物，对于大粒径级别污染土壤的修复更为有效，砂砾、沙、细沙以及类似土壤中的污染物更容易被清洗出来，而黏土中的污染物则较难清洗。一般来说，当土壤中黏土含量达到 $25\%\sim30\%$ 时，不适合采用该技术。

　　（5）气相抽提技术（vapor extraction，SVE）

　　气体抽提技术是通过在不饱和土壤层中布置提取井，利用真空泵产生负压驱使空气流通过污染土壤的孔隙，解吸并夹带有机污染物流向抽取井，最终在地上进行污染尾气处理，从而使污染土壤得到净化的方法。多数情况下，污染土壤中需要安装若干空气注射井，通过真空泵引入可调节气流。

　　气相抽提技术具有可操作性强、处理污染物范围宽、可由标准设备操作、不破坏土壤结构以及对回收利用废物有潜在价值等优点。土壤理化特性（有机质、湿度和土壤空气渗透性等）对土壤气体抽提修复技术的处理效果有较大影响。地下水位太高（地下 1～2m）会降低土壤气体抽提的效果，排出的气体需要进行进一步的处理。黏土、腐殖质含量较高或本身极其干燥的土壤，由于其本身对挥发性有机物的吸附性很强，采用原位土壤气体抽提技术时，污染物的去除效率很低。

气相抽提技术可用来处理挥发性有机污染物和某些燃料。该技术可处理的污染土壤应具有质地均一、渗透能力强、孔隙度大、湿度小和地下水位较深的特点。低渗透性的土壤难以采用该技术进行修复处理。

（6）热解吸修复技术（thermal desorption）

热解吸修复技术是指通过直接或间接热交换，将污染介质及其所含的污染物加热到足够的温度，使污染物从污染介质上得以挥发或分离的过程。热解吸技术中加热的方式有多种，如高频电流、微波、过热空气、燃烧气等。加热温度控制在 200～800℃，热解吸过程中发生蒸发、蒸馏、沸腾、氧化和热解等作用，通过调节温度可以选择性地移除不同污染物。土壤中部分有机物在高温下分解，其余未能分解的污染物在负压条件下从土壤中分离出来，最终在地面处理设施（后燃烧器、浓缩器或活性炭吸附装置等）中彻底消除。热解吸修复技术具有工艺简单、技术成熟等优点，但该方法能耗大、操作费用高。该技术也对处理土壤的粒径和含水量有一定要求，一般需要对土壤进行预处理，此外还有产生二噁英的风险。热解吸修复过程通常在现场由移动单元完成，由于解吸过程对污染物降解作用弱，因此随后要对解吸出的产物进行进一步处理。

热解吸技术能高效地去除污染场地内的各种挥发或半挥发性有机污染物，污染物去除率可达 99.98% 以上。透气性差或黏性土壤由于会在处理过程中结块而影响处理效果。该技术应用时，高黏土含量或湿度会增加处理费用，且高腐蚀性的进料会损坏处理单元。

（7）化学萃取技术（chemical extraction）

化学萃取技术是一种利用溶剂将污染物从被污染的土壤中萃取后去除的技术。该溶剂需要进行再生处理后回用。在采用溶剂萃取之前，需先将污染土壤挖掘出来，并将大块杂质如石块和垃圾等分离，然后将土壤放入一个具有良好密封性的萃取容器内，土壤中的污染物与化学溶剂充分接触，从而将有机污染物从土壤中萃取出来，在浓缩后进行最终处置（焚烧或填埋）。

化学萃取技术要求浸提溶剂能够很好地溶解污染物，而其本身在土壤环境中的溶解度较低。常用的化学溶剂有各种醇类或液态烷烃，以及超临界状态下的水体。但化学溶剂易造成二次污染，且如果土壤中黏粒的含量较高，循环提取次数要相应增加，同时也要采用合理的物理手段降低黏粒聚集度。

化学萃取技术能从土壤、沉积物、污泥中有效地去除有机污染物，萃取过程也易操作，溶剂可根据目标污染物选择。土壤湿度及黏土含量高会影响处理效率，因此一般来说该技术要求土壤的黏土含量低于 15%、湿度低于 20%。

（8）氧化还原技术（oxidation/reduction）

氧化还原技术是通过氧化/还原反应将有害污染物转化为更稳定、活性较低和/或惰性的无害或毒性较低的化合物。氧化还原反应原理是将电子从一种化合物转移到另一种化合物。

氧化还原技术所需的工程周期一般为几天至几个月不等，具体因待处理污染区域的面积、氧化还原剂的输送速率、修复目标值及地下含水层的特性等因素而定。限制本方法适用性和有效性的因素包括可能出现不完全氧化或中间体形式的污染物，取决于污染物和所使用的氧化剂；减少介质中的油和油脂可以优化处理效率。

氧化还原技术对 PCBs、农药类、多环芳烃（PAH）等有较好的处理效果。对于高浓度的污染物，本处理方法因为需要大量氧化剂而不够经济有效。该技术也可用于非卤代挥发性有机物、半挥发性有机物及燃油类碳氢化合物的处理，但其处理效率相对较低。

（9）焚烧（incineration）

焚烧技术是使用 870～1200℃ 的高温，挥发和燃烧污染土壤中的卤代和其他难降解的有机成分。高温焚烧技术是一个热氧化过程，在这个过程中，有机污染物分子被裂解成气体或不可燃的固体物质。

焚烧工具主要是多室空气控制型焚烧炉和回转窑焚烧炉，与水泥窑联合进行污染土壤的修复是目前国内应用较为广泛的方式。焚烧技术通常需要辅助燃料来引发和维持燃烧，焚烧过程中需要对废物焚烧后的飞灰和烟道气进行检测，并对尾气和燃烧后的残余物进行处理。使焚烧产生的二噁英等毒性更大的物质排放满足相关标准。

焚烧技术可用来处理大量高浓度的 POPs 以及半挥发性有机污染物等，其对污染物清除率可达 99.99%。如果与水泥窑协同处置，需要对污染土壤进行分选，并对其中的重金属等成分进行检测，保证出产的水泥的质量符合相关标准。

（10）电动力学修复技术（electrokinetic separation）

电动力学修复技术利用插入土壤中的两个电极在污染土壤两端加上低压直流电场，在电化学和电动力学的复合作用下，水溶的或吸附在土壤颗粒表层的污染物根据所带电荷的不同向正负电极移动，使污染物在电极附近富集或被回收利用，从而达到清洁土壤的目的。电动力学去除污染物的过程主要涉及电迁移、电渗析、电泳和酸性迁移等 4 种电动力学现象。

电动力学修复技术，原位异位均可使用。原位修复是直接将电极插入受污染土壤，污染修复过程对现场影响最小；异位修复可以是序批修复，即污染土壤被输送至修复设备分批处理。电极需要采用惰性物质，如碳、石墨、铂等，避免金属电极在电解过程中发生溶解和腐蚀作用。电动力学修复技术对现有景观和建筑的影响较小，污染土壤本身的结构不会遭到破坏，处理过程不需要引入新的物质。土壤含水量、污染物的溶解性和脱附能力对处理效果有较大影响，因此使用过程中需要电导性的孔隙流体来活化污染物。

电动力学修复技术可高效处理重金属污染（包括铬、汞、镉、铅、锌、锰、铜、镍等）及有机物污染（苯酚、六氯苯、三氯乙烯以及一些石油类污染物），去除率可达 90%。当目标污染物与背景值相差较大时该技术处理效率较高，可用于水力传导性较低或黏土含量较高的土壤。当土壤中含水量<10% 时，处理效果较差。此外，埋藏的金属或绝缘物质、地质的均一性、地下水位均会影响土壤中电流的变化，从而影响处理效率。

（11）玻璃化（vitrification）

玻璃化是指利用等离子体、电流或其他热源在 1600～2000℃ 的高温下熔化土壤及其污染物，使污染物在此高温下被热解或蒸发而去除，产生的水汽和热解产物收集后由尾气处理系统进行进一步处理后排放。熔化的污染土壤经冷却后形成具有化学惰性的、非扩散的整块坚硬玻璃体，有害无机离子得到固定化。

玻璃化是一种较为实用的短期技术，加热过程土壤和淤泥中的有机物含量要超过 5%～10%（质量比）。该技术可用于破坏、去除受污染土壤、污泥、其他土质物质、废物和残骸，以实现永久破坏、去除和固定化有害和放射性污染的目的。但实施时，需要控制尾气中的有机污染物以及一些挥发性的气态污染物，且需进一步处理玻璃化后的残渣。

玻璃化技术可处理大部分 VOC、SVOC、PCB、二噁英，以及大部分重金属和放射性元素。但是砾石含量大于 20％的土壤会对处理效率产生影响；土壤湿度太高也会影响成本；而固化的物质也可能会影响未来土地的使用；低于地下水位的污染修复需要采取措施防止地下水倒灌。

（12）微生物降解（bioremediation）

微生物降解是利用原有或接种微生物（即真菌、细菌等其他微生物）降解（代谢）土壤中污染物，并将污染物质转化为无害的末端产品的过程。可通过添加营养物、氧气和其他添加物增强生物降解的效果。

微生物降解技术一般不破坏植物生长所需要的土壤环境，污染物的降解较为完全，具有操作简便、费用低、效果好、易于就地处理等优点。但生物修复的修复效率受污染物性质、土壤微生物生态结构、土壤性质等多种因素的影响，且对土壤中的营养等条件要求较高。如果土壤介质会抑制微生物的生存及活动，则可能无法清除目标。需要控制场地的温度、pH值、营养元素量等使之符合微生物的生存环境条件。生物降解在低温下进程缓慢，修复需要数年时间。

微生物降解技术对能量的消耗较低，可以修复面积较大的污染场地。高浓度重金属、高氯化有机物、长链碳氢化合物，对微生物有毒。特定微生物只降解特定污染物，不能降解所有进入环境的污染物，而且受各种环境因素的影响较大，不适用于污染物浓度太低的土壤以及低渗透性土壤。

（13）生物通风（bioventing）

生物通风法是一种强迫氧化的生物降解方法，即在受污染土壤中强制通入空气，强化微生物对土壤中有机污染物进行生物降解，同时将易挥发的有机物一起抽出，然后对排出气体进行后续处理或直接排入大气中。

在用通气法处理土壤前，首先应在受污染的土壤上打两口以上的井，当通入空气时先加入一定量的氮气作为降解细菌生长的氮源，以提高处理效果。与土壤气相抽提相反，生物通风使用较低的气流速度，只提供足够的氧气维持微生物的活动。氧气通过直接空气注入供给，除了降解土壤中吸附的污染物以外，在气流缓慢地通过生物活动土壤时，挥发性化合物也得到了降解。生物通风是一项中期到长期的技术，时间从几个月到几年。

生物通风技术对于被石油烃、非氯化溶剂、某些杀虫剂防腐剂和部分有机化学品污染的土壤处理效果良好。该技术适用于处理渗透率高、高含水量和高黏性的土壤，常用于地下水层上部透气性较好而被挥发性有机物污染的土壤的修复，也适用于结构疏松多孔的土壤，以利于微生物的生长繁殖。

（14）生物堆（biopiles）

生物堆是指将污染土壤挖掘后，在具有防渗层的处置区域堆积，经过曝气，利用微生物对污染物的降解作用处理污染土壤的技术。

生物堆技术的特点是在堆起的土层中铺有管道，提供降解用水或营养液，并在污染土层以下设有多孔集水管，收集渗滤液。生物堆底部设有进气系统，利用真空或正压进行空气的补给。系统可以是完全封闭的，内部的气体、渗滤液和降解产物，都经过诸如活性炭吸附、特定酶的氧化或加热氧化等措施处理后才向大气排放，且封闭系统的温度、湿度、营养物、氧气和 pH 均可调节用以增强生物的降解作用。在生物堆的顶部需覆盖薄膜，以控制气体和挥发性污染物的挥发和溢出，并加强太阳能热力作用，提高处理效率。生物堆是一项短期技术，一般持续几周到几个月。

生物堆技术适用于非卤化挥发性有机物和石油烃类污染物，也可用来处理卤化挥发和半挥发性有机物、农药等，但处理效果不尽相同，可能对其中特定污染物更有效。

（15）植物修复技术（phytoremediation）

植物修复技术主要是利用特定植物的吸收、转化、清除或降解土壤中的污染物，从而实现土壤净化、生态效应恢复。植物修复主要通过三种方式进行污染土壤的修复，即植物对污染物的直接吸收及对污染物的超累积作用；植物根部分泌的酶来降解有机污染物；根际与微生物联合代谢作用，吸收、转化和降解污染物。

植物修复技术与物理和化学修复技术相比具有成本低、效率高、无二次污染、不破坏植物生长所需的土壤环境等特点，非常适用于就地处理污染物，操作方便。植物修复技术的中间代谢产物复杂，代谢产物的转化难以观测，例如有些污染物在降解的过程中可能会转化成有毒的代谢产物。修复植物对环境的选择性强，很难在特定的环境中利用特定的植物种；气候或是季节条件会影响植物生长，减缓修复效果，延长修复期；修复技术的应用需要大的表面区域；一些有毒物质对植物生长有抑制作用，因此植物修复只适用于低污染水平的区域。有毒或有害化合物可能会通过植物进入食物链，所以要控制修复后植物的利用。污染深度不能超过植物根系深度。相较其他修复技术，该技术具有良好的美学效果和较低的操作成本，适合与其他技术结合使用。

植物修复技术一般仅适用于浅层污染的土壤，对于特定重金属具有较好的效果和应用，对于 PAHs、DDT 和 POPs 等污染物也有过先例，但尚不能达到完全修复有机污染土壤的目的。目前植物修复大多只能针对一种或两种重金属进行累积，对于几种重金属的复合污染的处理效果一般。某些重金属，如铅和镉，尚未发现自然中的超累积植物。

（16）泥浆相生物处理（slurry phase biological treatment）

泥浆相生物处理是在生物反应器中处理挖掘的土壤，通过污染土壤和水的混合，利用微生物在合适条件下对混合泥浆进行清洁的技术。

泥浆相生物处理技术需要先对挖掘的土壤中的石头和碎石进行物理分离，然后将土壤与水在反应器中混合，混合比例根据污染物的浓度、生物降解的速度以及土壤的物理特性确定。有些处理方法需对土壤进行预冲洗，以浓缩污染物，将其中的清洁砂子排出，剩余的受污染颗粒和洗涤水进行生物处理。泥浆中的固体含量为 10%～30%。土壤颗粒在生物反应容器处于悬浮状态，并与营养物和氧气混合。反应器的大小可根据试验的规模来确定，处理过程中通过加入酸或碱来控制 pH，必要时需要添加适当的微生物。生物降解完成后，将土壤泥浆脱水。泥浆相生物处理可为微生物提供较好的环境条件，从而可以大大提高降解反应速率，但土壤的筛分和处理后的脱水价格较为昂贵。

泥浆相生物处理法可用来处理石油烃、石化产品、溶剂类和农药类的污染物。对于均质土壤、低渗透土壤的处理效果较好。连续厌氧反应器也可用来处理 PCBs、卤代挥发性有机物、农药等。

（17）制度控制措施（institutional controls）

制度控制措施是指地方政府或环保部门通过法律或者行政手段来限制人体和生态要素在污染场地中的暴露，必要时对场地内的土壤进行定期监测，以保证修复工程的顺利完成和实现潜在污染暴露最小化的方法。

制度控制措施在国外应用较多，且大部分都有相关法律条文进行规定，在执行过程中作为强制性措施由政府部门进行监控。考虑到我国国情，建议在政府或环保部门的引导下，采用通知、颁布条例、宣传等方法，对民众进行告知，保护受体远离污染场地。同时，在场地土壤存在风险时，宜由政府或环保部门委托相关部门对污染土壤进行监测，控制风险，降低人群和生态环境在污染物中的暴露。适度采取制度控制措施，既可以保护人体健康和生态要素，又可以降低成本。

制度控制措施一般适用于污染物超过修复标准，但可以通过控制人类活动降低污染物暴露风险的场地，且污染物迁移性较差，场地暂时不会被开发利用，并有一定的自净能力。采用制度控制措施的场地在再次利用前需风险评估。

9.5.2　地下水修复技术

（1）抽出处理技术（pump and treat）

抽出处理技术是通过抽取已污染地下水至地表，用地表污水处理技术进行处理的方法。通过不断地抽取污染地下水，使污染源的范围和污染程度逐渐减小，并使含水层介质中的污染物通过向水中转化而得到清除。水处理方法可以是物理法（包括吸附法、重力分离法、过滤法、反渗透法、气吹法等），化学法（包括混凝沉淀法、氧化还原法、离子交换法、中和法等），也可以是生物法（包括活性污泥法、生物膜法、厌氧消化法和土壤处置法等）。

抽出处理技术在应用时需要构筑一定数量的抽水井（必要时还需构筑注水井）和相应的地表污水处理系统。抽水井一般位于污染地下水中（水力坡度小时）或下游（水力坡度大时），利用抽水井将污染地下水抽出至地表，利用地表处理系统将抽出的污水进行深度处理。因此，抽出处理技术既可以是物化—生物修复技术的联合，也可以是不同物化技术的联合，主要取决于后续处理技术的选择，而后续处理技术的选择应用则受到污染物特征、修复目标、资金投入等多方面的制约。抽出处理技术存在的问题包括：工程费用较高，且由于地下水的抽提或回灌，会影响治理区及周边地区的地下水动态；若不封闭污染源，当工程停止运行时，将出现严重的拖尾和污染物浓度升高的现象；需要持续的能量供给，确保地下水的抽出和水处理系统的运行，还要求对系统进行定期的维护与监测。此技术可使地下水的污染水平迅速降低，但由于水文地质条件的复杂性以及有机污染物与含水层物质的吸附/解吸反应的影响，在短时间内很难使地下水中有机物含量达到环境风险可接受水平。另外，由于水位下降，在一定程度上可加强包气带中所吸附有机污染物的好氧生物降解。

抽出处理技术主要用于去除地下水中溶解的有机污染物和潜浮于水面上的油类污染物。抽出处理技术对于低渗透性的黏性土层和低溶解度、高吸附性的污染物效果不理想，通常需借助表面活性剂增强含水介质吸附的污染物的溶解性能，加快抽出处理的速度。污染地下水中存在非水相流体（non-aqueous phase liquid，NAPL）类物质时，毛细作用会使其滞留在含水介质中，明显降低抽出处理技术的修复效率。

（2）空气注入技术（air/bio sparging）

空气注入技术是在气相抽提（SVE）的基础上发展而来的，通过在含水层注入空气使地下水中的污染物汽化，同时增加地下氧气浓度，加速饱和带、非饱和带中的微生物降解作用。汽化后的污染物进入包气带，可利用抽气装置抽取后处理，因此也称生物曝气技术（bio sparging）。

空气注入技术中的物质转移机制依靠复杂的物理、化学和微生物之间的相互作用，由此派生出原位空气清洗、直接挥发和生物降解等不同的具体技术与修复方式，常与真空抽出系统结合使用，成本较低。该技术通过向地下注入空气，在污染物下方形成气流屏障，防止污染物进一步向下扩散和迁移，在气压梯度作用下，收集地下可挥发性污染物，并以供氧作为主要手段，促进地下污染物的生物降解。可以修复溶解在地下水中、吸附在饱和区土壤上和停留在包气带土壤孔隙中的挥发性有机污染物。为使其更有效，可挥发性化合物必须从地下水转移到所注入的空气中，且注入空气中的氧气必须能转移到地下水中以促进生物降解。该技术的修复效率高，时间周期短。

空气注入技术可用来处理地下水中大量的挥发性和半挥发性有机污染物，如与汽油、苯系物成分有关的其他燃料，石油碳氢化合物等。受地质条件限制，不适合在低渗透率或高黏土含量的地区使用，不能应用于承压含水层及土壤分层情况下的污染物治理，适用于具有较大饱和厚度和埋深的含水层。如果饱和厚度和地下水埋深较小，治理时需要更多扰动井才能达到目的。

（3）渗透性反应墙技术（permeable reactive barrier，PRB）

渗透性反应墙技术是一种原位修复技术，是指在污染源的下游开挖沟槽，安置连续或非连续的渗透性反应墙，在其中充填反应介质，与流经的地下水发生物理、化学和生物化学反应，使地下水中的污染物得以阻截、固定或降解。PRB 垂直于污染物流运移途径，在横向和垂向上，横切整个污染物流。

PRB 按照结构分为漏斗—门式 PRB 和连续透水的 PRB；按照反应性质可分为化学沉淀反应墙、吸附反应墙、氧化—还原反应墙、生物降解反应墙等。在修复过程中，应根据特定地质和水文条件、污染物的空间分布来选择反应墙（PRB）的类型。漏斗—门式 PRB 是由不透水的隔墙、导水门和 PRB 组成的，适用于埋深浅、污染面积大的潜水含水层；连续透水的 PRB 构成的 PRB 适用于埋深浅、污染羽流规模较小的潜水含水层。

PRB 中填充的介质包括零价铁、螯合剂、吸附剂和微生物等，可用来处理多种多样的地下水污染物，如含氯溶剂、有机物、重金属、无机物等。污染物通常会在反应墙材料中发生浓缩、降解或残留等反应，所以墙体中的材料需要定期更换，更换过程可能产生二次污染。

渗透性反应墙技术可通过填充零价铁等去除地下水中的氯代烃，可采用活性炭作为填充介质处理六价铬等重金属；厌氧反应墙可去除地下水中的硝酸盐等；还可有效去除砷、氟化物、垃圾渗滤液等。该技术较成熟，成本较低，已有较多应用。

（4）化学氧化还原技术（chemical oxidation/reduction）

化学氧化还原修复技术主要是通过将氧化还原试剂引入地下，与地下水中污染物发生反应从而达到净化效果的一种地下水原位修复技术。

化学氧化还原技术通过采用渗透格栅控制氧化剂或还原剂的释放形式，可以使这些地球化学变化或其他感观指标的变化对直接处理区以外的地方的影响减至最小。由于注入井数量有限以及水力传导系数分布的问题，通过水相注入系统控制氧化剂或还原剂的用量非常困难。无论是采用渗透格栅还是水相注入，都要对含水层的性质、地球化学变化的可逆性（如溶解作用、解吸作用、pH 值变化）、污染物的分布和通量进行详细的评价，以设计出有效的原位处理系统。

采用化学氧化还原技术修复污染地下水，可针对不同污染物采用不同的氧化还原剂。二氧化氯可以气体形式注入污染区氧化其中的有机污染物，在反应过程中几乎不生成致癌的三氯甲烷和挥发性有机氯；高锰酸钾可以水溶液的形式添加到地下水中，去除三氯乙烯、四氯乙烯等含氯溶剂，对烯烃、酚类、硫化物和 MTBE 等污染物也较为有效；臭氧可以气体形式通过注射井进入污染区，氧化大分子及多环类有机污染物，也可氧化分解柴油、汽油、含氯溶剂等。

（5）电动修复技术（electrokinetic separation）

电动修复技术是利用电动效应将污染物从地下水中去除的原位修复技术。电动效应包括电渗析、电迁移和电泳。电渗析是在外加电场作用下土壤孔隙水会发生运动，主要去除非离子态污染物；电迁移是离子或络合离子向相反电极的移动，主要去除地下水中的带电离子；电泳是带电粒子或胶体在直流电场作用下的迁移，主要去除吸附在可移动颗粒上的污染物。

电动修复技术可处理砷、镉、铬、汞和铅等重金属污染物，适用于污染范围小的区域，且不对当地土壤结构和地下生态环境产生影响，投资少，效率高，操作容易，不受水文地质条件的限制。但该技术对吸附性不强的有机污染物修复效果不太理想，在应用过程中常出现活化极化、电阻极化和浓差极化等现象，使处理效率降低，可通过化学增强剂提高修复体的导电性。

（6）监控式自然衰减（monitored natural attenuation，MNA）

监控式自然衰减是一种利用天然过程来分解和改变地下水中的污染物的技术，通过对地下水的监测，以确认在合理的时间框架内，污染物自然衰减的程度足以达到保护敏感受体和修复目标的方法。

自然衰减包括土壤颗粒的吸附、污染物的生物降解、污染物在地下水中的稀释和弥散等过程。土壤颗粒的吸附使污染物不会迁移到场地之外；微生物降解是污染物分解的重要作用；稀释和弥散虽不能分解污染物，但可有效降低场地的污染风险。该技术需要对污染物的降解速率和迁移途径进行模拟，同时对下降梯度观测点的污染物浓度进行预测，特别是在污染物仍在扩散时，以确定自然衰减的过程会使污染物的浓度降至标准以下或在可接受风险范围内。如果是长期监测，需要通过管理保证降解速率与修复目标一致。此技术应用过程中废物的产生和迁移少，且对地表构筑物的影响较小。监控式自然衰减可与其他治理方法联合使用，使治理时间缩短。

监控式自然衰减技术适用于以下污染物或场地：挥发和半挥发性有机污染物和石油烃类污染物；农药类污染物，但处理效率较差，且只对其中的某些组分有效；某些重金属，通过改变其价态来使其无害化；修复污染程度低的场地，如严重污染场地的外围或污染源很小的情景。

9.5.3 常用修复技术组合

（1）电动力学修复＋植物修复

电动力学修复＋植物修复组合技术可用来处理无机物污染的土壤，先采用电动力学修复技术对土壤中的污染物进行富集和提取，对富集的部分单独进行回收或者处理，然后利用植物对土壤中残留的无机物进行处理，可将高毒的无机污染物变为低毒的无机污染物，或者利用超累积植物对土壤中污染物进行累积后集中处置。

（2）气相抽提＋氧化还原

气相抽提＋氧化还原组合技术可用来处理挥发性卤代和非卤化化合物污染的土壤，先采用气相抽提的方法将土壤中易挥发的组分抽取至地面，对富集的污染物可利用氧化还原的方法进行处理，或采用活性炭或液相炭进行吸附，吸收过污染物的活性炭和液相炭可采用催化氧化等方法进行回收利用。

（3）气相抽提＋生物降解

气相抽提＋生物降解组合技术适用于半挥发卤代化合物的处理，可采用气相抽提的方法将污染物进行富集，富集后的污染物可集中处理。由于半挥发性卤代化合物的特性，使其可能在土壤中残留，从而影响气相抽提的处理效率。因此，在剩余的污染土壤中通入空气和营养物质，利用微生物对污染物的降解作用处理其中残留的污染物，从而达到修复的目的。

（4）土壤淋洗＋生物降解

土壤淋洗＋生物降解组合技术适用于燃料类污染土壤的处理，一般先采用原位土壤淋洗技术进行处理，待污染物降解到一定程度后，将淋洗液抽出处理后排放。由于燃料类污染物遇水形成 NAPL，易在土壤孔隙中残留，无法通过抽取的方法从土壤中去除。因此需要在形成 NAPL 的位置通入空气和营养物，采用生物降解的方法对其中残留的污染物进行处理，进而达到清除的目的。

（5）氧化还原＋固化稳定化

氧化还原＋固化稳定化组合技术适用于无机物污染土壤的处理。无机污染物，特别是重金属类污染物的毒性与价态相关，在自然界的各种作用下其价态可发生变化。此联合方法先采用氧化还原的方法将高毒的无机物氧化还原成低毒或者无毒的无机物，为避免逆反应的发生，需在处理后加入固化剂等物质降低污染物的迁移性，从而保证污染土壤的处理效果。

（6）空气注入＋土壤气相抽提

空气注入＋土壤气相抽提组合技术适用于土壤和地下水中挥发性有机物的处理。该技术在土壤和地下水污染处设置曝气装置，一方面通过增加氧气含量促进微生物降解，另一方面利用空气将其中的挥发性污染物汽化进入包气带；然后利用土壤气相抽提系统将汽化的污染物抽出到地面集中处理。

9.6 污染场地修复方案制定与修复工程实施

场地修复技术体系包括针对污染场地特点和基于选择原则的选择修复模式、筛选修复技术、制定修复方案、修复方案实施四部分（如图 9-17 所示）。

9.6.1 选择修复模式

通过对前期获得的土壤污染状况调查和风险评估资料进行分析，结合必要的补充调查，确认地块土壤修复的目标污染物、修复目标值和修复范围。确认前期土壤污染状况调查和风险评估提出的土壤修复目标污染物，分析其与地块特征污染物的关联性和与相关标准的符合程度。分析比较按照《建设用地土壤污染风险评估技术导则》（HJ 25.3—2019）计算的土壤风险控制值、《土壤环境质量：建设用地土壤污染风险管控标准（试行）》（GB 36600—

图 9-17　场地修复技术体系的组成

2018）规定的筛选值和管制值、地块所在区域土壤中目标污染物的背景含量以及国家和地方有关标准中规定的限值，结合目标污染物形态与迁移转化规律等，合理提出土壤目标污染物的修复目标值。对照前期土壤污染状况调查得出的污染物种类、浓度（程度）和空间分布，根据目标污染物的修复目标值，确认土壤修复范围是否清楚，包括四周边界和污染土层深度分布，特别要关注污染土层异常分布情况，比如非连续性自上而下分布。然后与地块利益相关方进行沟通，确认对土壤修复的要求，如修复时间、预期经费投入等。最后根据地块特征条件、修复目标和修复要求，选择确定地块修复总体思路。确保永久性处理修复优先处置，即显著地减少污染物数量、毒性和迁移性。鼓励采用绿色、可持续和资源化修复。治理与修复工程原则上应当在原址进行，确需转运污染土壤的，应确定运输方式、路线和污染土壤数量、去向和最终处置措施。

9.6.2　筛选修复技术

根据地块的具体情况，按照确定的修复模式，筛选实用的土壤修复技术，开展必要的实验室小试和现场中试，或对土壤修复技术应用案例进行分析，从适用条件、对地块土壤修复效果、成本和环境安全性等方面对修复技术的可行性进行评估，最后从技术的成熟度、适用条件、对地块土壤修复的效果、成本、时间和环境安全性等方面对各备选修复技术进行综合比较，选择确定修复技术。

首先是分析比较实用修复技术。结合地块污染特征、土壤特性和选择的修复模式，从技术成熟度、适合的目标污染物和土壤类型、修复的效果、时间和成本等方面分析比较现有的土壤修复技术优缺点（见表 9-5 和表 9-6），重点分析各修复技术工程应用的实用性。可以采用列表描述修复技术原理、适用条件、

表 9-5　土壤污染修复技术比较

技术	成熟性	可操作性	要求土壤渗透性	处理效率	修复时间	费用	二次污染	公众认可度	挥发性非卤化有机物	挥发性卤化有机物	半挥发性非卤化有机物	半挥发性卤化有机物	燃料类	无机物（含重金属）
混合/稀释	好	好	一般	中	长	低	小	中	中	中	好	中	好	差
填埋	好	好	良好	好	长	低	小	差	中	中	中	中	中	中
固化稳定化	好	中	一般	好	短	中	小	中	差	中	中	中	差	好
淋洗	差	中	差	中	短	高	大	好	好	好	好	中	中	好
气相抽提	好	好	差	中	中	低	大	好	好	好	差	中	差	差
热解吸修复	好	好	良好	好	中	中	大	好	好	好	好	差	好	差
化学萃取	差	中	差	好	中	高	中	好	好	好	好	中	好	中
氧化还原	好	中	一般	好	短	中	大	好	好	好	好	好	中	差
焚烧	好	好	一般	好	短	中	小	中	好	好	好	好	好	差
电动力学	差	差	良好	好	中	低	大	好	中	中	中	中	中	好
玻璃化	差	差	良好	好	中	中	大	差	好	好	好	好	好	好
生物降解	好	好	差	中	短	低	小	好	好	好	好	不确定	好	不确定
生物通风	好	好	差	中	短	低	小	好	好	不确定	中	差	中	差
生物堆	好	好	差	中	短	中	小	好	好	好	好	不确定	中	不确定
植物修复	好	好	一般	中	短	低	小	好	好	好	好	不确定	中	中
泥浆相生物处理	中	中	良好	好	短	中	小	好	好	好	好	不确定	好	不确定

表 9-6　地下水污染修复技术比较

技术	成熟性	可操作性	修复时间	处理成本	挥发性非卤化有机物	挥发性卤化有机物	半挥发性非卤化有机物	半挥发性卤化有机物	燃料类	无机物（含重金属）
抽出处理	好	中	长	高	中	中	中	不确定	中	中
空气注入修复	好	好	短	低	好	中	中	中	好	差
渗透性反应墙	好	好	长	中	好	好	好	中	中	不确定
化学氧化还原	好	好	短	中	中	中	差	中	差	不确定
电动修复	差	中	中	不确定	不确定	不确定	不确定	好	好	好
监控式自然衰减	好	好	不确定	低	好	中	中	中	好	差

注：成熟性："好"表示已成功应用且资料齐全，"中"表示已有应用但需要改进，"差"表示处于实验研究阶段；

可操作性："好"表示掌握相关原理及技术参数，"中"表示技术参数需要调整，"差"表示技术参数需要较大改进；

处理效率："好"表示污染物去除率/无害化率＞90％，"中"表示污染物去除率/无害化率为 70％～90％，"差"表示污染物去除率/无害化率＜70％；

修复时间：土壤原位，"短"表示＜1 年，"中"表示 1～3 年，"长"表示＞3 年；土壤异位，"短"表示＜6 个月，"中"表示 6 个月～1 年，"长"表示＞1 年；地下水，"短"表示＜3 年，"中"表示 3～10 年，"长"表示＞10 年；

费用："低"表示＜500 元/t，"中"表示 500～1000 元/t，"高"表示＞1000 元/t；

大公众认可度："好"表示＞60％，"中"表示 30％～60％，"差"表示＜30％；

各类污染物："好"表示非常适用，"中"表示不完全适用，"差"表示不适用；

其他："不确定"表示修复效率或指标性能取决于特定场地条件和技术设计参数。

对主要技术指标、经济指标和技术应用的优缺点等方面进行比较分析，也可以采用权重

打分法。通过比较分析，提出备选修复技术进行下一步可行性评估。

修复技术可行性评估的方法有实验室小试、现场中试和应用案例分析。实验室小试要采集地块的污染土壤进行试验，应针对试验修复技术的关键环节和关键参数，制定实验室试验方案。如对土壤修复技术适用性不确定，应在地块开展现场中试，验证试验修复技术的实际效果，同时考虑工程管理和二次污染防范等。中试试验应尽量兼顾到地块中不同区域、不同污染浓度和不同土壤类型，获得土壤修复工程设计所需要的参数。土壤修复技术可行性评估也可以采用相同或类似地块修复技术的应用案例进行分析，必要时可现场考察和评估实际工程应用案例。

在分析比较土壤修复技术优缺点和开展技术可行性试验的基础上，从技术的成熟度、适用条件、对地块土壤修复的效果、成本、时间和环境安全性等方面对各备选修复技术进行综合比较，选择确定修复技术，以进行下一步修复方案阶段制定。

9.6.3 制定修复方案

根据确定的修复技术，制定土壤修复技术路线，确定土壤修复技术的工艺参数，估算地块土壤修复的工程量，提出初步修复方案。从主要技术指标、修复工程费用以及二次污染防治措施等方面进行方案可行性比选，确定经济、实用和可行的修复方案。修复技术路线应反映地块修复总体思路和修复方式、修复工艺流程和具体步骤，还应包括地块土壤修复过程中受污染水体、气体和固体废物等无害化处理处置等。

土壤修复技术的工艺参数应通过实验室小试和/或现场中试获得。工艺参数包括但不限于药剂投加量或比例、设备影响半径、设备处理能力、处理需要时间、处理条件、能耗、设备占地面积或作业区面积等。根据技术路线，按照确定的单一修复技术或修复技术组合的方案，结合工艺流程和参数，估算每个修复方案的修复工程量。根据修复方案的不同，修复工程量可能是调查和评估阶段确定的土壤处理和处置所需工程量，也可能是方案涉及的工程量，还应考虑土壤修复过程中受污染水体、气体和固体废物等的无害化处理处置的工程量。最后从确定的单一修复技术及多种修复技术组合方案的主要技术指标、工程费用估算和二次污染防治措施等方面进行比选，确定最佳修复方案。

9.6.4 制定环境管理计划

地块土壤修复工程环境管理计划一般包括修复工程环境监测计划和环境应急安全计划。修复工程环境监测计划包括修复工程环境监理、二次污染监控和修复效果评估中的环境监测。应根据确定的最佳修复方案，结合地块污染特征和地块所处环境条件，参照《建设用地土壤污染风险管控和修复监测技术导则》（HJ 25.2—2019）和《污染地块风险管控与土壤修复效果评估技术导则（试行）》（HJ 25.5—2018）中的相关技术要求，有针对性地制定修复工程环境监测计划，并严格按照 HJ 25.2、HJ 25.5 执行。

为确保地块修复过程中施工人员与周边居民的安全，应制订周密的地块修复工程环境应急安全计划，内容包括安全问题识别、需要采取的预防措施、突发事故时的应急措施、必须配备的安全防护装备和安全防护培训等。

9.6.5 修复工程实施

承担修复工程的技术单位应根据污染场地修复工程施工管理方案，由专人负责，制定工程管理流程图，并建立完善的组织、管理体系。污染场地修复过程应建立严格的过程记录和档案管理体系，可采取多媒体、照片、文字等多种记录形式。过程管理包括施工方的环境过程管理、第三方的监理和环境保护部门的督查。

污染场地修复过程的监理机构应该是具有工程监理或建设项目环境保护竣工验收资质的单位，监理的重点是修复范围的核定、修复过程中污染防治措施的实施和污染土壤处置过程的监理等。监理的主要工作内容包括：各类技术方案的审核和建议，包括设计文件、施工方案等；现场处置工程进度的跟踪；处置工地现场质量检查和测量；检查报告编写和汇报；施工过程的合理化建议；配合第三方监测单位验收。

思考题

1. 简述污染场地调查、评估与修复基本流程。
2. 简述污染场地概念模型的组成要素。
3. 简述污染场地风险评估工作内容。
4. 常用的污染土壤修复技术有哪些？并简述其原理。
5. 典型的土壤—地下水一体化修复技术有哪些？

第 10 章

典型危险废物资源化路径

危险废物具有危险性和资源性的双重属性，特别是重金属/贵金属含量较多的危险废物，如废电池、废线路板等。危险废物的资源有序利用是实现降毒、回用的最有效和根本的措施。危险废物中有价物质的回收，需要遵循以下原则：①技术可行；②效果较好；③危险废物应尽可能在排放源附近处理使用，以节省危险废物在存储运输等方面的投资；④产品应当符合国家相应产品的质量标准。从危险废物中回收的有价物质，具有去除某些毒物、减少危险废物的贮存量、能耗和产品成本低、生产效率高等优势。本章节主要讨论集中较为典型的危险废物资源化方法。

危险废物中贵金属提取资源化工艺，主要包括火法技术和湿法技术两大类型。火法是利用高温从危险废物中提取金属或其化合物的过程，此过程没有水溶液参加，故又称为干法。湿法则是的利用酸、碱或其他溶剂，借助物理反应、化学反应或微生物作用，对危险废物中金属及其化合物进行提取和分离过程。

10.1 废电池

根据《国家危险废物名录（2021 年版）》，属于危险废物的废电池包括废氧化汞电池（HW29）、废铅蓄电池（HW49）及废铅蓄电池拆解过程中产生的废铅板、废铅膏和酸液（HW31）以及废弃的镉镍电池（HW49）。本节以废镉镍电池和废铅蓄电池为例，探讨其中的资源化路径。

10.1.1 废镉镍电池的资源化

废镉镍电池含有大量的镉、镍和少量钴等金属。其中电池负极为海绵状金属镉，正极为羟基氧化镍（NiOOH），电解液为 KOH 或 NaOH 水溶液。废镉镍电池中有回收价值的材料，主要为 $Ni(OH)_2$、$Cd(OH)_2$、Fe 等。

（1）火法技术

废镉镍电池回收各种金属及其化合物的火法技术，通常包括常压冶金及真空蒸馏方法。常压冶金是基于镉远远低于铁、钴、镍的沸点，在正常大气压下，将处理后的废旧镍镉电池，加热至 1000℃。当镉变成蒸汽，通过冷凝即可回收，而熔沸点较高的铁和镍变成铁镍合金回收。该方法的总体能量消耗大，加热温度高，对设备要求和损耗大，处理过程易产生严重污染。而真空蒸馏则利用物质熔沸点与压力的大小成正比的特性，可以低温分离回收废旧镍镉电池中的金属，减少能源的消耗。真空蒸馏法回收金属的效率高、对环境影响小，但是其设备费用极其昂贵，高投入与低收益相悖。

（2）湿法技术

湿法技术中常用的分离提纯方法包括溶剂萃取、化学沉淀、电化学沉淀、微生物析出、液膜分离、选择性吸附等。溶剂萃取法是运用萃取以及反萃取的原理来分离镍、镉。不同的萃取剂对金属离子的萃取效率不相同，常用于萃取镉的萃取剂包括三正丁基磷酸（TBP）、三辛胺（TOA）和 Cyanex 275 等；用于萃取镍的溶剂有羟基肟和羟基喹啉。

化学沉淀主要通过控制废旧镍镉电池浸取液的 pH 来实现。在低 pH 值时，投加足量的碳酸氢钠，生成碳酸镉沉淀；过滤后，在较高 pH 值条件下，向剩余溶液投加氢氧化钠，使镍以氢氧化镍的形式被回收。

电化学沉积主要利用 Cd^{2+} 标准电极电位（$-0.403V$）与 Ni^{2+}（$-0.250V$）和 Co^{2+}（$-0.277V$）相差较大特性，通过控制电极电位，使 Cd^{2+} 在阴极选择性电沉积析出，从而分离回收废旧镍镉电池中的镉。这种方法分离出的镉纯度很高，但分离效率低，而且操作难度很大，耗电量也较大，成本较高。

微生物析出法主要利用硫酸盐还原菌，从水相中回收镉和镍的金属硫化物纳米粒子，从而形成 Ni 掺杂 CdS 纳米粒子，其具有作为半导体材料的潜力。

液膜分离法运用选择渗透性原理，根据膜对料液中不同组分选择渗透能力不同，来实现分离、富集、浓缩以及提纯的新型分离技术。液膜分离技术具有选择性优良、分离富集效率高、能耗低和操作简单等优于传统处理方法的特点。

选择性吸附法是采用特定吸附剂对于其中的物料进行吸收，例如利用丙烯酰胺接枝壳聚糖基离子印迹聚合物来实现从镍镉电池废料中回收镉，解决了壳聚糖对酸性溶液敏感、对金属离子选择性低、循环性能差的问题。通过离子印迹技术（IIP）能引入特定识别位点，进一步提高接枝壳聚糖对目标金属离子的吸附能力。

10.1.2　废铅酸蓄电池资源化

废铅酸蓄电池广泛应用于汽车、摩托车的启动，应急灯设备的照明等场景。2020 年，我国铅酸蓄电池产量为 22736 万千伏安时，同比增长 12.28%。废铅酸蓄电池的板栅是以铅为主要成分的合金，板栅外层的活性物质分别为 $PbO_2/PbSO_4$ 和 $Pb/PbSO_4$。废旧铅酸蓄电池的回收利用，主要是回收铅栅和铅膏中的铅、废酸以及塑料壳体。我国 85% 以上再生铅原料来自废铅酸蓄电池，废铅酸蓄电池的铅膏和电解液中的金属成分分别见表 10-1 和表 10-2。

表 10-1 废铅酸蓄电池的铅膏的成分

成分	Pb$_总$	Pb	S	PbSO$_4$
含量/%	72	5	5	42.1
成分	PbO	Sb	FeO	CaO
含量/%	38	2.2	0.75	0.88

表 10-2 电解液中的金属成分

金属	铅粒	溶解铅	砷	锑
浓度/(mg/L)	60～240	1～6	1～6	20～175
金属	锌	锡	钙	铁
含量/(mg/L)	1～13.5	1～6	5～20	20～150

废铅酸蓄电池的回收处理，是对蓄电池进行拆解分选，将铅栅、铅膏、塑料壳、隔板、电解液进行分离。其中，塑料壳、隔板通过物理分选分别进行回收，电解液则回收其中的酸或进行中和处理。铅栅为铅合金，可通过熔化和火法精炼加以回收。铅膏主要含硫酸铅和铅的氧化物，其处理是废铅酸蓄电池处理技术的重点和难点。铅栅、铅膏中的金属回收工艺分为火法工艺和湿法工艺。

（1）废铅蓄电池的拆解分选技术

废铅酸蓄电池处理的拆解分选主要包括人工拆解和机械破碎分离两种。人工拆解分选通常是将蓄电池电解液倾倒，再简单地将蓄电池塑料壳和铅栅、铅膏、隔板纸分离。机械破碎分选是根据废铅蓄电池的组分密度与粒度不同，在水介质中运用物理方法将其解离并分开，分别获得铅锑合金板栅、铅膏、塑料及废硫酸。国外具有代表性的是俄罗斯的重介质分选技术、意大利的 CX 破碎分选系统、美国的 M.A 破碎分选系统以及日本的 TDE 自动化拆解及破碎技术。湖南株洲顶端、湖南江冶等公司经过多年的研究引进、消化吸收与攻关，已自主研发出自动拆解系统。其主要特点是整个生产过程全部在全湿法密闭过程中自动进行，生产过程无污染，所有用水闭路循环使用；采用抽吸方式对系统中的气体进行负压操作并过滤、喷淋后排放。同时有效分选出金属与塑料，板栅与废铅膏。机械破碎分选系统包括一级破碎单元、二级破碎单元、水动力浮选单元、压滤单元、洗涤单元、酸性废水处理单元、自动控制单元及其他辅助单元，其工艺流程如图 10-1 所示。

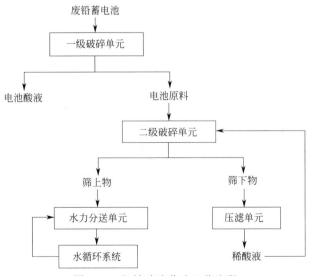

图 10-1 机械破碎分选工艺流程

（2）废铅蓄电池回收技术

① 火法熔炼技术。常用的火法熔炼技术包括反射炉技术、鼓风炉技术、铅膏转化脱硫-短窑熔炼工艺、铅精矿搭配铅膏熔炼工艺、侧吹浸没燃烧熔池熔炼工艺。

a）反射炉熔炼技术。蓄电池反射炉熔炼采用加铁屑和煤粉作还原剂，其炉料配比一般是废蓄电池（去壳）：煤粉：铁屑＝100：2～3：10～12。其熔炼温度不低于1200℃。反射炉熔炼包括投料、升温熔化、熔炼和放料等流程，熔炼过程中需不断搅拌熔池以保证反应完全，其工艺流程如图10-2所示。熔炼产物有粗铅、难熔浮渣、炉渣和烟尘，产率分别为43.3%、19.5%、16.0%和21.1%。粗铅转入精炼工序生产精铅或配制铅合金，贫铅炉渣（Pb≤2%）填埋或作建筑材料，富铅炉渣以及浮渣和铅尘返回反射炉配料或单独处理。

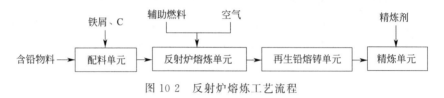

图10-2　反射炉熔炼工艺流程

反射炉熔炼是周期作业，一个生产周期需要6～8h。反射炉的生产率和热效率较低，但对炉料的适应性强（粉料不需要制团和烧结），结构简单，投资小，操作容易掌握，是目前我国处理废蓄电池的主要设备。

b）鼓风炉熔炼技术。鼓风炉工艺为混合熔炼工艺，铅膏、铅栅搭配烟灰、铅渣、铁屑和焦炭等加入鼓风炉中熔化还原。目前该工艺在国内再生铅厂应用最为广泛。鼓风炉工艺的优点是设备简单、占地小、能耗较低、投资小。鼓风炉工艺的缺点包括：鼓风炉炉壁结渣，需要定期打挂壁；工人劳动强度较大；鼓风炉上部温度低；由于混料中难免掺杂塑料制品，容易产生二噁英。密闭富氧竖炉（CF炉）熔炼＋烟气二次燃烧技术是一种在鼓风炉工艺基础上进行改进的处理铅栅和铅膏的技术。该技术有两个特点，一是在加料口处有两道进料口，基本做到密闭进料，最大限度减少了投料时加料口的漏烟；二是设置二次燃烧室，通过燃烧天然气提高烟气温度使二噁英分解，以满足环保要求。

c）铅膏转化脱硫—短窑熔炼工艺。该工艺为意大利安奇泰克的技术，国外使用该工艺的企业较多，国内最近几年也引进了多条应用该工艺的生产线。该工艺主要分为两步：第一步是铅膏转化脱硫。破碎分选得到的铅膏被送入脱硫反应器，使用碳酸钠或氢氧化钠进行脱硫，脱硫的副产品为硫酸钠；第二步是短窑熔炼。脱硫后的铅膏搭配铁屑、焦炭进入转炉，通过天然气燃烧进行辐射传热，生成粗铅。

铅膏转化脱硫—短窑熔炼工艺比反射炉工艺效率高，其缺点包括：脱硫采用高价的碱；得到的碳酸钠需消耗大量的热能进行蒸发结晶，生产成本太高；实际脱硫率在95%左右，后续短窑烟气仍需脱硫；通过辐射传热，热效率低；间断性生产，劳动生产率低；渣含铅4%以上，铅回收率较低。

d）铅精矿搭配铅膏熔炼工艺。采用氧气底吹熔炼炉处理矿铅的同时搭配部分铅膏进行熔炼，利用熔池熔炼的原理，通过浸没底吹氧气的强烈搅动，使铅精矿、含铅二次物料与熔剂等原料在反应器（熔炼炉）的熔池中充分搅动，迅速熔化、氧化、交互反应和还原，生成粗铅和炉渣。

废铅蓄电池富氧底吹熔炼一般包括配料单元、富氧底吹熔炼单元、辅助燃料供给单元、高铅渣深度还原熔炼单元、制酸单元及其他辅助单元，其工艺流程如图 10-3 所示。

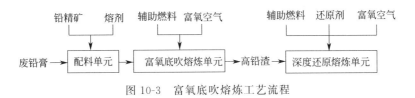

图 10-3　富氧底吹熔炼工艺流程

该方法生产环境好，工艺流程简单，不用再单独建设再生铅处理系统，充分利用矿铅的冶炼设备，冶炼烟气直接制酸，铅烟尘密闭循环，实现了清洁生产；其缺点包括由于铅膏本身不发热，熔炼过程需要吸收外部热量，而矿铅冶炼发热量有限，因此仅能搭配少量的铅膏进行冶炼。

e）侧吹浸没燃烧熔池熔炼工艺。侧吹浸没燃烧熔池熔炼技术是我国自主开发的技术，其可以满足氧化、还原、吹炼、挥发等各类冶炼工艺的要求，并可采用不同的氧气浓度和喷吹燃料实现最佳的"冶金过程热平衡精确控制"。该技术有利于处理城市废旧铅酸蓄电池、废旧印刷电子线路板、二次铅杂料、二次锌杂料、锑尘、锡精矿及锡中矿等不发热物料的冶炼工艺。通过从设于熔炼炉侧墙浸没熔池的喷枪，直接将富氧空气和燃料鼓入熔融熔体或炉渣中。加入熔池的物料由于受到鼓风的强烈搅动作用，可以快速浸没于熔体之中并完成物理化学反应，适用于处理不发热物料的强化熔池熔炼技术。侧吹浸没燃烧熔池熔炼工艺处理铅膏的工艺流程如图 10-4 所示，其原理如图 10-5 所示。

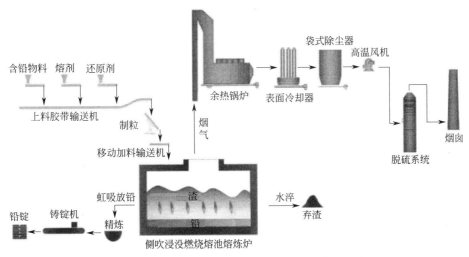

图 10-4　侧吹浸没燃烧熔池熔炼工艺处理铅膏工艺流程

② 废铅蓄电池湿法电解工艺。湿法工艺可以避免熔炼和粗铅精炼产生的含铅烟尘，湿法工艺主要包括电解沉积工艺和固相电还原工艺。电解沉积工艺回收率在 95% 以上，产品可以是精铅、铅锑合金、铅化合物等；固相电还原工艺回收率在 95% 以上，回收铅的纯度可达 99.95%。

a）电解沉积技术。以经过特殊处理的石墨板为惰性阳极，以纯铅始极片为阴极，加入反应器中，用 H_2SiF_6 和铅沉积产生的贫电解液浸出得到富电解液，电解沉积后得到析出铅，最终熔化精炼得到 1 号铅，贫电解液返回浸出工序。

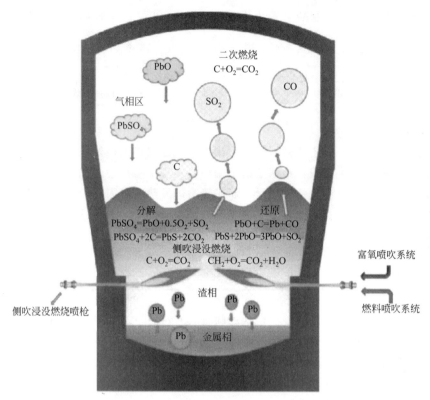

图 10-5 侧吹浸没燃烧熔池熔炼工艺处理铅膏原理

电解沉积装置一般包括熔解单元、浸出单元、电解沉积单元、精炼熔铸单元及其他辅助单元，其工艺流程如图 10-6 所示。其工艺过程清洁，资源综合利用率高，节约能源，适应性强。其缺点是工艺过程复杂，投资和运行成本较高，操作水平与管理水平高。

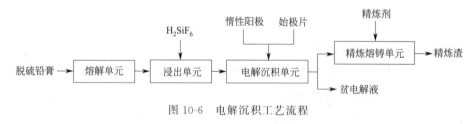

图 10-6 电解沉积工艺流程

b）固相电还原技术。固相电还原技术通过不锈钢做阴极和阳极，将脱硫后的铅膏均匀填充在特殊结构的阴极框架中，然后将阴、阳极放入装有以 NaOH 为主要介质的碱性溶液的电解槽内，通入直流电进行电解。当阴极反应到终点时，阴极出槽进行脱框，得到海绵铅，再进行压实处理后在 400℃进行熔铸，最后得到 2 号铅。固相电还原装置一般包括阴极填充单元、固相电还原单元、精炼熔单元及其他辅助单元，其工艺流程如图 10-7 所示。

（3）废铅蓄电池铅回收新技术

① 密闭脱硫脱氧技术。根据硫酸铅（$PbSO_4$）、二氧化铅（PbO_2）热分解的特点，在分解温度下无需添加置换剂原料，将 $PbSO_4$、PbO_2 放入密闭脱硫反应器内快速分解脱硫、脱氧，分解产出的三氧化硫（SO_3）气体抽出后进入制酸系统，将产出的一氧化铅（PbO）密闭研磨再进入储罐系统，再外加热燃烧尾气进入铅膏干燥转炉的外加热燃烧室。

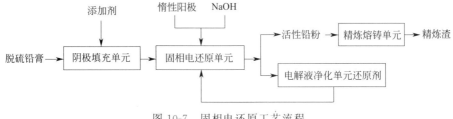

图 10-7 固相电还原工艺流程

密闭离解脱硫脱氧技术可实现从工艺过程治理污染，具有低成本、无需置换脱硫剂资源和实现铅蓄电池有价物全循环利用等特点，产出的硫酸可循环用于铅蓄电池生产，回收成本低、价值高。

② 新型固相电还原技术。以不锈钢做阴、阳极，以弱碱性介质为电解液，通过周期性直流电，实现高电流密度电还原，得到活性铅粉，活性铅粉经过压实、熔炼得到精铅。该技术可实现高度自动化。废铅膏通过阴极自动填装系统，自动称量、自动挤压成形，通过在线检测系统，直至达到反应终点的 95%。

③ 低温连续熔炼技术。通过铅屑输送带直接将铅屑输送到专用的铅屑熔炼转炉中熔化，通过"铅屑转炉的出料系统装置"使铅金属与渣灰自动分离，实现连续进料、出料，产出金属铅及固体粉状铅渣，铅渣进入下道工序——连续熔炼炉的配料系统。而脱硫后的铅膏及其他含铅物料，经过计量配料系统配料后，由进料机采用连续进料方式，输送到连续熔炼炉中熔炼，炉内实现冶炼温度稳定、冶炼气氛稳定。料层经过交互反应、静置、层析过程后，通过液位控制，超过液位的铅自动流出，氧化渣在炉内积存，当达到定量时将铅渣直接送到另一个还原炉内，在还原气氛下还原冶炼，产出再生铅及贫铅渣。实现连续出铅、间歇出渣。

④ 活性铅粉生产技术。利用有机酸与金属离子铅的整合作用，将金属离子均匀分布在高分子网络结构中，在低温热分解中形成超细金属氧化物粉末。与传统火法冶炼工艺相比，废铅膏生产活性铅粉新工艺具有以下优点：消除了高温熔炼排放 SO_2、CO_2 及挥发性铅尘的大气污染物；大大降低了能耗；直接制备超细 PbO 粉体，可以直接作为生产蓄电池的铅粉；超细 PbO 粉体作为极板的活性物质，能获得高性能的铅蓄电池新产品。

⑤ 混合塑料分离技术。采用红外传感技术和快速算法迅速确定其独特的红外光谱，只要选定需要的聚合物，就能将选定聚合物弹出，整个过程具有高效、低产品损失特点。将一个小而灵活的探测模块装在输送带之上（3m/s），通过红外探测系统在快速运动的物料流中可以探测和识别出选定塑料的位置。当选定的塑料到达该位置时，加速带后面的一排高压空气喷嘴开启，弹出选定塑料。该技术具有以下特点：一是全彩色。24 位全彩色高速工业相机，配合高速图像采集卡，达到了现今色选机最高彩色分辨率，色选效果好。二是全电脑操作。采用计算机操作色选机完成对彩色物料的分选，屏幕大，色彩分辨率高，可以进行多种功能的图像处理操作，明显提高的色选精度。三是全 LED 光源。该类色选机均使用 LED 光源，光照均匀，寿命长。四是形选功能。利用形状识别功能可以对特殊物料进行色选。五是履带色选机。色选精度高，物料损伤小，带出比小，尤其对塑料类的再生塑料片、塑料颗粒等物料效果较好。

⑥ 废铅蓄电池生产起动电池技术。选择废铅蓄电池进行修复后，根据启动电池所需的额定容量设置在同一个盒体内，各废旧铅蓄电池之间通过并联连接作为启动电池使用。该技术具有以下特点：对大量废铅蓄电池再利用，减少了环境污染，延长了蓄电池原材料的使用

周期，避免了废铅蓄电池过早进入再生环节，节省了大量的成本资源；工艺简单，其产品经转型成为启动电池后的使用寿命为 2~3 年，价格低廉。

10.2　电子废物的处理与资源化

电子废物包括废弃的电子产品和电子产品生产过程中产生的废物。按照可回收物品价值大致有三类：第一类是计算机、冰箱、电视机等有相当高价值的废物；第二类是小型电器如无线电通信设备、电话机、燃烧灶、脱排油烟机等价值稍低的废物；第三类是其他价值很低的废物。电子废物一般拆分成电路板、显像管、电缆电线等几类，根据各自的组成特点分别进行处理，处理流程类似。下面以印刷电路板为例探讨其可能的资源化方式。

废印刷电路板的材料组成和结合方式是根据其不同功效进行组合，其单体的解离粒度小，不容易实现分离。非金属成分主要为含特殊添加剂的热固性塑料，个人电脑的印刷电路板（PCB）组成见表 10-3。

表 10-3　PC 中 PCB 的组成元素分析

成分	Ag	Pb	Al	As	Au	S	Ba	Be	
含量	3300 g/t	4.7%	1.9%	<0.01%	80g/t	0.10%	200 g/t	1.1 g/t	
成分	Bi	Br	C	Cd	Cl	Cr	Cu	F	
含量	0.17%	0.54%	9.6%	0.015%	1.74%	0.05%	26.8%	0.094%	
成分	Fe	Ga	Mn	Mo	Ni	Zn	Sb	Se	
含量	5.3%	35 g/t	0.47%	0.003%	0.47%	1.3%	0.06%	41 g/t	
成分	Sr	Sn	Te	Ti	Sc	I	Hg	Zr	SiO_2
含量	10 g/t	1.0%	1 g/t	3.4%	55 g/t	200 g/t	1 g/t	30 g/t	15 g/t

废电路板的回收利用主要包括电子元器件的再利用和金属、塑料等组分的分选回收。后者一般是粉碎电子线路板后，利用磁选、重力分选和涡电流分选等分选出塑料、铜、铅；也有采用化学方法分离有色金属的专门技术，可以分离出金、银、铜、锌、铅、铝等有色金属。而对显像管、压缩机和电池等的处理还有物理冲击分离、智能分离以及高温焚烧等方法。

10.2.1　电路板的机械处理方法

机械处理方法是根据材料物理性质的不同进行分选的手段，主要利用拆卸、破碎、分选等方法。处理后的产品还须经过冶炼、填埋或焚烧等后续处理。

（1）拆解

拆解是一个系统的方法，可以从一个产品上拆除一个或一组部件（部分拆解），也可以将一个产品拆解成各个部件（全拆解），主要是针对有用部件回收利用或者是为后续的处理过程做准备。目前大多仍采用人工拆解与新产品设计结合起来的方式，即在产品的设计阶段将可回收再利用的性能融入产品中，以利于将来的拆解及回收利用环节。近年开发的主动拆解技术（ADSM），可以利用具有形状记忆合金（SMA）和形状记忆聚合物（SMP）特殊材料，来制作将不同元器件结合起来的扣件，如螺钉和夹子。当把扣件加热到预定温度时，其可自行脱落完成拆卸。

（2）破碎

破碎是将有价物质从最终的产品中解离出来的关键一步，可促使各种材料单体解离，机械破碎使用设备主要有旋转式破碎机、锤式破碎机、剪切式破碎机、锤磨机等。典型的回收工艺采用两级破碎，分别使用剪切破碎机和特制的具有剪断和冲击作用的磨碎机将废板粉碎成 0.1～0.3mm 的碎块。特制的磨碎机中使用复合研磨转子，并选用特种陶瓷作为研磨材料。整个工艺包括无损去除构件、去除焊料、粉碎、分离工艺（如图 10-8 所示）。经过二级破碎，粉末经重选和静电分选分成两类，即富含铜的粉末和玻璃纤维树脂粉末。

（3）筛分

筛分为后续的分选工艺（如重力分选）提供窄级别的物料进料或是对分选出的产品进行分级；通过分离金属颗粒和部分塑料、陶瓷等非金属颗粒来提高金属的含量。金属回收过程常用的筛分工具有机械、振动筛和滚筒筛等。同时还可以利用形状分离技术用于一些粉料处理，提纯形状相近的颗粒，提高粉末材料的功能性能和颗粒集合体加工性能。形状分离设备根据原理的不同可分为倾斜类或旋转类，还可分为无运动部件类（斜管式形状分选机等）和有运动部件类（斜振动板式形状分选机等）。

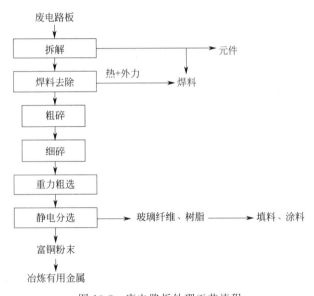

图 10-8　废电路板处理工艺流程

电子废物分离过程还可以采用重介质分离、磁分离和电分离等方式。根据不同类型物质（如金属与非金属）的密度差，使用重选方法从电子废物的轻物料（如塑料）中分选重物料（如金属）。重选法回收电子废物的技术有风力分选技术、摇床分选技术和跳汰分选技术等。

根据电子废物中金属比磁化率的差异性，利用磁选将铁磁性金属和非铁磁性金属分离，其磁选设备主要包括低强度鼓筒磁选机、高强度磁选机和磁流体分选机等。电分选技术主要是根据电子废物中材料间电导率的差别进行分离；塑料和塑料之间体积电阻率也有所不同，采用摩擦电选使得塑料分类成为可能。典型机械分离回收处理过程包括称重—拆解（去除某些特定的物质如电池、阴极射线管、汞球管等），破碎分离出的物料；筛分—摇床分选，磁选分离细物料和钢铁（约 40% 的物料得到了有效的分离）涡电流分选，从铜和塑料的混合物中分离铝。典型电子废物处理工艺流程如图 10-9 所示。

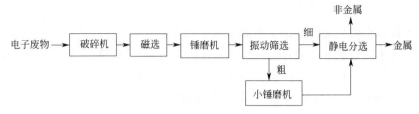

图 10-9 典型电子废物处理工艺流程

10.2.2 火法冶金技术

火法冶金工艺流程如图 10-10 所示。

火法冶金具有工艺简单、方便和回收率高特点，适合大多数电子废物，特别对于金属铜及金、银、钯等贵金属的回收率较高；但当含有有机物时，焚烧过程中产生有害气体造成二次污染，且其他金属回收率低，处理设备昂贵。国内提出了废旧线路板协同处理工艺：废旧线路板破碎分选、侧吹浸没火法熔炼、冶炼烟气余热回收、骤冷出 PCDD 和 PCDF、冶炼金属精炼分离技术，即 SSC-Waste PCB 工艺。

废旧线路板协同处理工艺流程如图 10-11 所示。废旧线路板经预处理后直接与含铜工业固体废物在熔炼炉还原熔炼的过程中，铜、贵金属等有价金属进入

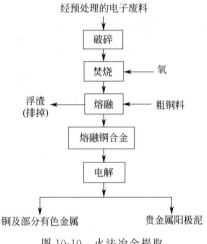

图 10-10 火法冶金提取
贵金属的一般工艺流程

金属相形成黑铜产品，而废线路板中热值较高的有机物在熔池及炉腔空间燃烧，为熔炼提供热量。熔炼过程中达 1200℃以上高温，可有效避免有机物燃烧过程中二噁英的生成。熔炼渣为玻璃态无害渣，可作为建材辅料综合利用。

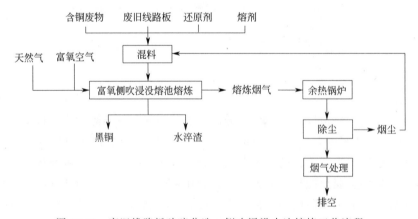

图 10-11 废旧线路板破碎分选—侧吹浸没火法熔炼工艺流程

10.2.3 热解法

在热解过程中，大分子有机组分在高温下降解为挥发性组分，如油状烃化合物和气体

等，可用作燃料或化工原料；而金属、无机填料等物质通常不会发生变化。其原理是热解产物的脱卤，可去除塑料普遍包含的溴化阻燃剂等组分。采用热解的方法从废弃电路板（不含电子元件）中回收金属，在一定的温度下（300～450℃）加热使得树脂分解，产生的气体通过气体吸附、吸收净化装置处理可以回收其中的金属。树脂分解后的电路板经齿辊破碎机破碎，金属与非金属解离，再经过气流分选实现金属与非金属的分离。

10.3　废活性炭的再生

　　活性炭在 VOCs 吸附、废气处理等方面应用较广泛，但因吸附饱和需定期更换。废活性炭的危险特性，取决于其吸附的物质的危险特性，如废有机溶剂再生处理过程中产生的废活性炭的危险特性与废有机溶剂相同，均为毒性（toxicity，T）、易燃性（ignitability，I）和反应性（reactivity，R）。

　　废活性炭的再生是指利用物理或化学手段，在保持活性炭原有结构的基础上，除去所吸附的吸附质，恢复活性炭内部的孔隙结构，以便重新用于吸附。活性炭再生技术主要可以分为热再生法、化学再生法和微生物再生法三大类（如图 10-12 所示），表 10-4 为废活性炭不同再生技术的优缺点比较。

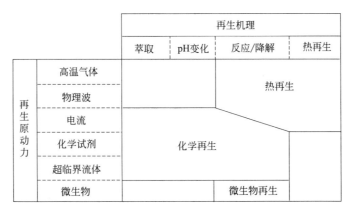

图 10-12　活性炭再生方法的分类

表 10-4　废活性炭不同再生技术比较

再生方法		优点	缺点
热再生法	高温气体加热再生法	应用范围广,再生时间短,再生效率高	再生后活性炭损失较大,再生活性炭机械强度下降,投资及运行费用高
	微波辐射再生法	再生时间短,能耗低,效率高	在再生过程中,是否有有毒有害中间产物产生,需要进一步研究
	超声波再生法	工艺及设备简单,能耗小,活性炭损失小	只对物理吸附所产生的废活性炭有效,再生效率低
化学再生法	溶剂生法	再生操作可在吸附塔内进行,活性炭损失较小	再生效率低,针对性强,应用范围窄
	试剂氧化再生法	再生工艺简单,适用范围广,无二次污染	技术不成熟,再生时间长
	电化学再生法	操作方便,效率高	能耗高,易导致二次污染,再生时间长

	再生方法	优点	缺点
化学再生法	湿式氧化再生法	处理对象广,再生时间短,再生效率稳定	再生条件严苛,操作不便,对于难降解有机物,可能会产生毒性更大的中间产物
	光催化再生法	再生工艺简单,设备操作容易,生产规模可以随意控制,能耗低	耗时长,再生效果低
	超临界流体再生法	不改变吸附物的物理、化学性质以及活性炭原有结构,活性炭没有损耗	超临界流体仅限于CO_2,活性炭再生过程受到限制
	非热等离子体再生法	能有效避免活性炭烧蚀现象,再生效率高,无二次污染,再生时间短,活性炭损耗小,应用性强	能耗高,反应器结构存在缺陷
微生物再生法	生物再生法	运行简便、投资成本较低	再生时间较长,易受水质和温度影响,多次再生效率不稳定

10.3.1 热再生法

热再生法是通过加热使活性炭吸附的有机物在高温下炭化分解,最终成为气体溢出,使活性炭得到再生。高温热再生在去除吸附的有机物同时,还可以去除沉积在炭表面的无机盐,重新生成新微孔。加热再生不仅包含热脱附,还包含其他物理过程和化学反应,具体包括:①脱水,即通过机械物理作用将活性炭表面的水分除掉。②干燥,干燥温度一般低于100℃,主要作用是蒸发孔隙水,少量低沸点的有机物也会被汽化。该过程需要大量的蒸发潜热,热再生过程约有50%的能耗是在干燥过程中消耗的。③在约350℃时加热活性炭,使其中的低沸点有机物被分离。④高温炭化,即在约800℃加热活性炭,使大部分有机物分离、汽化或以固定碳的形态残留下来。⑤活化,即在800~1000℃范围内加热活性炭,使残留下来的炭被水蒸气、二氧化碳或氧气等分解。热再生的步骤根据加热炉种类的不同也略有差别。

（1）高温气体加热再生法

废活性炭高温气体热再生法是将湿炭在高温气体条件下加热,将其吸附质分子从活性炭表面脱离,然后再氧化分解。再生过程按照反应器温度分成干燥、蒸发(脱挥发分)、热解(煅烧)和活化等阶段,前两阶段主要脱附水和有机吸附质,属于物理过程;第三和第四阶段进行微孔清理和孔道再造,属于化学反应过程。根据活性炭吸附质的类型,热再生过程可部分或全部包含这些阶段,如图10-13所示。高温气体热再生法具有再生时间短、再生效率高、对废活性炭所吸附的物质无特殊要求等优点。但热再生过程中活性炭的损失较大,为5%~15%,且再生后的活性炭机械强度降低。反应条件的选择需兼顾再生活性炭的吸附性能、机械强度和物料损失3个指标。

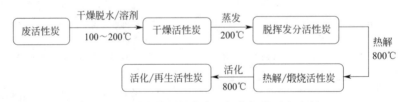

图 10-13　失效活性炭高温气体加热再生流程

（2）微波辐射再生法

主要利用微波产生高温,使得吸附在活性炭上有机物在高温条件下脱附、炭化、活化,使其吸附能力恢复。微波作用使有机物分子克服范德华力的吸引从活性炭上脱附，由于致热和非致热的协同效应，部分会炭化以及矿化。微波辅助技术再生活性炭具有加热对象选择灵活、副反应少、再生率高、后处理方便的优点，而且可以不需中间介质，因而加热均匀，且再生后能生成微孔发达的活性炭。

（3）超声波再生法

超声波再生指通过一定声强和一定频率的超声波辐射水溶液，使其产生高温、高压的"空化泡"，作用于吸附剂表面的"空化泡"可减弱吸附剂与吸附质的结合力，从而使吸附质从活性炭的表面脱落。超声波穿透能力强且方向性好，可以通过照射活性炭表面局部产生能量，不需加热水溶液和活性炭，具有节能的优点。

10.3.2 化学再生法

（1）溶剂再生法

是基于活性炭、吸附质和溶剂三者之间的吸附平衡关系，利用酸、碱等无机药剂或苯、丙酮、甲醇等有机溶剂处理废活性炭，通过调节体系的温度、酸碱度，打破原有的吸附平衡。用药剂替换或萃取吸附质，进而将吸附质从活性炭上脱附下来。根据再生溶剂的不同，溶剂再生法可分为有机溶剂再生法和无机溶剂再生法。

溶剂再生法适用于一般的可逆吸附，如低沸点、高浓度有机废水的吸附再生。相较其他方法，溶剂再生法极大地减少了活性炭因磨损造成的损失，可用于回收高价值的吸附质，同时萃取溶剂可以反复使用。溶剂再生法可以在原位进行，省略了活性炭的拆卸和重新安装过程，也减少了活性炭的磨损。相较于热再生法，由于没有高温炭化和再氧化过程，溶剂再生法能够保持活性炭的机械强度和孔隙结构。但该法选择性较强，一种溶剂往往只能脱附一种或几种特定污染物。此外，由于活性炭内部存在丰富的孔隙结构，溶剂无法完全渗入，导致活性炭的再生不完全。

（2）试剂氧化再生法

利用不同氧化剂如氧气、空气、臭氧、氯、高锰酸钾、过氧化氢、过硫酸钾等化学试剂，对活性炭进行氧化再生。以 H_2O_2 或者 $Na_2S_2O_8$ 为氧化剂，在 Fe^{2+} 驱动下产生羟基自由基或者硫酸根自由基，通过这些自由基中间产物对有机物进行氧化吸附实现废活性炭的再生。

（3）电化学再生法

电化学再生废活性炭技术是将吸附饱和后的活性炭置于含有电解液的电解池中，施加给定电势的直流电场，活性炭在外加电场的作用下极化形成大量的微型电解槽，呈阳性的一端发生氧化反应，呈阴性的一端发生还原反应，活性炭上吸附的大部分有机物氧化分解，小部分在电泳力作用下发生脱附，由此达到再生活性炭的目的。用于电化学再生的反应器有固定床反应器、流化床反应器和分隔单元反应器等（如图 10-14 所示）。固定床反应器，作用是将废活性炭颗粒固定在工作阳极和阴极之上或之间，具有设计简单、易于控制，电流效率较高、单位体积的表面积较大等优点，但传质效果较差。流化床反应器通过空气或电解质流动使废活性炭颗粒处于"流化"状态，传质效果较好，但电流分布不均匀且不稳定，电流效率较低，废活性炭颗粒与电极的接触和再生效果无法保证。分隔单元反应器利用离子交换膜防止阴离子和/或阳离子在阳极液室和阴极液室之间迁移，充分利用阴极的强解吸能力和阳极的强降解能力，可避免在阳极处被氧化的物质迁移到阴极处并被还原，但离子交换膜的成本高、安装困难，气体不易去除。

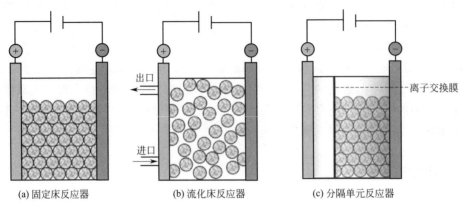

(a) 固定床反应器   (b) 流化床反应器   (c) 分隔单元反应器

图 10-14　废活性炭电化学再生过程中使用的三种类型的反应器

电化学再生可以在原位进行，能量损耗低，再生时间短；低温操作，设备及工艺简单，投资成本低；再生效率高，活性炭损失少。但从再生的均一性、电效率、不同吸附质的处理、活性炭本身氧化以及经济性等角度考虑，该方法还有待进一步研究，该方法多用于吸附类型属化学吸附的活性炭的再生处理。

（4）湿式氧化再生法

湿式氧化再生法是在高温高压下，向体系中通入空气或者氧气，氧化分解脱附于溶液中废活性炭中的吸附质。再生过程中存在以下反应：①部分氧气与脱附至溶液中的吸附质反应；②部分氧气与活性炭上未脱附的吸附质反应；③少量氧气与活性炭表面发生反应，生成大分子产物。为了降低反应的能垒，可以向体系中引入高效催化剂，对脱附的有机物进行催化湿式氧化分解，可以有效地提高再生效率和缩短再生时间。

（5）光催化再生法

光催化再生活性炭是光催化剂与吸附在活性炭表面上的物质发生氧化还原反应的过程，即在一定波长光照射下，光催化剂产生的强氧化能力活性物种与活性炭表面上的物质发生反应，使其分解为 CO_2 和 H_2O 等无机无污染物，进而一定程度上恢复活性炭的吸附性能。最常用的光催化剂是 TiO_2（锐钛矿型），但是光本身受到其透射面和距离等影响，其中的能效相对较低。

（6）超临界流体再生法

超临界流体再生法原理是有机物分子在超临界流体中可以快速扩散和溶解，使吸附在活性炭上的有机物得以分离与富集，以实现活性炭再生。超临界二氧化碳（SC-CO_2）的表面张力极低，可渗透进入活性炭的微孔体系，活化微小孔径，使再生过程完全，再生效率高。由于 SC-CO_2 极低的表面张力，其在活性炭微孔中的扩散对微孔结构的损害很小，而较低的操作温度，不会导致吸附质炭化并发生自燃的危险，更无需长时间的冷却，能较好地克服热再生法的缺陷。此外，SC-CO_2 在临界点附近微小的压力变化能引起有机物溶解度的较大变化，因而可通过减压使 CO_2 和溶质迅速分离回收。SC-CO_2 是非极性物质烷烃和中等极性物质良好的溶剂，包括多氯联苯（PCBs）和环芳烃（PAHs），醇类、酯类、醛类、脂肪和有机杀虫剂等。超临界氧化应用广泛，再生过程中活性炭损失率小，再生设备占地小、操作周期短和节约能源。但再生设备要求高，需要耐高压、耐腐蚀。

（7）非热等离子体再生法

非热等离子体再生法是基于高级氧化法发展起来的一种新技术。在非热等离子体（NTP）过程中，NTP引发的反应会产生大量的活性物质（·OH，·HO$_2$，·O，·OH，O$_3$等），活性物质渗入活性炭孔隙，氧化污染物，清空吸附部位，从而实现活性炭的再生。影响活性炭再生效果的因素有外加电压、气体流量和活性炭的含水率等。非热等离子体再生法对污染物兼具物理效应、化学效应和生物效应，具有能耗低、效率高、无二次污染等优点。

10.3.3　生物再生法

生物再生法是利用培养的菌类处理吸附饱和的活性炭，将活性炭上吸附的有机化合物降解为二氧化碳和水，达到活性炭再生的目的。该方法仅适用于活性炭上吸附质为易解吸、易被微生物降解有机物，且要求有机物降解产物为二氧化碳和水等小分子，否则降解产物同样会被活性炭所吸附，再生效果较差。

10.4　废催化剂的资源化

《国家危险废物名录（2021年版）》将来源于精炼石油产品制造、基础化学原料制造、农药制造、化学药品原料药制造、兽用药品制造、生物药品制造、环境治理等行业的废催化剂归为HW50类危险废物，主要包括石油产品催化裂化过程中产生的废催化剂，树脂、乳胶、增塑剂、胶水/胶合剂生产过程中合成、酯化、缩合等工序产生的废催化剂，有机溶剂生产过程中产生的废催化剂，化学原料制备过程中产生的废催化剂，气脱硝过程中产生的废钒钛系催化剂。非特定行业的废弃的含汞催化剂（HW29）、废弃的镍催化剂（HW46）、废液体催化剂（HW50）、机动车和非道路移动机械尾气净化废催化剂（HW50）等也是典型的危险废物。同时（废）催化剂中含有不少有色金属，如铜、镍、钴、铬、钒、钼、钛、钨等，以及铂族金属（钌、铑、钯、锇、铱、铂），其含量远高于贫矿中相应组分，表10-5和表10-6分别为典型废催化剂和Pd/Al$_2$O$_3$催化剂的组成。

表 10-5　典型废催化剂的组成

主要化学成分	废催化剂类型				
	失效汽车催化剂	废 SCR 催化剂	废镍催化剂	废加氢催化剂	废催化重整催化剂
SiO$_2$/%	39.77	5.75	—	5.0	0.27
Al$_2$O$_3$/%	35.44	1.89	3.02	45.4	93.2
CaO/%	—	1.47			
MgO/%	10.84	0.47			
SO$_3$/%	—	2.01		10.9	0.17
Fe$_2$O$_3$/%	—	0.22	8.19	0.7	0.17
Na$_2$O/%	—	0.14	4.36	3.0	
P$_2$O$_5$/%	—	0.07	—	2.9	
TiO$_2$/%	—	78.26			0.17
WO$_3$/%		8.24			
V$_2$O$_5$/%		0.85			

主要化学成分	废催化剂类型				
	失效汽车催化剂	废 SCR 催化剂	废镍催化剂	废加氢催化剂	废催化重整催化剂
NiO/%	—	—	22.6	4.7	—
MoO/%	—	—	—	27.5	—
Rh/g/t	192.90	—	—	—	—
Pd/g/t	963.77	—	—	—	—
Pt/g/t	357.49	—	—	—	290000
Re/g/t	—	—	—	—	300000

表 10-6 Pd/Al₂O₃ 催化剂的组成

应用领域	载体	活性组分	贵金属含量/%
异构化反应	Al₂O₃、沸石	Pt、Pt/Pd	0.02~1
加氢裂化反应	SiO₂、沸石	Pd、Pt	0.02~1
液体天然气发动机燃料技术	Al₂O₃、SiO₂、TiO₂	Co、Pd、Pt、Ru、Re	0.02~1
双氧水	Al₂O₃	Pd	0.3
醋酸乙烯工业	Al₂O₃、SiO₂	Pd/Au、Pd/Cd	1~2

废催化剂主要因为表面结焦积炭、中毒、载体破碎等原因而失去活性，因此去除焦油或更换中毒部分和载体是主要的处理方法。而对于更换下来的废催化剂，则主要采用湿法、火法、火法湿法联合、再生等工艺进行资源化。

10.4.1 湿法工艺

湿法工艺通常采用无机酸（如 H_2SO_4、HCl 或 HNO_3 等）、水溶性有机酸（如草酸、柠檬酸）溶液、氨或铵盐溶液以及碱液，或利用微生物等作为浸出剂将固体化合物转化为可溶性化合物。由于某些类别废催化剂（如废加氢催化剂）中含有大量积碳和有机物，如果不经过脱碳、脱油处理直接湿法浸出，将会影响有价金属浸出效果。虽然通过加入氧化剂或采用加压氧化等措施可以有效浸出一些有价金属（如 Ni、Co），但有价金属总体浸出率不高。此外，湿法工艺中载体溶解率较高，造成后续分离提取过程烦琐，操作性较差，且过程会产生部分有毒气体，也会产生其他二次污染。

（1）酸性浸出

在湿法冶金处理中，浸出时一般优先使用酸作为浸出剂，且硫酸浸出效率一般要优于盐酸，因而优先使用硫酸。在酸性浸出剂中加入氧化剂、外加超声波以及加压等都可以提高有价金属浸出效果。除无机酸外，有机酸也可以浸出废催化剂中的有价金属，如草酸、酒石酸和柠檬酸等。在有机酸浸出过程中，为了提高浸出效率，通常会加入一些氧化剂，例如 H_2O_2 和 $Fe(NO_3)_3$ 等。通过氧化和螯合反应的协同作用，来提高金属的浸出效率。

（2）碱性浸出

碱性浸出就是使用碱性溶液将废催化剂中的金属元素浸出（分离）的方法，碱性溶剂可以是氨或铵盐溶液，也可以是氢氧化钠或碳酸钠的水溶液，浸出后采用沉淀法分离，最终得到所需产品。将碱性浸出法与加氧化剂、超声、微波等强化方法相结合，可以显著提高有价金属的浸出率。直接使用碱性浸出法处理废催化剂时，废催化剂中的积碳和有机物会影响浸出效果。同时碱浸会造成部分 Al 和 Si 溶解在溶液中，导致浸出试剂的消耗量增加和后续净化工序的困难。如能在碱性浸出之前将废加氢催化剂中的 Al、Si、积碳和油去除，则可发挥碱性浸出选择性好的优势。

（3）生物浸出

生物浸出分为直接和间接生物浸出。在生物直接浸出中，细菌与废加氢催化剂中的金属元素直接相互作用，使其转变为可溶于溶液中的离子态。在生物间接浸出中，首先通过细菌的代谢过程将 Fe^{2+} 和 S 元素氧化为 Fe^{3+} 和 H_2SO_4，然后利用 Fe^{3+} 作为氧化剂，H_2SO_4 作为溶剂浸出有价金属。在各类细菌中，嗜酸硫杆菌属（即嗜酸氧化亚铁硫杆菌和嗜酸氧化硫硫杆菌）被广泛用于金属的回收。生物浸出具有低成本、绿色和高金属回收率等优点，但需要注意生物浸出时间、操作条件等的影响。

10.4.2 火法工艺

火法工艺目前已被广泛应用于从失效汽车尾气催化剂中回收铂族金属。例如，使用铁（铜）粉或铁（铜）的氧化物作为捕集剂，并配入还原剂（如焦炭）及合适配比的造渣剂 SiO_2 和 CaO 等，然后在炉中进行高温熔炼，可得到富集铂族金属的铁（铜）合金。采用还原熔炼铁捕集法从失效汽车尾气净化催化剂中回收铂族金属，所用的捕集剂（铁粉）、还原剂（碳）、助溶剂（CaO，Na_2CO_3，$Na_2B_4O_7$ 和 CaF_2）的组成（配比）为 $CaO/Na_2O=$ 35∶20、5%（质量分数）CaF_2，8.5%（质量分数）$Na_2B_4O_7$、15%（质量分数）Fe 和 5%（质量分数）C，在 1300～1400℃高温熔炼后，残留在渣中的 Pt、Pd 和 Rh 分别仅为 2.398g/t、3.879g/t 和 0.976g/t，回收率超过 99%。

10.4.3 火法湿法联合工艺

火法湿法联合工艺是目前处理废催化剂的主流方法。火法湿法联合工艺的典型方案为氧化或氯化焙烧—浸出法，主要通过在湿法浸出前加入焙烧工艺。在除去废催化剂中积碳和有机物的同时，还将以复杂形式存在的有价金属转化成氧化物或者盐等易于浸出的形式，然后通过浸出实现对有价金属的高效回收。采用火法湿法联合工艺回收废催化剂中的有价金属，部分有价金属在焙烧后以难以浸出的复合氧化物形式存在，在后续浸出过程中，Al、Si 等杂质也会同步浸出，增大了净化过程的难度。采用火法湿法联合工艺可以高效回收废选择性催化还原（SCR）催化剂，将废催化剂与碳酸钠以 1∶1.2（重量比）混合，在 1000℃下反应 1h；然后用去离子水在 2%～20% 固液比、30～100℃温度、500r/min 搅拌速度下浸出 1h，可浸出 99.2% 以上的钨和钒；再用 8M 的盐酸在 10% 固液比、80℃温度下浸出 3h，可浸出 98.3% 的钛。中温氯化焙烧—湿法浸出工艺可用于回收汽车尾气废催化剂中的铂族金属，回收的最佳工艺参数为废催化剂与 NaCl 的配比为 2∶1、氯化焙烧温度为 650℃、反应时间为 2h，反应过程中保持氯气饱和，焙烧渣浸出条件为盐酸浓度 1mol/L、液固比为 2∶1、浸出温度为 90℃、搅拌浸出 1h，铂、钯、铑的浸出率可高于 97%、99% 和 90%，综合浸出率大于 98%。

10.4.4 废催化剂再生工艺

选择性催化还原（SCR）技术是燃煤电厂烟气脱硝的重要手段。催化剂的运行寿命一般为 3 年左右。普遍的废脱硝催化剂再生技术包括吹扫、清洗、活性组分补充、干燥及焙烧几个流程。废加氢催化剂再生通常采用物理化学方法去除催化剂表面上的结焦，再对催化剂进行化学修饰（或机械合金）和活化，恢复其催化性能。

纳米多孔镍在芳环加氢领域应用较广，其活化方法如下：经过甲醇清洗、焙烧（温度500℃，时长 2h）、热处理（氢气氛围，温度 500℃，时长 2h）并干燥后，与铝粉进行等质量混合并添加 400mL 乙醇作为控制剂，进行机械合金化处理（球磨法，球料比为 15:1，球磨时间为 30h，转速为 400r/min），球磨结束后进行热处理（氢气氛围，温度 500℃，时长 2h）使其形成镍铝合金。使用过量碱液（15%质量分数的 NaOH 溶液）将得到的镍铝合金进行活化，得到再生的纳米多孔镍催化剂。在 90℃、1MPa 温和条件下，该催化剂使硝基苯工业原料在 90min 完全转化，且其苯胺类产物的选择性高达 93.8%。

10.5 表面处理污泥资源化方法

表面处理是在基体材料表面上人工形成一层与基体的机械、物理和化学性能不同的表层工艺方法，既包括传统的电镀、刷镀、化学镀、氧化、磷化、涂装、黏结、堆焊、熔结、热喷涂、电火花涂敷、热浸镀、搪瓷涂敷、陶瓷涂敷、塑料涂敷、喷丸强化、表面热处理、化学热处理等，也包括 20 世纪 60 年代后发展起来的等离子体表面处理、激光表面处理、电子束表面处理、高密度太阳能表面处理、离子注入、物理气相沉积（真空蒸镀、溅射镀膜、离子镀）、化学气相沉积（等离子体化学气相沉积、激光化学气相沉积、金属有机物化学气相沉积）、分子束外延、离子束合成薄膜等各类技术，还包括由多种表面技术复合而成的新一代表面处理技术和加工技术，如金属的清洗、精整、电铸、包覆、抛光、蚀刻、表面微细加工技术等，在冶金、机械、电子、建筑、宇航、造船、兵器、能源、轻工和仪表等各个部门得到极其广泛的应用，典型电镀污泥产生过程如图10-15 所示。

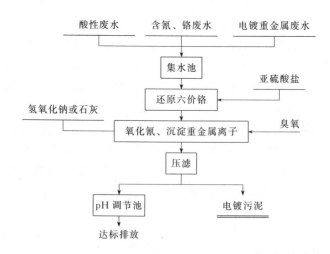

图 10-15 混合电镀废水产生电镀污泥的过程

受制于源头表面处理行业的多样性，污泥组分差别较大（见表 10-7），不仅含有高达2%～3%的铬，也含铜 1%～2%、镍 0.5%～1%、锌 1%～2%等物质，要求其后续的处置工艺和方法具备一定多样性和独特性。

表 10-7　不同来源表面处理污泥组分特征

污泥来源	含水率	金属成分							其他组分
		Fe	Ca	Cu	Ni	Cr	Zn	小计	
某不锈钢厂 1	75.6	9.56	2.53	0.05	0.08	0.54	1.25	14.01	10.39
某不锈钢厂 2	62.6	12.58	6.54	—	0.12	0.88	—	20.12	17.28
某精密机械加工公司	82.2	1.52	10.25	0.02	—	—	0.58	12.37	5.43
某金属涂装公司	77.5	0.89	5.83	0.15	—	—	12.52	19.39	3.11
某汽车制造公司 1	70.3	0.52	10.54	0.08	0.25	—	8.74	20.13	9.57
某汽车制造公司 2	76.0	2.54	7.35	—	0.17	0.27	1.78	12.11	11.89
某塑料公司	84.2	0.82	11.22	—	0.05	0.08	—	12.17	3.63
某商业设备公司	65.3	1.24	0.89	2.47	0.12	1.47	4.75	10.94	23.76
某电镀公司	65.8	5.78	—	7.45	1.23	0.85	7.52	22.83	11.37
某表面技术开发公司	82.5	0.24	4.75	0.25	—	—	1.46	6.7	10.8
某铝业公司	70.4	—	8.23	—	—	0.84	2.58	11.65	17.95

10.5.1　从电镀污泥中回收重金属

常用电镀污泥中重金属的回收方法有湿法、火法、火法焙烧—湿法浸出联合法、热化学处理技术、生物浸取法以及有价金属提纯法。

（1）湿法工艺

在合适的浸出剂及浸出环境下，电镀污泥中有价金属被浸出进入浸出液，实现有价金属与杂质的初步分离，浸出液经净化后得到纯净金属溶液，进而提取金属或制备相关金属产品。电镀污泥的处理主要有酸浸和氨浸两种工艺。

① 酸浸法。电镀污泥是由化学沉淀法处理电镀废水得到的碱性沉泥，其中金属离子多以氢氧化物形式存在，加入酸与污泥反应可以使金属离子进入溶液变为游离态便于回收。酸浸的浸出剂一般为硫酸、盐酸或硝酸等，也可以采用复合酸作浸出介质，如柠檬酸与硝酸复合。酸浸法对铜、镍、铬等金属都有很高的浸出率，但也会造成多种金属同时浸出难于分离提纯的问题。酸浸法的缺陷是对设备腐蚀严重，酸浸过程容易产生酸雾，操作环境差，对工业化带来不利影响。该技术适用于处理铜、镍、铬、锌等金属离子含量较高的污泥。

以含镍污泥处理为例：将含镍污泥加入水、98%硫酸酸化至 pH＝1～2，将镍离子酸化解析，钙离子生成硫酸钙沉淀，然后加入氢氧化钠将 pH 调至 3～4，除去溶液中的铁离子，将沉淀物（主要成分为硫酸钙和氢氧化铁）进行压滤，压滤废水泵入溶液中，然后再通入硫化氢（由硫化钠滴加入 31%盐酸制得）将 pH 调至 6，除去溶液中的锌、铜离子，将沉淀物（主要成分为硫化锌、硫化铜）进行压滤，压滤废水泵入溶液中，最后再加入氢氧化钠将 pH 调至 11，生成氢氧化镍沉淀，沉淀物（主要成分为氢氧化镍）经 4 道逆流漂洗后压滤，即为产品。相关反应式如下。

酸化解析（pH＝1～2）：

$$Ca^{2+} + H_2SO_4 =\!=\!= CaSO_4\downarrow + 2H^+$$

$$Ni^{2+} + H_2SO_4 =\!=\!= NiSO_4 + 2H^+$$

除铁（pH＝3～4）：

$$Fe^{3+} + 3NaOH =\!=\!= Fe(OH)_3\downarrow + 3Na^+$$

除锌、铜（pH＝6）：

$$Zn^{2+} + H_2S =\!=\!= ZnS\downarrow + 2H^+$$

$$Cu^{2+}+H_2S \rightleftharpoons CuS\downarrow+2H^+$$

反应沉淀（pH=11）：

$$Ni^{2+}+2NaOH \rightleftharpoons Ni(OH)_2\downarrow+2Na^+$$

② 氨浸法。氨浸法是利用 $NH_3\text{-}CO_2$ 选择性络合浸取重金属污泥中的铜、镍、锌、银，而铬、铁则入渣。"氨浸－催化水解"工艺的思路是，多组分重金属污泥经 $NH_3\text{-}(NH_4)_2SO_4$ 溶液浸出，铜、镍、锌以 $[Me(NH_3)_n]^{2+}$ 配离子形式稳定存在于液相，铁、铬则因催化水解而生成惰性沉淀，从而达到与铜、镍、锌分离的目的，铜、镍、锌的回收率分别达到94%、91% 和90%，进而在140℃和氧分压 $0.1\sim0.2MPa$ 条件下碱熔处理铬铁渣，使铬、铁分别转型生成铬酸盐和 Fe_2O_3 以分离铬、铁，铬回收率可达 95%。氨浸法浸出剂主要有氨、铵盐或氨与铵盐的混合体系，表10-8 为不同氨浸方法对于电镀污泥浸出效果，图10-16 所示为氨浸法回收电镀污泥中铜、镍工艺流程。

表 10-8　不同氨浸方法对于电镀污泥浸出效果

成果	氨浸方法	浓度/(g/L)			浸出率/%		
		Cr	Fe	Cu	Ni	Zn	Cr
美国 PB-271014	<100℃,$NH_3\text{-}CO_2$ 浸出 Cu、Ni、Cr 废水中和渣	1.900	—	85	53	—	18～26
德国专利 2726783	<100℃,$NH_3\text{-}CO_2$ 电镀污泥	1.500	—	82	45	73	7
瑞典 Am-MAR	30℃,$NH_3\text{-}CO_2$ 电镀污泥	0.020	0.04	80	70	70	<1
中国	<100℃,$NH_3\text{-}CO_2$ 氨浸－催化水解新流程	0.013	0.04	96	91	92	<1

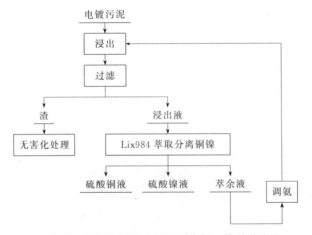

图 10-16　氨浸法回收电镀污泥中铜、镍工艺流程

与酸浸法相比，氨法浸出具有更高的选择性。由于氨法工艺无需化学沉淀除杂，使得沉淀除杂过程中铜、镍的夹带损失减小，从而使氨法工艺收率（93%～97%）较酸法收率（90%～92%）高。氨浸法虽容易实现金属选择性浸出，但氨浸过程中铬、镍易分散，铬铁渣的后续处理也是一难题。

（2）火法工艺

电镀污泥中有价金属的回收一般采用火法冶炼工艺。采用高温熔炼技术处理电镀污泥，可制得含铜98.5%以上阳极铜板产品，铜的回收率达 95%。由于电镀污泥含水量大、金属品位低、成分复杂，且火法工艺本身具有能耗高、投资大、金属收率不高等特点，因此在电镀污泥处理中应用较少。

（3）火法焙烧－湿法浸出联合工艺

火法焙烧－湿法联合工艺即先通过火法工艺对电镀污泥进行预处理，使水、有机物及部分杂质脱除，有价金属分类富集，再利用合适的浸出剂对有价金属进行浸出。该工艺对处理有机物杂质含量高、成分复杂的污泥有较明显意义。如采用还原焙烧—酸浸—萃取—浓缩结晶工艺回收电镀污泥中的铜，以煤粉为还原剂的焙烧预处理既保持了铜的高浸出率，也实现了铜与杂质金属的初步分离。经后续酸浸、萃取和浓缩结晶等湿法工艺最终可得到纯度为97.14%的工业级硫酸铜。火法焙烧—湿法浸出联合工艺有利于实现湿法工艺中部分难分离金属的提取、分离，但该工艺仍存在工艺流程长、能耗高、生产投入大的缺点，实际生产中推广应用较困难。

（4）热化学处理技术

热化学处理技术是电镀污泥经高温条件作用后，水分及可挥发物质脱除、有毒成分降低、污泥体积减小，从而实现有价金属的富集，为回收利用创造条件。常见的热化学处理技术包括焚烧、离子电弧、微波等。热化学处理技术在污泥体积减小、无害化处理及有价金属资源化回收等方面有显著优势，但是该方法处理污泥能耗较高，对设备尤其是灰分收集装置要求严格，且焚烧渣中存在铬富集现象，其残留率在99%以上。

（5）生物浸取法

生物浸取法是利用化能自养型嗜酸性硫杆菌的产酸作用，将电镀污泥中难溶的重金属从固相溶出，进入液相成为可溶性金属离子；再采用适当的方法从浸取液中加以回收。其中最常见的微生物有氧化亚铁硫杆菌、氧化硫硫杆菌等，其浸出机理可表示为：

$$2Fe^{2+} + \frac{1}{2}O_2 + 2H^+ \longrightarrow 2Fe^{3+} + H_2O$$

$$MS + 2Fe^{3+} \longrightarrow M^{2+} + 2Fe^{2+} + S^0$$

$$2S^0 + 3O_2 + 2H_2O \longrightarrow 2H_2SO_4$$

生物浸出的基本流程如图 10-17。

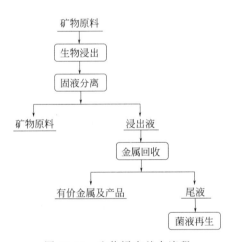

图 10-17　生物浸出基本流程

脱硫肠杆菌（SRV）对电镀污泥中的铜有较好的浸出效果，在 m（菌）：m（污泥）为1∶1的情况下，初始浓度 ρ（Cu^{2+}）为 246.8mg/L 的废水中铜的去除率达 99.12%。

（6）有价金属提纯工艺

在常规化学沉淀、溶剂萃取、离子交换等方法的基础上又开发出诸如电解沉积法、加压氢还原法等操作简单、分离效果好的新方法。

① 电解沉积法。电沉积法实质是在一定外加电压条件下，溶液体系中金属离子的迁移和电极表面发生的氧化还原反应过程。与电解工艺不同，电积体系阳极为惰性电极，电积过程中控制一定条件使溶液中目标金属不断在阴极沉积，实现金属的分离与提纯。通过对各类有色金属进行提取，并将提取工艺后的残渣转变成无害化的石膏渣（其可用于水泥制造，综合回收镍、铜、锌、铬等贵金属），最终产品为电解镍、电解铜、硫酸铬、硫酸锌、钼、钨、钴金属盐类及金银钯等贵金属。具体工艺为火法熔炼—还原—电解处理工艺：先将污泥加水与石灰制成球团，再将制球后的含金属废料配以一定比例的炭精，在鼓风的条件下进行还原熔炼。在高温下，物料中的铁氧化合物与氧化钙、二氧化硅等反应进行造渣。此过程得到的金属，纯度一般低于95%，成为粗金属，需精炼进一步提纯。还原工艺如图10-18所示。

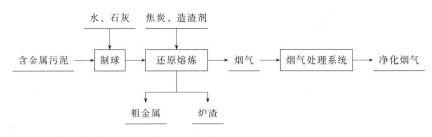

图 10-18　还原工艺流程图

熔炼得到的粗金属在精炼炉中，辅以天然气为燃料，在高温（1300～1500℃）下利用不同金属性质差异性，插入风管并鼓入空气将杂质氧化后造渣，可以脱除粗金属中杂质。然后用天然气将氧化的铜还原，粗铜经过精炼后要求产出的铜纯度达到98%～99.5%的精铜，俗称阳极铜，可用于电解精炼。阳极炉精炼主要包括作业准备、加料熔化、氧化、还原和出铜浇铸几个阶段，整个周期为24h，炉膛温度为1250～1360℃。粗金属阳极熔炼工艺流程如图10-19所示。

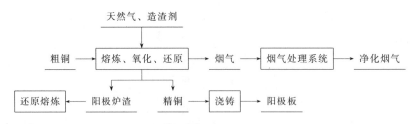

图 10-19　粗金属阳极熔炼工艺流程图

② 化学沉淀法。化学沉淀法是基于金属离子在不同溶液 pH、不同沉淀剂量等条件下溶度积不同生成沉淀，将电镀废水中的重金属硫酸盐、硝酸盐类等转化为相应的氢氧化物（水解）沉淀、碳酸盐沉淀、草酸盐沉淀及硫化物沉淀，同时通过添加还原剂、中和剂及絮凝剂等化学药品来降低电镀污水中污染物的方法。化学沉淀法主要有氢氧化物（水解）沉淀、碳酸盐沉淀、草酸盐沉淀、硫化物沉淀及有机螯合物沉淀等。采用硫酸浸出—硫化沉铜—两段中和除铬—碳酸镍富集工艺处理电镀污泥，酸浸过程中反应时间为0.5h，反应温度为50℃，硫酸加入量为理论量的0.8倍，铜沉淀剂加入量为理论量的1.2倍，反应时间和反应温度分别为1h和85℃；铜、铬和镍的回收率分别达到98%、99%和94%以上。

化学沉淀法往往使得重金属污泥的化学组分增多，重金属在组分中所占比例少且分散、污泥总量偏大。探索降低重金属污泥量的化学沉淀法是目前的一个重要发展方向，包括采用有机絮凝剂替代无机盐，从而降低最终的污泥量，以及改变前段不同的物质，减少后续进入泥质中的污染物量。如通过选择合适的絮凝剂进行混凝处理，一般无机絮凝剂有利于胶体状态的污染物去除；而絮体较小的污染物，则采用高分子絮凝剂，外加助凝剂。对于表面处理污水，高分子絮凝剂具有较好的作用。化学沉淀法具有工艺流程长、污泥总量大、沉淀剂和酸碱消耗量大等缺点，在实际生产过程中应用的局限性日益突出。

③ 溶剂萃取法。溶剂萃取法是将溶液中金属离子转移到另一个与金属离子溶液体系基本不相溶的相中，从而实现金属的提取、分离。溶剂萃取工艺因其快速高效、萃取剂损耗小等特点更加受到关注。尤其是在具有对某种金属具有专一萃取能力萃取剂的出现后，有力地推动了溶剂萃取工艺的发展。溶剂萃取反应速度快、操作连续性强、分离效果好。如以环烷酸作为萃取剂，结合硫酸反萃法，可成功分离酸浸出液中的铜离子和镍离子。该方法不封闭，不存在杂质问题，可以得到高纯度的产品，缺点是电镀污泥中含有的一些有机物会影响萃取分相，产生乳化现象。

④ 离子交换法。离子交换法是依据离子交换树脂活性基团对溶液中不同金属离子的交换能力不同，树脂对金属离子选择性吸附，实现溶液的净化及金属离子的分离。离子交换工艺操作简单，金属离子选择性好，但树脂交换容量相对较小，交换速度慢，实际生产中对溶液体系稳定性要求高。因此，离子交换工艺多用于电镀废水净化过程中，在浓度较高的电镀污泥浸出液金属提取、分离过程中应用较少。

⑤ 加压氢还原法。氢还原法可在金属分离过程中直接得到金属粉，工艺流程短，产值高。另外由于氢气环保、无毒的特点，可作为优良的还原剂。采用湿法氢还原处理电镀污泥氨浸液，在硫酸铵体系弱酸性溶液中氢还原分离出铜粉，然后在碱性溶液中氢还原提取镍粉，最后沉淀回收氢还原尾液中的锌，有价金属的回收率达到 98%～99%。

加压氢还原工艺的应用已经从单纯的金属分离到超纯金属粉末生产，再到超细粉体、复合粉体的制备等，应用领域大大拓宽。加压氢还原工艺可缩短工艺流程、降低生产投入、获得较高产值，因此具有良好的应用前景。

10.5.2　以电镀污泥为原料生产新产品

以电镀污泥为原料或辅料，可以生产铁氧体、水泥、陶粒、砖、陶瓷、颜料等新产品。

（1）铁氧体生产

尖晶石结构的铁氧磁体是由三价铁或其他三价金属氧化物与二价金属氧化物组成，其中二价金属可由 Fe^{2+}、Mg^{2+}、Ba^{2+}、Ni^{2+}、Cu^{2+} 和 Zn^{2+} 等金属互相取代，其通式为 $MOFe_2O_3$ 或 M_2FeO_4（M 表示其他金属元素），具有良好的耐热性、耐酸性、耐碱性及化学稳定性和较好的催化活性。

铁氧体法是在电镀污泥酸浸取液中添加铁盐，并加入适量碱液使其产生氢氧化物沉淀，在升温和通入空气条件下进行氧化反应，将液体中重金属嵌入尖晶石结构中形成铁氧体（如图 10-20 所示）。铁氧体法具有操作简单、成本较低和重金属回收利用率高的特点，同时最终产品铁氧体是一种具有应用价值的物质，可以应用到磁性液体、吸波材料、催化剂和吸附剂等方面。

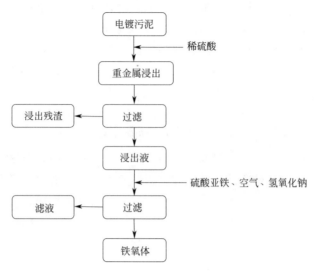

图 10-20　利用电镀污泥生产铁氧体的工艺流程

（2）生产水泥

用电镀污泥取代部分水泥原料生产水泥，金属基本残留在烧结产物中。利用水泥回转窑焚烧重金属含量较低的电镀污泥，方法虽然可行，但增加了重金属与人接触的可能，因此仅适用于重金属含量较低的电镀污泥。

（3）生产建筑材料

砖和陶粒是电镀污泥制备的常见建筑材料。将电镀污泥、煤渣、石灰、石膏按一定配比混合，在设定温度范围下焙烧，然后一定温度下蒸汽养护，制得成品粉煤灰砖；在粉煤灰中掺混电镀污泥和活性污泥，在 700℃下预热和 1200℃下焙烧，可烧制得到高强度的陶粒。使用电镀污泥制备建筑材料技术较为成熟，但有毒有害物质含量较高的电镀污泥不合适做建筑材料。

（4）陶瓷生产

在被石油污染的硅藻土中添加玻璃废料和少量自然黏土，再与含 Cr、Zn 的电镀污泥混合，在 950～1100℃温度下焙烧，能在高温下产生赤铁矿、铝土矿、霞石和青金石等矿物相，从而保证了陶瓷样品的重金属浸出率和溶解率较低，制造出低膨胀值、高电阻、低吸水率的陶瓷样品。

10.6　废矿物油资源化

按照《国家危险废物名录（2021 年版）》，废矿物油（HW08）主要来源于原油和天然气开采/精炼石油产品制造、电子元件及专用材料制造、橡胶制品业、非特定行业等。废矿物油可以概括为两大类：一类为生产企业产生的废物，另一类为使用企业使用过程中产生的废物。原油和天然气开采、精炼石油产品制造等行业产生的废矿物油数量最大，主要包括含油污泥、油泥、油脚、钻井污泥、含油岩屑、含油浮渣、油渣及其他含油沉积物等。使用企业使用过程中产生的废矿物油主要来源于机械加工制造、车辆销售维修等行业，机械加工制造行业主要产生废工业润滑油、废铸造用油、废淬火油、废防锈油、废液压油、废冷冻机油、含油污泥等类型的废矿物油，车辆销售与维修行业则主要产生废发动机油、废制动器油、废自动变速器油、废齿轮油、废润滑脂、废清洗油等类型的废矿物油。

废矿物油一般不溶于水，可长期存留并覆盖大块土地和水面，从而减少和阻碍其与空气的接触概率，有一定的着火性能，蒸气易滞留在地面、低洼处，且含有多种毒性组分，可引发中毒症状。废矿物油含有重金属、苯系物、多环芳烃等多种有毒有害物质，表 10-9 为典型废矿物油中重金属、苯系物、多环芳烃的含量，表中重金属含量为基于潜在生态危害指数法的重金属（铬、镍、锌、铜、铅、钼、钡）的当量浓度，芳香烃类包括苯、甲苯、乙苯、对二甲苯、间二甲苯、邻二甲苯、1，3，5-三甲苯、1，2，4-三甲苯、1，2，3-三甲苯、苯乙烯，多环芳烃包括萘（naphthalene）、苊（acenaphthy）、苊烯（acenaphthylene）、芴（fluorine）、菲（Phe）、蒽（Ant）、荧蒽（fluoranthene）、芘（Pyrene）、苯并［a］蒽（Benz（a）anthracene）、䓛（Chrysene）、苯并［b］蒽（Benz（b）anthracene）、苯并［k］蒽（Benz（k）anthracene）、苯并［a］芘（Benzo（a）pyrene）、茚苯［1，2，3-cd］芘（Indene［1，2，3-cd］pyrene）、二苯并［a，h］蒽（*Dibenz*［a，h］anthracene）、苯并［ghi］芘（Benzo［ghi］pyrene）。

表 10-9　典型废矿物油中重金属、苯系物、多环芳烃的含量　　　单位：mg/kg

污染物种类	污染物含量							
	废液压油	废车用润滑油	废淬火油	废铸造用油	废白油	废冷冻机油	废防锈油	废润滑油
重金属当量浓度（生态危害指数法）	229	243	135	170	22.8	30.4	29.1	40.9
芳香烃类	39.4	3501	515	303	3.99	14.5	96.3	19.7
多环芳烃	7.21	96.5	51.0	17.0	6.51	14.38	0.72	0.25

10.6.1　废矿物油的再生

按照废油处理工艺的区别，可将废矿物油的再生工艺归纳为有酸工艺、无酸工艺和加氢工艺三类，其中无酸工艺又包括溶剂精制、薄膜蒸发、分子蒸馏以及膜分离等。

有酸工艺主要是酸白土工艺，即 Meinken 工艺，是指在硫酸/白土精制过程中，通过加大机械搅拌的强度，使废矿物油和硫酸充分接触和反应，从而减少硫酸的用量和酸渣的产生，再用白土进行精制。酸白土工艺可以很好地去除大部分环烷烃、碱性氮化物及胶质等杂质，但是会产生大量酸性气体、酸渣及白土渣，造成环境污染，设备腐蚀，危害人类健康。该工艺目前已经被淘汰。

溶剂精制工艺是当前主流工业生产柴油的方法之一，其原理是利用废润滑油中所含的烃类与添加剂、氧化产物、油泥等在某些有机溶剂中的溶解度不同的特性，在一定条件下将废油中的添加剂、氧化产物、油泥等杂质除去，然后蒸馏回收溶剂并获得粗产品，粗产品经白土精制后成为再生油。国外溶剂精制工艺的溶剂主要使用 N-甲基吡咯烷酮，国内主要以醇酮混合物（异丙醇、丙酮等）作为溶剂，从而减少后续溶剂回收蒸馏过程中的焦化和结垢问题。助剂技术是目前国内外研究的热点，助剂技术即在溶剂精制过程中，有针对性地加入一定量某种适合的助剂，以期解决溶剂精制过程的常见问题，以此来获得更好的精制效果。

溶剂精制工艺的缺点是其属于物理过程，不涉及任何化学反应，因此成品油质量对原料质量的依赖性大；精制过程中剂油比较高，溶剂大量使用会对环境和设备造成较为严重的危害。

薄膜蒸发是通过使液体形成薄膜而加速蒸发进程。液体在减压条件下形成薄膜，由于薄膜具有极大的汽化表面积、热量传播快而均匀、没有液体协压影响等特性，因而能较好地防止物料过热现象。废油在薄膜蒸发之前，一般需要加入化学试剂（如氢氧化钠）在 80～170℃对其进行化学预处理，避免产生可能导致设备腐蚀和污染的沉淀物。预处理后的废油首先经蒸馏分离出水和轻质烃，轻烃可在工厂用作燃料或作为产品出售；无水油在高真空条件下经薄膜蒸发器蒸馏得到柴油燃料，其可以在工厂使用或作为燃料出售；残渣、金属、添加剂降解产物等重质材料则被传递到重沥青流中。薄膜蒸发工艺具有传热系数大、真空度高且精制条件简单等优点，但是回收率低，酸值以及颜色等基本指标不能满足标准基础油的要求。

膜分离是利用有选择透过性的薄膜，在浓度差、压力差以及电位差等外力推动下，对润滑油及其杂质进行分离提纯浓缩的一种过程，工艺流程如图 10-21 所示。采用以石墨和陶瓷为基体的无机膜对废工业用润滑油、变压器润滑油、发动机机油等进行再生处理，油的理化性能得到一定程度的改善，再生产品质量可以达到重新使用的要求。采用三种中空纤维聚合膜（PES、PVDF、PAN）处理再生废润滑油，不仅能有效地去除金属颗粒物和灰尘，而且再生油的黏度和闪点也得到了很大改善。膜分离技术的优点主要是绿色环保、分离效率高、操作简单且安全性高、易于工业化使用；此外，膜分离技术的应用还能提高废油再生率，减少不必要的原料损失，并能减少后续白土补充精制工艺中白土的使用量。目前，膜分离技术在废油再生处理方面还很难实际应用。因为废润滑油成分复杂，杂质含量多，而且黏度很大，使得膜分离再生废润滑油存在膜渗透通量较小和膜污染严重这两方面的问题。浓差极化和膜污染会显著地降低膜渗透通量，缩短膜的使用寿命，也是制约膜过程的应用和发展的主要因素。

图 10-21　膜分离工艺流程

分子蒸馏技术又称短程蒸馏，是一种在高真空条件下，用各种物质的平均自由程差异来分离物质的新型分离技术，即物料进入反应器中，与加热板接触被加热，混合液被汽化，产生的气体由于自身性质而具备不同的自由程，若在对立面放置一块冷凝板，与加热板的距离介于轻、重分子自由程之间，那么轻组分气体就会到达冷凝板冷凝析出，从而达到分离的目的。具体工艺如图 10-22 所示。分子蒸馏工艺简单不需要精制，整个过程是在真空下完成的。反应温度较低，因此原料油不会发生氧化、聚合等二次反应；再生周期很短，没有酸、碱介入，不会产生二次污染。但设备一次性投资大，冷凝出的润滑油馏分仍含有一定量的胶质、沥青质，所以通常仍会进行一次补充精制去除着色力强的物质，降低回收油的色度，提高安定性。

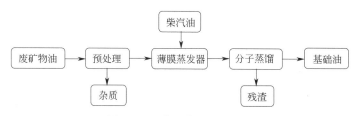

图 10-22　分子蒸馏工艺流程

　　加氢精制反应，是通过裂化和异构化来改变烃结构的加氢转化反应，可以除去杂质元素、氢化烯烃和芳香族化合物。加氢处理催化剂的活性相，主要是氧化物载体上的钼、钨、钴和镍的硫化物。加氢工艺的主要流程：将油和氢气预热，并使油向下滴流过填充催化剂颗粒的反应器；然后将油产品与气相分离，再汽提以除去痕量的溶解气体或水。目前工业应用的工艺主要有 Reviviol 工艺和 Hylube 工艺，流程分别如图 10-23 和图 10-24 所示。加氢精制可以减少油样中有效物质的损失，提高再生废油的收率，且不会产生白土渣，因此加氢精制工艺已经逐渐替代白土精制，用作再加工过程中的最后一步，占据废油再生研究中的主要地位。国外几乎全部都采用加氢精制工艺对废油进行再生处理。与其他技术相比，加氢工艺有以下缺点：高压和高温；原油需要分析和预处理；催化剂需要再生；操作条件严苛；运行效低率；需要氢气供应设施；高安全标准；高运营成本和资本成本。因此目前此工艺在国内全面推广仍存在许多困难。

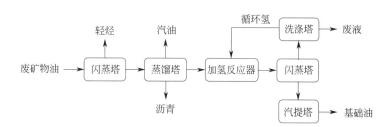

图 10-23　Reviviol 工艺流程

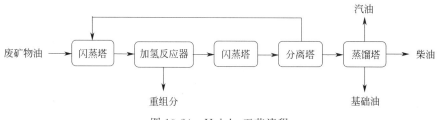

图 10-24　Hylube 工艺流程

10.6.2　废矿物油制取燃料油

　　废矿物油制取燃料油通常包括高温热裂解、高温催化裂解和高温热解-催化改质三种方法。废矿物油使用热裂解法所需的裂解反应温度较高，反应时间长，因反应剧烈而对设备等硬件设施的安全要求高，燃料油产率和质量低下。催化裂解法将催化剂和废矿物油混合置于反应釜中直接在加热过程中催化废矿物油制取燃料油，这种方法称为"一段法"。该方法反应速率快、时间短，反应过程中废油中的杂质以及裂解产生的碳渣覆盖在催化剂表面，容易使催化剂失去活性且不容易回收。

热解—催化改质在"一段法"的基础改进，高温加热反应釜裂解气通过催化管当中裂解制取燃料油其称为"二段法"。此法能减少催化剂的用量，保护催化剂活性，提高催化剂的利用次数，还能增加燃料油中的轻质组分和提高燃料油的品质。

10.7 废溶剂的资源化

按照《国家危险废物名录（2021年版）》，废有机溶剂与含有机溶剂废物属于HW06类危险废物。废溶剂再生系统是在充分掌握所回收废有机溶剂组分的前提下，采用闪蒸、精馏、过滤、吸附、汽提等单元操作技术，进行单元组合和回收能力与容量计算，使系统最大限度发挥回收能力，以达到废溶剂再生的目的。核心思路是使用较少的单元过程，形成一整套废有机溶剂再生及处理的社会化、资源化、无害化管理模式。图10-25所示的废有机溶剂再生处理系统由多套处理设备及蒸馏、精馏装置组成，可应用于丙酮、异丙醇、甲苯、甲醇等多种废有机溶剂的再生处理。

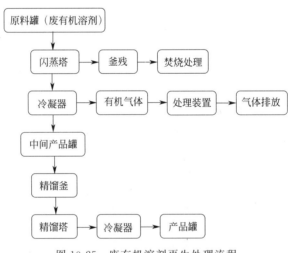

图 10-25　废有机溶剂再生处理流程

废有机溶剂原料品质差异较大，需将同品类桶装废有机溶剂泵入原料罐，进行混匀预处理；然后将有机溶剂泵入闪蒸塔，进行蒸汽加热，同时启动冷凝器及有机气体处理装置；冷凝器回收的中间产品进入中间产品罐，蒸馏残渣由釜底放出装桶后集中送至焚烧设施；中间产品继续进行精馏处理。根据不同品种，控制相应的温度、回流比等参数，精馏后得到产品，其中部分半成品经过脱水装置处理后，重新进入蒸馏装置。分离出的有机废水装桶，集中送至焚烧装置，最终产品通过冷凝器回收进入产品罐。各冷凝器未能回收的有机气体通过活性炭气体处理装置处理，处理效率高于95%，剩余气体集中排至大气。

异丙醇在工业上作为溶剂使用，能够与水以任意比例混合，有着比乙醇强的对亲油性物质的溶解力。其用途很广泛，可以作为涂料、纤维素、橡胶、虫胶、生物碱等的溶剂，也可以用于生产萃取剂、油墨、涂料、气溶胶剂等，还可用作防冻剂、脱水剂、调和汽油的添加剂、清洁剂、颜料生产的分散剂、印染工业的固定剂、玻璃和透明塑料的防雾剂等。

质量分数为50%的异丙醇废液可采用蒸馏/精馏与渗透汽化膜工艺相结合的工艺（如图10-26所示）回收提纯异丙醇，将废液原料经调质后送入共沸精馏塔蒸馏，而后由再沸器汽化经渗透汽化膜提纯，再进入常压精馏塔进行进一步提纯得到质量浓度为99.5%（质量分数）异丙醇产品。

图10-26　质量分数50%异丙醇废液回收提纯流程

有机溶剂废液从原料罐区进入装置中间罐，再由装置中间罐通过位差进入调质釜，用浓硫酸（或氢氧化钠溶液）进行调质。废液经加酸或碱调质后，通过位差由调质釜进入蒸馏/精馏塔塔釜。需定期清理调质釜残余，调质残余由塔釜排入危险废物收集桶，作为危险废物处置。调质过程废气进入装置区废气处理系统处理。利用0.3MPa蒸汽加热，根据目标成分性质，控制蒸馏/精馏塔压力。当塔底目标组分质量分数小于0.05%时，将塔釜尾料排入废水池或作为危险废物处置。塔釜进料过程和抽真空产生的废气进入装置区废气处理系统处理。

开启真空泵，半成品中间罐物料用泵控制一定流量经管道进入再沸器汽化，通过调节再沸器的加热蒸汽量，控制汽化后物料蒸汽的压力小于1kg进入渗透膜，经渗透膜处理的物料蒸气经冷凝后再进入成品精馏塔进行提纯，经减压从渗透膜出来的含水97%（质量分数）以上的渗透液经冷凝收集到一定量后通过位差经管道回收蒸馏/精馏单元，回收渗透液中少量目标组分。

成品精馏塔釜通过0.3MPa蒸汽加热，塔顶蒸出含水15%（质量分数）左右的物料，收集到一定量后回汽化渗透膜装置提纯。当塔釜目标组分质量分数大于99.8%、含水小于0.05%（质量分数）时，塔釜物料用泵经管道通过热交换器物料冷却至40℃打入成品中间罐。塔釜进料、精馏初期过程和抽真空产生的废气进入装置区废气处理系统处理。

10.8　废乳化液的资源化

10.8.1　废乳化液的产生及特性

根据《国家危险废物名录（2021年版）》，属于危险废物的废乳化液（HW09）包括：①水压机维护、更换和拆解过程中产生的乳化液；②使用切削油或切削液进行机械加工过程中产生的乳化液；③其他工艺过程中产生的乳化液。

在机械加工过程中，乳化液是通过在摩擦表面之间插入一层液体薄膜来减少摩擦和磨损，其兼具润滑、冷却、表面清洗和防腐蚀的作用。其主要成分为基础油（矿物油、植物油和合成油）和添加剂（非离子型和阴离子型表面活性剂、辅助表面活性剂、防腐蚀剂、抑菌剂等），基础油的含量一般为1%～10%。当乳化液使用持续时间过长时，高温下氧化和微生物腐蚀会使乳化液变质，从而失去原有的特性与功用，所以必须周期性地更替乳化液使其正常工作，由此会产生大量的废乳化液。废乳化液一般含油量为1%～3%，COD高达4万～8万mg/L。

10.8.2 废乳化液的资源化

废乳化液的处理一般是先通过真空蒸发得到90%的蒸发液和10%浓缩液，浓缩液可委托于有危险废物处理资质的企业处理，蒸发液则由企业自行处理以达到尾水排放标准或中水回用标准（如图10-27所示），表10-10为上海某汽车厂的废乳化液蒸发液水质。废乳化液蒸发液可以采用常规的"除油—活性炭过滤—软化—紫外杀菌"工艺处理，出水可回用于料架和地坪的清洗，此工艺流程比较烦琐，且产生的废油和吸附饱和的活性炭需做二次处理。随着加工行业对乳化液品质要求的不断提高，废乳化液蒸发液中的成分也变得越来越复杂，采用常规处理工艺很难使废乳化液蒸发液达到排放或回用标准。

图 10-27　废乳化液蒸发处理工艺流程

表 10-10　上海某汽车厂的废乳化液蒸发液水质

指标	样品 1	样品 2	指标	样品 1	样品 2
pH	10.1～10.3	9.3～9.4	有机氮/(mg/L)	84.68～96.58	15.0～24.4
电导率/(μs/cm)	1871～1960	544～579	总氮(mg/L)	237.1～240.1	124.4～128.1
化学需氧量/(mg/L)	2042～2180	1760～1870	硫化物(mg/L)	0.005	低于检出限
总有机碳/(mg/L)	658～779	597～654	油含量/(mg/L)	513～564	468～501
氨氮/(mg/L)	140.1～155.2	97.1～110.3	总磷/(mg/L)	0.23～0.24	0.22～0.25
硝酸盐氮/(mg/L)	0.1～0.4	0.6～1.0	氯化物/(mg/L)	62～68	48～51

采用"O_3/CaO_2联用高级氧化—反硝化"工艺处理废乳化液蒸发液，工艺简单，出水可以达到中水回用标准。O_3/CaO_2联用高级氧化的最优工况为O_3浓度100mg/L、反应温度45℃、初始pH＝8、CaO_2投加浓度7mmol/L、反应时间2h，在此工况下，出水COD和TOC浓度分别为76.45mg/L和44.10mg/L，pH为7～8，硝酸盐氮为123mg/L。然后在初始pH＝7.3、C/N＝1.5条件下进行反硝化处理，出水硝酸盐氮含量降至10.10mg/L，达到中水回用标准。通过反硝化处理，驯化后微生物丰富度较少，但能够适应废水环境生长并有效去除水中硝态氮的细菌数量明显增多。其中，Proteobacteria变形菌门、Chloroflexi绿弯菌门和Bacterodetes拟杆菌门是最主要的门，α-Proteobacteria和γ-Proteobacteria是主要的两个纲。

10.9　废酸的资源化

无机酸广泛用于化工、染料、有机合成、食品加工、印染漂洗、皮革、冶金及机械制造等行业。用于工业生产后，无机酸的浓度会发生改变，并因含有不同成分及浓度的杂质，变为无机废酸，我国已将无机废酸列为危险废物（HW34）。无机废酸，因其成分复杂，不仅腐蚀性强、毒性大，还包含可回收的金属离子，若不妥善处置直接排入环境不仅会造成废酸资源的浪费，而且会造成环境污染。各种废酸具体来源和主要成分见表 10-11。

表 10-11　废酸的来源及主要成分

行业	废酸的主要成分			来源
	废硫酸	废盐酸	废硝酸	
钢铁行业	H_2SO_4、$FeSO_4$、少量油污和铬、镍等杂质	HCl、$FeCl_2$，少量硅铝质	HNO_3、HF、Fe^{2+}，Cr 与 Ni 离子	钢材酸清洗工艺
染料行业	H_2SO_4 及芳香族和多环化合物等	HCl、$CaCl_2$ 等	—	废硫酸产生于硝化和磺化等工序;废盐酸产生于中和处理染料碱性废水
金属冶炼行业	H_2SO_4 及铜、铅、锌和铁等	HCl、NaCl 等	—	废硫酸产生于冶炼电解液;废盐酸产生于盐酸过渡酸化过程
氯碱行业	H_2SO_4、可挥发性的氯气	HCl、少量氯化物	—	氯气及氯乙烯生产工艺
钛白粉行业	H_2SO_4、Fe^{3+}、Ti^{2+} 及少量的铝、锰、钙、镁等硫酸盐			偏钛酸处理工艺
制酸行业	H_2SO_4、重金属及氟、氯等杂质			酸洗净化阶段及烟气制酸过程
蓄电池行业	H_2SO_4、Fe^{2+} 及 Pb 离子			极板化成工艺
硝化烷基化及粗苯行业	H_2SO_4 及其他有机物			浓硫酸为催化剂的反应过程
氟化氢行业	H_2SO_4、HF 及水			CaF_2 与 H_2SO_4 混合反应过程
气体净化行业	H_2SO_4、有机物及水			浓硫酸干燥过程
离子交换树脂行业	H_2SO_4			阳离子交换树脂生产过程
食品加工行业	—	HCl、氨基酸		盐酸为催化剂的反应过程
药品行业	—	HCl、盐酸硫胺		药物成分生产过程
电镀行业	—		HNO_3、Cu^{2+}	硝酸酸洗电路板

废硫酸成分浓度各异，来源广泛且成分复杂，给其的分离回收利用带来很大的挑战。目前常用的分离方法有浓缩法、萃取法、高温裂解法、化学氧化法、聚合法和膜分离技术。废盐酸和废硝酸均属于挥发性酸，在分离工艺上具有相似之处，主要包括蒸馏法、焙烧法、萃取法和膜分离技术。各方法特点见表 10-12。

表 10-12　废酸分离技术原理及特点

分离方法	基本原理	适合废酸类型	优点	缺点
浓缩法	主要用于废硫酸的分离,通过加热浓缩废稀酸,使其中的有机物发生氧化、聚合等反应,最终转变为深色胶状物或悬浮物后过滤去除	适合低浓度废硫酸的分离,比如钛白粉废硫酸、芳烃硝化废硫酸、氯碱废硫酸、氢氟酸洗涤废硫酸的分离	工艺成熟可靠,流程较短,应用领域较为广泛	运行费用较高,操作较为复杂,浓缩后硫酸品质不高,回收硫酸仅适合特定用途

分离方法	基本原理	适合废酸类型	优点	缺点
萃取法	利用溶剂提取废酸中的残酸成分,适用于废硫酸、废盐酸和废硝酸	适合与萃取剂相适应的废酸液分离	回收效率高,对环境无二次污染	技术要求高,对萃取剂的要求苛刻,运行费用高,国内工业化应用较少
高温裂解法	主要用于废硫酸的分离,在1000℃左右将废硫酸裂解为SO_2	适合处理流量大、硫含量高的废酸,如有色金属冶炼工业和石油化工工业产生的废硫酸	处理工艺成熟可靠,能耗相对较低,最终产品纯度高,无二次污染	运行成本高、操作风险大
化学氧化法	主要用于废硫酸的分离,废硫酸中有机物和氧化剂发生化学反应分解为CO_2、H_2O和氮的氧化物等,达到分离的目的	适合处理含有机物的废硫酸,如蒽醌类废硫酸、染料废硫酸和含酚废硫酸等	更加安全,工艺流程短,不对环境产生二次污染,处理过程安全可控	氧化效率不高,成本较高,需配合其他工艺使用
聚合法	主要用于废硫酸的分离,利用催化剂使废硫酸中的有机物在硫酸溶液中发生聚合、炭化、磺化等反应生成碳材料,通过水洗实现废酸中有机物与酸分离	适合处理含有机物的废硫酸,有望用于处理烷基化、乙炔净化、氯甲烷净化等工艺产生的高浓度有机废酸	不改变硫酸的结构,能耗低,分离得到的硫酸纯度较高	目前仍然处于实验阶段,技术还有待成熟
蒸馏法	主要用于废盐酸和废硝酸的分离,根据它们易挥发的特性,通过加热使其蒸发为酸性气体,再经冷凝回收酸	适合氯碱行业、染料行业等产生的废盐酸以及电镀行业产生的废硝酸分离	较其他方法原理简单,工艺成熟,分离的稀盐酸和稀硝酸纯度较高	设备会产生腐蚀问题,废酸液浓缩到一定程度后设备会发生结晶堵塞
焙烧法	用于废盐酸和废硝酸的分离,利用高温燃烧,将废酸液中的酸气化,并使盐酸盐或硝酸盐在高温下氧化水解转化为氧化铁和酸的一种处理方法	废硝酸的分离大多采用此类方法	处理酸量很大,并且分离的酸纯度较高,再生效率高,无二次污染,几乎不产生废物	投资大,运行成本高,技术难度大,适合于大型企业
膜分离技术	可用于废硫酸、废盐酸和废硝酸的分离,通过膜的特殊属性将废酸液中的离子分离	适合多种无机废酸的分离	均无二次污染	常温下分离效率不高,分离膜属性对分离效率影响较大

无机废酸回收得到的产品,一般可以通过以下两个途径进行资源化利用。一种是直接将分离回收的废酸应用到新的工业生产中。这个路线主要针对废硫酸,此工艺要求废酸回收的浓度和成分均满足生产企业需求。如化肥生产企业利用无害化处理的废硫酸,生产富过磷酸钙、硫酸铵、硫酸镁等化肥品种,生产的化肥须严格遵守产品检验标准,防止有害物质损害农作物。另外一种是利用特定废酸作为辅助原料,生产其他化工产品。这种方法要求分离回收的废酸纯度需满足标准,避免杂质影响化工产品的生产。如回收的废酸溶液中含有残酸、Fe^{2+}和Fe^{3+},废硫酸通常加入氧化剂,经过多个工艺生产聚合硫酸铁混凝剂;回收的废盐酸与铝酸钙药剂混合,并通过蒸汽加热反应生产出聚合氯化铝混凝剂。

不同行业产生的无机废酸成分和浓度不同,采用的方法也会有所差异。膜分离技术适用范围广,可对各种酸进行回收,具有处理效率高、节能环保、操作简便等优势,逐渐成为废酸处理技术研究的热点。根据废酸中粒子通过半透膜的形式及系统动力来源的方式,目前应用在废酸处理的膜分离技术大致可分为膜蒸馏法、扩散渗析法、双膜电渗析法和陶瓷膜法。

10.9.1　膜蒸馏法

膜蒸馏是传统蒸馏与膜分离结合的液体分离与脱盐技术，是目前最具前景的无机废酸膜分离技术。膜蒸馏伴随着相变以及能量和质量的传递过程，其工作原理是通过疏水膜将不同温度的液体隔开，蒸气进入膜孔（$0.1 \sim 0.4 \mu m$），在膜两侧的蒸汽压差作用下，蒸汽在温度低一侧冷凝，而液体中的溶质离子等非挥发性溶质不能透过膜，从而达到分离富集的目的。膜蒸馏法常用于挥发性废酸的回收。挥发性酸可以在膜两侧形成较大的蒸汽压差，推动力大，使其容易得到回收。

与蒸馏法相比较，膜蒸馏没有中蒸发器的腐蚀问题，工艺设备简单。液体直接与膜接触，蒸发区与冷凝区之间有膜相隔，因此蒸馏液不会被料液污染。在处理过程中液体不需要加热到沸点，只要膜两侧具有一定温差，该过程就可以顺利进行。此外，膜蒸馏能够有效利用废液中的余热，能量消耗低，且可利用太阳能等绿色能源，同时具有较高的能量利用效率和物质分离程度。但是膜蒸馏中伴随着相变的过程，汽化潜热降低了热能的利用率。膜蒸馏需要使用疏水膜，因此，在膜材料的选择以及膜的制造工艺上限制较多，符合要求的膜的制造成本较高，这是目前限制膜蒸馏广泛应用的一个主要因素。

为达到更好的废酸回收效果，常将膜蒸馏法与萃取法等其他方法结合。如将膜蒸馏法与萃取法相结合对采矿业的废酸进行回收，废酸中 H_2SO_4 初始浓度为 $0.85 mol/L$，回收产品中 H_2SO_4 的浓度增大到 $4.44 mol/L$，溶液中硫酸盐和金属离子的分离效率达到 99.99%，总废酸回收率超过 80%。

10.9.2　扩散渗析法

扩散渗析是以膜的选择性透过为基础，以浓度梯度为推动力，使溶质小分子向低浓度一侧扩散，实现物质分离。扩散渗析可以在常温常压下进行，安装和运行费用低，装置简单且易于实现自动控制，运行过程能量消耗小，操作条件温和，不会产生恶劣的工作环境，对环境污染小，适合工业生产。该方法在工程中使用的主要限制因素包括：相较于其他膜处理而言，处理规模较小；处理过程较慢；要求进水中悬浮物含量较低；由于回收液通常以水为载体，所以使用扩散渗析法得到的酸浓度不会大于废水中酸的浓度。扩散渗析法一般用于浓度较高的酸回收。

10.9.3　双膜电渗析法

电渗析法利用离子交换膜的选择透过性，在外加直流电场的作用下，带电离子透过离子交换膜定向迁移，在废酸中从其他不带电组分中分离出来，实现废酸液脱酸和酸的浓缩回收。双极膜是一种新型离子交换复合膜，一般由阴离子交换树脂层和阳离子交换树脂层及中间界面亲水层组成。在直流电场作用下，从膜外渗透入膜间的水分子即刻分解成 H^+ 和 OH^-，作为 H^+ 和 OH^- 的供应源。利用这一特点，将双极膜与其阴、阳离子交换膜组合而成的双极膜电渗析系统，能够在不引入新组分的情况下，将水溶液中的盐转化生成相应的酸和碱，即为双极膜电渗析法。在双极膜电渗析法中，含盐水 MX 在阴膜和阳膜之间的隔室流动，施加直流电后，双极膜的界面发生水的电离，H^+ 与阴离子 X^- 结合生产酸，OH^- 同

阳离子 M^+ 结合生产碱。双膜电渗析法过程相对简单，产品回收率较高，并且对废酸起始浓度没有限制，其缺点是能耗较高。

10.9.4 陶瓷膜法

陶瓷膜是无机固态膜的一种，是以多孔陶瓷为载体、以微孔陶瓷膜为过滤层的陶瓷质过滤分离材料，构成膜材料有 Al_2O_3、ZrO_2、TiO_2 和 SiO_2 等无机物质。膜内有管状或多通道状结构，并且有许多微孔结构，微孔孔径为 $0.004 \sim 15 \mu m$。

陶瓷膜法是利用无机固态膜分离废酸中各个尺寸粒子的方法。在外界压力作用下，废酸穿过陶瓷膜内部的管状结构，由于废酸中所含的粒子大小不同，有从膜管内和膜外侧流动的，大分子物质被膜截留，而小分子物质可以透过膜，达到分离、浓缩、纯化等目的。

思考题

1. 简述废镉镍电池的资源化工艺及其原理。
2. 简述废铅酸蓄电池的资源化工艺及其原理。
3. 简述侧吹浸没燃烧熔池熔炼技术回收废铅酸蓄电池的原理及优点。
4. 简述废旧电路板的资源化技术及原理。
5. 简述废活性炭的再生技术及原理。
6. 简述废催化剂的资源化技术及原理。
7. 简述电镀污泥的来源、资源化技术及原理。
8. 简述废矿物油的资源化技术及原理。
9. 简述废有机溶剂的再生处理系统的组成。
10. 简述废酸的资源化技术及原理。

附　录

危险废物鉴别方案/报告编制框架

编制危险废物鉴别报告包括基本要求、鉴别方案、报告内容、质量控制等内容。

（1）基本要求。危险废物鉴别报告应信息齐全、内容真实、编制规范、结论明确。危险废物鉴别单位和相关人员应当在相应位置加盖公章并签字，对其真实性、规范性和准确性负责。

（2）鉴别方案。危险废物鉴别过程需要进行样品采集和危险特性检测工作的，危险废物鉴别单位应在开展鉴别工作前编制鉴别方案，并组织专家对鉴别方案进行技术论证。鉴别方案应包括但不限于以下内容：

前言。包括鉴别委托方概况、鉴别目的和技术路线。

鉴别对象概况。包括鉴别对象产生过程的详细描述、与鉴别对象危险特性相关的生产工艺、原辅材料及特征污染物分析。

固体废物属性判断。包括鉴别对象是否属于固体废物的判断及依据、鉴别对象是否属于国家危险废物名录中废物的判断和依据等。

危险特性识别和筛选。包括鉴别对象危险特性的识别和危险特性鉴别检测项目筛选的判断和依据。

采样工作方案。包括采样技术方案、组织方案和质量控制措施。

检测工作方案。包括检测技术方案、组织方案和质量控制措施。

检测结果的判断标准和判断方法。

报告内容。危险废物鉴别报告包括正文和附件。其中，正文应包括但不限于以下内容：

基本情况。包括鉴别委托方概况、鉴别目的和技术路线、鉴别对象概况等。

工作过程。包括鉴别方案简述、鉴别方案论证及修改情况、采样检测过程。

综合分析。包括检测数据分析、检测结果判断和依据。

结论与建议。根据检测结果，依据危险废物鉴别相关标准和规范，对鉴别对象是否属于危险废物做出结论，提出后续环境管理建议。

附件包括鉴别方案、采样记录和检测报告、技术论证意见、检验检测机构相关资质等材料，具体内容根据危险废物鉴别工作情况确定。

（3）质量控制。鉴别过程中的样品采集、包装、运输、保存、检测等应遵从检验检测相关的质量管理要求，检验检测应当符合资质认定相关要求，鉴别报告应满足《危险废物鉴别单位管理要求》（见附件）所述危险废物鉴别质量管理要求。

附件

危险废物鉴别单位管理要求

为规范危险废物鉴别单位管理工作，提升对危险废物环境管理的支撑能力，根据《中华人民共和国固体废物污染环境防治法》有关规定，针对中华人民共和国境内开展危险废物鉴别的单位，制定管理要求如下。

一、基本要求。危险废物鉴别单位应当是能够依法独立承担法律责任的单位，坚持客观、公正、科学、诚信的原则，遵守国家有关法律法规和标准规范，对危险废物鉴别报告的真实性、规范性和准确性负责。

二、专业技术能力。危险废物鉴别单位应当具备危险废物鉴别技术能力，配备一定数量具有环境科学与工程、化学及其他相关专业背景中级及以上专业技术职称或同等能力的全职专业技术人员，且其中应具有从事危险废物管理或研究 3 年以上的技术人员；应设置专业技术负责人，对鉴别工作技术和质量管理总体负责，技术负责人应具有相关专业高级以上技术职称和 5 年以上危险废物管理或研究工作经验。

三、检验检测能力。危险废物鉴别单位一般应具有固体废物危险特性相关指标检验检测能力，并取得检验检测机构资质认定等资质。不具备上述检验检测能力和资质的，应委托具备上述检验检测能力和资质的检验检测单位开展鉴别工作中的检验检测工作。同一危险废物的鉴别，委托的第三方检验检测单位数量不宜超过 2 家。

四、组织与管理。危险废物鉴别单位应具有完善的组织结构和健全的管理制度，包括工作程序、质量管理、档案管理和技术管理等，按照《危险废物鉴别报告编制要求》（见附件2）有关规定编制危险废物鉴别方案和鉴别报告，确保编制质量。

五、工作场所。危险废物鉴别单位应具备固定的工作场所，包括必要的办公条件、危险废物鉴别报告等档案资料管理设施及场所。

六、档案管理。危险废物鉴别单位应健全档案管理制度，建立鉴别报告完整档案，档案中应包括但不限于以下内容：工作委托合同、现场踏勘记录和影像资料、鉴别方案、检测报告、鉴别报告，以及专家评审意见等质量审查原始文件。上述档案应及时存档。

参考文献

[1] 中华人民共和国生态环境部 . 2014—2020 年全国大、中城市固体废物污染环境防治年报 . https：//
     www. mee. gov. cn/hjzl/sthjzk/gtfwwrfz/.

[2] 孙英杰，赵由才，等 . 危险废物处理技术 ［M］. 北京：化学工业出版社，2006.

[3] LaGrega M D, Buckingham P L, Evans J C. 危险废物管理 ［M］. 2 版 . 李金惠，主译 . 北京：清华大学出版
     社，2010.

[4] 中国环境科学研究院固体废物污染控制技术研究所 . 危险废物鉴别技术手册 ［M］. 北京：中国环境科学出版
     社，2011.

[5] 陈昆柏，郭春霞 . 危险废物处理与处置 ［M］. 郑州：河南科技出版社，2017.

[6] 李金惠，谭全银，曾现来 . 危险废物污染防治理论与技术 ［M］. 北京：科学出版社，2018.

[7] 李金惠，王洁聪，郑莉霞 . 在博弈中发展的国际废物管理——以《巴塞尔公约》为例 ［J］. 中国人口资源与环境，
     2016，26 （A1）：94-97.

[8] 别涛，邱启文 . 中华人民共和国固体废物污染环境防治法条文释解 ［M］. 北京：中国法制出版社，2020.

[9] 王琪 . 危险废物及其鉴别管理 ［M］. 北京：中国环境出版集团有限公司出版社，2008.

[10] 中华人民共和国生态环境部 . 2020 年全国大、中城市固体废物污染环境防治年报 . https：//www. mee. gov. cn/
     ywgz/gtfwyhxpgl/gtfw/202012/P020201228557295103367. pdf.

[11] 唐红侠，楼紫阳 . 化工园区危险废物管理中的问题与解决对策 ［J］. 有色冶金设计与研究，2019，40 （5）：40-42.

[12] 关于发布《危险废物产生单位管理计划制定指南》的公告 . https：//www. mee. gov. cn/gkml/hbb/bgg/201601/
     t20160128 _ 327043. htm.

[13] 唐红侠 . 环境污染案件涉案废物鉴别疑难点研究 ［J］. 环境科学与管理，2018，43 （11）：19-21.

[14] 唐红侠 . 环境污染案件涉案废物鉴别追踪溯源 ［J］. 中国环保产业，2018 （10）：23-25.

[15] 唐红侠 . 环境污染案件涉案废物属性鉴别之困境与对策 . 2018 年全国学术年会论文集（下册）：591-593.

[16] 邢杨荣 . 危险废物焚烧配伍与燃烧反应分析 ［J］. 环境工程，2008，26 （S1）：203-204.

[17] 闵海华，王兴戬，刘淑玲 . 危险废物焚烧处置技术应用研究 ［J］. 环境卫生工程，2017，25 （2）：68-70.

[18] 傅沪鸣，卢青，陈德珍 . 固体废物处理工：危险废物焚烧（四级）［M］. 北京：中国劳动社会保障出版社，2015.

[19] 赵由才，牛冬杰，柴晓利 . 固体废物处理与资源化 ［M］. 3 版 . 北京：化学工业出版社，2019.

[20] 王罗春，唐圣钧，李强，等 . 危险化学品废物污染防治 ［M］. 北京：化学工业出版社，2021.

[21] 聂永丰 . 三废处理工程技术手册：固体废物卷 ［M］. 北京：化学工业出版社，2000.

[22] 张绍坤 . 回转窑处理危险废物的工程应用 ［J］. 工业炉，2010，32 （2）：26-29.

[23] 闫大海，李璐，黄启飞，等 . 水泥窑共处置危险废物过程中重金属的分配 ［J］. 中国环境科学，2009，29 （9）：
     977-984.

[24] 李春萍，范黎明 . 水泥窑协同处置危险废物实用技术 ［M］. 北京：中国建材工业出版社，2019.

[25] 张宏良 . 危险废物理化特性分析及水泥窑替代燃料/原料焚烧配伍研究——以重庆市某水泥厂为例 ［D］. 重庆：
     重庆大学资源及环境科学学院，2017.

[26] 龙世宗，程彬，等 . 水泥预分解系统粉尘与碱、氯、硫融体的粘结特性及其对结皮的影响 ［J］. 硅酸盐学报，
     2005，31 （1）：93-99.

[27] 肖海平，茹宇，李丽，等 . 水泥窑协同处置生活垃圾焚烧飞灰过程中二噁英的迁移和降解特性 ［J］. 环境科学研
     究，2017，30 （2）：291-297.

[28] 晏振辉，卢青，陈德珍 . 固体废物处理工：危险废物焚烧（三级）［M］. 北京：中国劳动社会保障出版社，2015.

[29] 褚衍旭，高勇，李东，等 . 危险废物焚烧处置工艺进料配伍研究 ［J］. 环境与可持续发展，2018，43 （6）：
     165-167.

[30] 卢青，傅沪鸣，陈德珍 . 固体废物处理：危险废物焚烧（五级）［M］. 北京：中国劳动社会保障出版社，2015.

[31] 曹云霄，于晓东，姚芝茂，等 . 《危险废物焚烧污染控制标准（修订）》解读 ［J］. 环境保护科学，2021，47

（2）：45-50.

[32] Grasso，D. Hazardous waste site remediation source control［M］．USA：Lewis Publishers，1993.

[33] 刘大勇，李耀和，李娜．危险固体废物处置设备工艺流程的完善［J］．建设机械技术与管理，2014，27（06）：128-129.

[34] 崔素萍．硅酸盐—硫铝酸盐复合体系水泥研究［D］．北京：北京工业大学，2005.

[35] Hélène Tremblay J D，Jacques Locat，Serge Leroueil. Influence of the nature of organic compounds on fine soil stabilization with cement［J］．Canadian Geotechnical Journal，2002，39：537-546.

[36] 宋繁永．市政污泥酸强化固化处理技术与安全性评价研究［D］．上海：上海交通大学，2012.

[37] Malviya R，Chaudhary R. Factors affecting hazardous waste solidification/stabilization：A review［J］．Journal of Hazardous Materials，2006，137（1）：267-276.

[38] Suzuki K N T，Ito S. Formation and carbonation of CSH in water［J］．Cement and Concrete Composites，1985，15 213-224.

[39] Pandey B，Kinrade S D，Catalan L J J. Effects of carbonation on the leachability and compressive strength of cement-solidified and geopolymer-solidified synthetic metal wastes［J］．Journal of Environmental Management，2012，101（0）：59-67.

[40] Bobrowski A G M，Malolepszy J. Analytical evaluation of immobilization of heavy metals in cement matrices［J］．Environmental Science and Technology，1997，31：747-749.

[41] Napia C，Sinsiri T，Jaturapitakkul C，et al. Leaching of heavy metals from solidified waste using Portland cement and zeolite as a binder［J］．Waste Management，2012，32（7）：1459-1467.

[42] 杨凤玲，李鹏飞，任磊，等．超高温等离子体气化熔融对垃圾焚烧飞灰的影响［J］．洁净煤技术，2021，27（3）：268-274.

[43] 蒋建国．固体废物处理与资源化［M］．2版．北京：化学工业出版社，2013.

[44] López F A，Alguacil F J，Rodriguez O，et al. Mercury leaching from hazardous industrial wastes stabilized by sulfurpolymer encapsulation［J］．Waste Management，2015，35：301-306.

[45] 李华，司马菁珂，罗启仕，等．危险废物焚烧飞灰中重金属的稳定化处理［J］．环境工程学报，2012，6（10）：3740-3746.

[46] 蒋建国，王伟，赵翔龙，等．重金属螯合剂在废水治理中的应用研究［J］．环境科学，1999（01）：66-68.

[47] 张栋．浓浆铁氧体法对污泥中重金属稳定化的实验研究［D］．兰州：兰州交通大学，2014.

[48] 卢炯元，王三反．铁氧体法处理含铬废水的研究［J］．兰州交通大学学报，2009，28（3）：157-158.

[49] 胡立芳，龙於洋，沈东升，等．腐殖酸及钙盐对危险废物焚烧残渣中 Cu 的协同稳定化作用［J］．科技通报，2016，32（2）：209-213，217.

[50] 丁嘉琪，王鑫，王琳玲，等．含砷工业污泥特性及处置技术研究进展［J］．环境工程，2019，37（12）：167-172，182.

[51] 张淑媛，童宏祥，徐诗琦，等．次氯酸钙/氧化钙对高砷污泥的氧化稳定化处理［J］．环境工程学报，2018，12（2）：627-629.

[52] 俞欣，王丽媛，卜现亭，等．含镍危险废物药剂稳定化工程示范与研究［J］．环境工程，2015，33（增刊）：530-534.

[53] Duan Z H，Kou S C，Poon C S. Prediction of compressive strength of recycled aggregate concrete using artificial neural networks［J］．Construction and Building Materials，2013，40：1200-1206.

[54] 金艳，宋繁永，朱南文，等．不同固化剂对城市污水处理厂污泥固化效果的研究［J］．环境污染与防治，2011，33（2）：74-78.

[55] 唐圣钧，俞露．深圳市危险废物处理及处置专项规划［Z］．深圳市规划局，2010.

[56] 姚有朝，鲍忠伟．垂直防渗帷幕在平原型卫生填埋场中的运用［J］．环境工程，2008，26（3）：29-32.

[57] 杨再福．污染场地调查评价与修复［M］．北京：化学工业出版社，2020.

[58] 刘松玉，杜延军，刘志彬．污染场地处理原理与方法［M］．南京：东南大学出版社，2018.

[59] 席国喜，杨理，路迈西．废镉镍电池再资源化研究新进展［J］．再生资源研究，2005（3）：27-31.

[60] 杨晨曦．离子液体膜分离富集废旧镍镉电池中镉的资源化研究［D］．西安：西安工程大学，2015.

[61] Siddhartha Paul，Arvind Kumar Shakya，Pranab Kumar Ghosh. Bacterially-assisted recovery of cadmium and nickel as their metal sulfide nanoparticles from spent Ni－Cd battery via hydrometallurgical route ［J］. Journal of Environmental Management，2020，261：110113.

[62] 陈扬，张正洁，刘俐媛. 废铅蓄电池资源化与污染控制技术 ［M］. 北京：化学工业出版社，2013.

[63] 宋珍珍. 废旧线路板搭配含铜固废处理新工艺 ［J］. 有色设备，2019（3）：25-27，83.

[64] Francisco Salvador，Nicolas Martin-Sanchez，Ruth Sanchez-Hernandez，et al. Regeneration of carbonaceous adsorbents. Part I：Thermal Regeneration ［J］. Microporous and Mesoporous Materials，2015，202：259-276.

[65] Francisco Salvador，Nicolas Martin-Sanchez，Ruth Sanchez-Hernandez，etal. Regeneration of carbonaceous adsorbents. Part II：Chemical，Microbiological and Vacuum Regeneration ［J］. Microporous and Mesoporous Materials，2015，202：277-296.

[66] 吴潇潇，王星敏，唐爱民，等. 废活性炭再生的环境经济效益分析 ［J］. 应用化工，2018，47（1）：181-184，189.

[67] 崔洪，齐嘉豪，张重杰. 对失效活性炭热再生过程的思考 ［J］. 工业水处理，2020，40（9）：19-22，29.

[68] Robert Cherbański. Regeneration of granular activated carbon loaded with toluene－Comparison of microwave and conductive heating at the same active powers ［J］. Chemical Engineering & Processing：Process Intensification，2018，123：148-157.

[69] 卢炯元. 双频超声波协同再生吸附苯酚饱和活性炭研究 ［D］. 兰州：兰州交通大学，2019.

[70] Jeong Huy Ko，Rae-su Park，Jong-Ki Jeon，et al. Effect of surfactant，HCl and NH3 treatments on the regeneration of waste activated carbon used in selective catalytic reduction unit ［J］. Journal of Industrial and Engineering Chemistry，2015，32：109-112.

[71] 刘博洋，刘菲，李圣品，等. 二价铁催化过氧化氢—过硫酸钠再生活性炭可行性研究 ［J］. 环境科学学报，2018，38（6）：2342-2349.

[72] 王爱爱，赵立新，秦松岩，等. 饱和吸附2，4-二硝基甲苯后活性炭的电化学再生 ［J］. 化工环保，2019，39（6）：666-670.

[73] Rebecca V. McQuillan，Geoffrey W. Stevens，Kathryn A. Mumford. The electrochemical regeneration of granular activated carbons：A review ［J］. Journal of Hazardous Materials，2018，355：34-49.

[74] 吴慧玲，卫皇曌，孙文静，等. 湿式氧化再生饱和片状活性炭及机理研究 ［J］. 环境化学，2019，38（3）：572-580.

[75] 秦亚菲. 光催化降解脱附甲苯活性炭的研究 ［D］. 南京：南京师范大学，2016.

[76] 陈宗华，陈杰，汪琼，等. 气提—光催化组合工艺再生饱和吸附甲苯的活性炭 ［J］. 南京师大学报（自然科学版），2017，40（4）：80-86.

[77] 孙宪航，朱忠泉，黄维秋，等. 超临界CO_2法再生油气回收用活性炭机理研究进展 ［J］. 化工进展，2020，39（S2）：346-351.

[78] Shoufeng Tang，Deling Yuan，NaLi，et al. Hydrogen peroxide generation during regeneration of granular activated carbon by bipolar pulse dielectric barrier discharge plasma ［J］. Journal of the Taiwan Institute of Chemical Engineers，2017，78：178-184.

[79] 江洪龙，王志伟，孙强. 废活性炭再生技术研究进展 ［J］. 环境科学学报，2020（22）：136-138，140.

[80] Maisa El Gamal，Hussein A. Mousa，Muftah H. El-Naas，et al. Bio-regeneration of activated carbon：A comprehensive review ［J］. Separation and Purification Technology，2018，197：345-359.

[81] Sai Krishna Padamata，Andrey S. Yasinskiy，Peter V. Polyakov，et al. Recovery of Noble Metals from Spent Catalysts：A Review ［J］. Metallurgical and Materials Transactions B，2020，51B：2413-2435.

[82] 赵家春，崔浩，保思敏，等. 铜捕集法回收铂族金属的理论及实验研究 ［J］. 中国有色金属学报，2019，29（12）：2819-2825.

[83] 张琛. 废SCR催化剂中钒、钨的浸出与萃取分离研究 ［D］. 广州：华南理工大学，2016.

[84] 彭人勇，魏继宽. 从废镍催化剂中酸浸镍试验研究 ［J］. 湿法冶金，2019，38（4）：287-290.

[85] 祁兴维，林爽. 废加氢催化剂中金属钼回收技术研究 ［J］. 当代化工，2019，48（4）：775-777，790.

[86] 刘腾，邱兆富，杨骥，等. 我国废炼油催化剂的产生量、危害及处理方法 ［J］. 化工环保，2015，35（2）：

159-164.

[87] 严海军，周玉娟，徐斌，等．废 Pd/Al$_2$O$_3$ 催化剂综合回收钯研究 ［J］．矿产综合利用，2020（1）：16-24.

[88] 于博渊，张家靓，杨成，等．废加氢催化剂中有价金属回收技术研究进展 ［J］．有色金属科学与工程，2020，11（5）：16-24.

[89] Francesco Ferella. A review on management and recycling of spent selective catalytic reduction catalysts ［J］. Journal of Cleaner Production，2020，246：118990.

[90] 孙晓雪，刘仲能，杨为民．废弃负载型加氢处理催化剂金属回收技术进展 ［J］．化工进展，2016，35（6）：1894-1904.

[91] 薛虎，董海刚，赵家春，等．从失效汽车尾气催化剂中回收铂族金属研究进展 ［J］．贵金属，2019，40（3）：76-83.

[92] Yunji Ding，Huandong Zheng，Shengen Zhang，et al. Highly efficient recovery of platinum，palladium，and rhodium from spent automotive catalysts via iron melting collection ［J］. Resources，Conservation & Recycling，2020，155：104644.

[93] Gyeonghye Moon，Jin Hyeong Kima，Jin-Young Lee，et al. Leaching of spent selective catalytic reduction catalyst using alkaline melting for recovery of titanium，tungsten，and vanadium ［J］. Waste and Biomass Valorization，2019，189：1051322.

[94] 解雪，曲志平，张邦胜，等．氯化焙烧法从汽车尾气废催化剂中回收铂族金属 ［J］．中国资源综合利用，2020，38（7）：19-21.

[95] 李晶．脱硝催化剂的再生研究 ［D］．北京：北京化工大学，2019.

[96] 张持．纳米多孔镍催化芳香硝基化合物加氢及催化剂再生研究 ［D］．大连：大连理工大学，2020.

[97] 张焕然，王俊娥．电镀污泥资源化利用及处置技术进展 ［J］．矿产保护与利用，2016（3）：73-78.

[98] 宁江．电镀污泥酸浸无害化资源化研究 ［D］．深圳：哈尔滨工业大学（深圳），2018.

[99] 王璐．电镀污泥脱铬渣的浸出及浸液中有价金属回收研究 ［D］．西安：西安建筑科技大学，2018.

[100] 李金惠．危险废物污染防治理论与技术 ［M］．北京：科学出版社，2018.

[101] 赵晓红，张敏，李福德．SRV 菌去除电镀废水中铜的研究 ［J］．中国环境科学，1996，16（4）：288-292.

[102] 李磊，唐伟，朱渊博，等．电镀污泥的铁氧体化研究 ［J］．现代化工，2013，33（10）：62-65.

[103] 李磊．电镀重金属污泥的资源化研究及应用 ［D］．无锡：江南大学，2014.

[104] 应文婷．基于电化学方法的电镀污泥和酸洗废液资源化协同处理研究 ［D］．杭州：浙江大学，2020.

[105] F Andreola，L Barbieri，F Bondioli，et al. Synthesis of chromium containing pigments from chromium galvanic sludges ［J］. Journal of Hazardous Materials，2008，156（1-3）：466-471.

[106] 苏毅．废矿物油的污染特性及其环境风险研究 ［D］．重庆：重庆交通大学，2015.

[107] 倪璇，孙然，王德慧，等．溶剂法废润滑油再生工艺的研究进展 ［J］．应用化工，2018，47（8）：1782-1785.

[108] 陆启．废矿物油催化裂解制取燃料油的研究 ［D］．海口：海南大学，2015.

[109] 余燕燕，杨欣．废油再生现状及其工艺技术简介 ［J］．资源再生，2019（6）：46-49.

[110] 王宜迪，孙浩程，李澜鹏，等．我国废润滑油回收工艺的研究进展 ［J］．当代化工，2019，48（1）：162-165.

[111] Chaniago Y D，Minh L Q，Khan M S，et al. Optimal design of advanced distillation configuration for enhanced energy efficiency of waste solvent recovery process in semiconductor industry ［J］. Energy Conversion and Management，2015，102：92-103.

[112] 刘晓峰，李鑫．废有机溶剂再生技术概述 ［J］．中国环保产业，2008（5）：45-47.

[113] Chaniago Y D，Khan M S，Choi B，et al. Energy efficient optimal design of waste solvent recovery process in semiconductor industry using enhanced vacuum distillation ［J］. Energy Procedia，2014，61：1451-1455.

[114] 许琨．危险化学品有机溶剂废液的综合回收利用研究 ［D］．上海：华东理工大学，2016.

[115] 文晨旭．微气泡臭氧氧化废乳化液蒸发液的深度处理研究 ［D］．上海：上海电力大学，2020.

[116] 秦松岩，方玉倩，赵立新．无机废酸分离回收技术研究进展 ［J］．应用化工，2021，50（1）：204-209，216.

[117] 李海宇，宋卫锋．膜处理技术在废酸回收中的应用 ［J］．膜科学与技术，2016，36（3）：136-141.